国家自然科学基金资助项目（项目批准号：51108182）
教育部人文社会科学研究一般项目（项目批准号：10YJCZH059）
上海市浦江计划项目（C类）（项目批准号：12PJC031）

区域绿地规划的实施评价方法：
上海市的案例研究

Planning implementation evaluation and its approaches on regional
green networks：the research in Shanghai metropolis area

姜允芳　等 著

中国建筑工业出版社

图书在版编目（CIP）数据

区域绿地规划的实施评价方法：上海市的案例研究/姜允芳等著. —北京：中国建筑工业出版社，2015.3
ISBN 978-7-112-17726-4

Ⅰ.①区…　Ⅱ.①姜…　Ⅲ.①区域规划-绿化规划-研究-上海市　Ⅳ.①TU985.251

中国版本图书馆 CIP 数据核字（2015）第 018265 号

本书以上海市的案例为研究对象，探讨了区域绿地规划的实施评价方法。全书分为四部分，第一部分建构了区域绿地规划的实施评价体系；第二部分结合上海市的案例，探讨了区域绿地网络整体实施评价的方法；第三部分探讨了区域绿色廊道的具体实施评价的方法；第四部分建构了区域绿地网络实施规划政策体系的可持续发展框架。

本书可供城市规划设计人员、城市规划管理人员及有关专业师生参考。

责任编辑：许顺法
责任设计：张　虹
责任校对：张　颖　刘梦然

区域绿地规划的实施评价方法：
上海市的案例研究

Planning implementation evaluation and its approaches on regional
green networks：the research in Shanghai metropolis area

姜允芳　等著

*

中国建筑工业出版社出版、发行（北京西郊百万庄）
各地新华书店、建筑书店经销
北京科地亚盟排版公司制版
北京云浩印刷有限责任公司印刷

*

开本：787×1092 毫米　1/16　印张：14¼　字数：351 千字
2015 年 1 月第一版　　2015 年 1 月第一次印刷
定价：**40.00** 元
ISBN 978-7-112-17726-4
（26911）

序　言

世界范围的生态环境问题越来越突出，严重威胁着人类社会的可持续发展，保障生态安全已经成为迫切的社会需求。城镇化快速发展带来的区域性环境等问题，使得城市规划和景观规划领域更加注重区域绿化建设，尊重区域生态平衡，关注气候变化带来的区域和城市空间的适应性应对策略。区域绿地的规划目的是保障区域生态安全、自然人文特色和城乡环境景观。区域绿地是在一定区域内划定，并实行长久性严格保护和限制开发的，具有重大自然、人文价值和区域性影响的绿色开敞空间。对区域规划实施评价，目的是建构理性城市或区域发展规划体系的有效发展方法和路径。

国际上规划的实施评价是建构在长期成熟的规划体系基础上的，因而，针对规划的不同内容和环节，进行规划评估是相对易于操作的。我国现行的规划实施评估着眼于对某一规划编制成果的评估，或对上一阶段规划编制实施现状的评估以及规划实施一定时期的简单空间数量评价。从科学性和实际问题的审视和判断、发展策略的深层次作用研究来说，对于促进规划学科科学理性路径的形成，是远远不够的。针对多元目标的实施控制政策体系方面，政策性的有效评价是一种挑战，需要深厚的理论与方法的掌握和娴熟应用，还需要多年的工程实践基础。本书无疑提出了解决这一多元目标规划政策体系实施控制效力评价的一种途径。

区域绿地的实施效果体现者是绿色空间，对于空间的合理性的因子选择，不是从传统的空间组成要素来进行因子选择，而是提出了空间结构性因子（要素组成内部）、空间关联性因子（要素之间）和空间协调因子（研究的空间系统与其他空间作用系统之间）这三个方面的空间体系因子。书中是从三个层面建构区域绿地规划实施的评价方法，即，区域绿地网络整体评价、绿色廊道实施的总体评价以及道路、河流绿色廊道空间的实施评价。

区域绿地网络整体实施评价的方法，面对复杂的要素体系和规划政策体系，以一致性评价为基础分析方法，通过基于基线目标的区域绿地网络体系在空间结构性、空间关联性和空间协调性三个大的方面的合理可持续发展性的分析评价，建立了区域绿地网络实施的评价指标体系。然后，针对绿地网络实施现状和实施政策体系的政策性两个方面作用下的空间结构性—关联性—协调性进行一致性评价。绿色廊道专题评价方法方面，在同样结构最优的基线标准预设情况下，选择目标导向型的评价方法。针对绿色廊道实施的总体评价方面，建立了绿廊实施评价指标框架，结合绿色廊道相关政策提炼的既定目标基准，形成绿色廊道实施评价的指标体系内容，并评价在绿色廊道相关政策体系影响下的区域绿色廊道实施现状与实施结果。道路、河流绿色廊道实施评价方面，针对选择的绿廊实施进行详细的空间结构特征分析总结，在相关的法律政策、规划等绿廊建设文件实施作用影响下，提出基于目标导向型的道路绿色廊道和河流绿色廊道的实施评价因子体系，以绿廊现状数据及图像为基础对绿廊实施效果进行评价。专题部分绿色廊道的总体和分类评价方法都是在绿色廊道实施效果评价结果的基础上，基于目标导向型的可持续发展评价方法，建立各政策体系内容与评价因子的相关性关联，并进行各政策体系的实施作用效率评价。

上海的区域生态安全存在隐患，区域生态问题严重制约其国际竞争力。作者以上海为例，研究区域绿地空间规划的评价，是基于多年对于景观生态理论和方法的研究。在读硕士研究生时所研究的是沈阳重工业城市在生态绿地景观格局的优化布局问题。今日，她把视野放到了区域的范畴，从空间系统发展到对形成空间背后的其他系统与空间的互动影响作用研究；在方法上探索应用多学科研究的方法，面对复杂的区域和城市问题应用景观格局定量分析和社会学定性分析相结合；在理论体系方面体现绿色可持续发展，试图构建理性规划路径和方法。应该说，对于她的科研素养成长，作为引入这一领域的导师来说，我感到欣慰。然而，由于研究经历有限，虽然完成代表性的选择区的示范性的方法研究，在考虑的因素复杂性方面有些局限。本书试图建构的区域绿地规划的评价方法体系和趋于解决问题的区域绿地实施控制运作方法的发展框架，作为一种理论与方法的探讨，是有意义的探索和创新。

2014 年 9 月 7 日
于沈阳建筑大学

前　言

　　以气候变暖为主要特征的全球气候变化正在成为世界关注的焦点。应对全球城市生态和气候的变化，基于工业文明的传统城市发展模式难以为继。因而，主张人与自然和谐共处的低碳生态文明理念成为全球的共识和时代的主题。中国的城镇化发展正处于转型发展的新阶段，提升发展的质量成为新时期的重点。伴随着新型城镇化的发展，人对于人居环境、生态质量以及景观环境的要求也在不断提升。十八大提出我国要走集约、绿色、低碳的新型城镇化道路，把生态文明理念和原则全面融入城镇化全过程，建设美丽中国。2014年3月16号，新颁布的《国家新型城镇化规划（2014—2020年）》提出东部地区城市群面临水土资源和生态环境压力加大，要素成本快速上升，国际市场竞争加剧等制约，必须加快经济转型升级，空间结构优化，资源永续利用和环境质量提升。这一区域明确要求依托河流、湖泊、山峦等自然地理格局建设区域绿地网络。区域绿色空间是区域和城市空间的重要组成部分，是宜居之本、发展之要，更是软实力、竞争力。

　　20世纪80年代以来，国际上出于保护并提升一定区域生态设施功能的需要，"生态（绿地）网络"被迅速应用于生态和景观多样性保护与土地利用的可持续发展格局之中。绿地网络建设成为恢复生物多样性和构建城乡生态安全格局的重要举措。中国区域绿地的研究已经成为城市与区域发展的重要空间要素而备受相关专业领域的关注。2011年《珠江三角洲绿道网络总体规划纲要》和《广东省绿道网络规划（2011—2015）》的颁布和实施，说明了区域绿地网络规划理念在我国已经进入了实践领域。以建设区域绿道为突破口，改善城乡宜居环境，提高城镇化发展质量，将多条区域绿道与自然和生态保护区串联形成"绿网"，强化了整体性和保护的力度，也为珠三角地区的产业发展与结构调整奠定了基础。

　　区域绿地规划在当今的城市空间规划体系和城市空间土地利用发展中具有相对重要的地位和作用。然而，作为区域生态支撑的一种土地利用空间在建设和实施过程中存在着空间实施的科学理性的探讨。在规划政策系统和实施管理之间，建构一个循环路径的规划政策体系—规划实施—实施评价反馈体系是区域绿色空间规划走向科学理性的必然选择。在当今的中国规划领域，规划的评价在城市规划领域开始了理性探索。但是，这一路径中的科学合理的实施评价理论与方法尤为缺乏。

　　上海是东部地区城市群的重要中心城市，区域生态安全格局的构建和合理实施也必然成为塑造2050全球城市的重要空间发展战略。在城市不同层面、不同时期绿地系统规划中应关注区域绿地空间的规划编制。然而，在一直着眼规划空间结构合理布局和引导的编制理念指导下，当今的编制和实施体系之间存在一定程度的脱节和不衔接性、不一致性，这种不衔接和不一致性导致了城市绿地规划的编制内容本身的缺陷以及规划的实施体系在保障落实空间控制管理过程中的实施效率问题。构建绿色空间现状与政策体系评价的要素体系和评价方法，在现状空间和政策间架起一座沟通的桥梁，以区域绿地空间的定性和定量研究作为载体，评估印证政策体系实施效率，发现政策体系存在的问题，并基于问题提出空间与政策体系协作发展的策略，这是本书的核心支撑理念。这一研究目的是提供规划体系和实施体系之间科学理性的"反馈、调整、再反馈、再调整……"的互动关系，实现规划与规划实施整体过程的规划管理—实施评价—监控的动态发展。

城市规划的理论与方法的建构研究是有别于城市其他研究领域的一种特殊发展问题。这一领域的特殊性是针对中观尺度的一种研究，没有广域空间层面研究的大数据时代的大量信息数据支撑，又较之微观尺度具有问题的复杂性和严格的科学理性。区域绿地网络的研究历经多年多学科相关领域学者前赴后继的探索，应该说研究面广且深。但是，实施评估建构空间性与政策性的协作关联研究应该说是一片等待开启的处女地，需要坚守一定的信念去假设、推断，并不断调整完善研究方法路径。在本书研究和成文的过程中，有幸在我执着探究的领域得到了国家自然科学基金和教育部人文科学社会科学基金以及上海市浦江人才项目的支撑，让我在压力和动力互动作用的过程中，激发我们团队的创新和合作，终于完成这一论著。

首先需要强调的是，国际上规划评价的许多新鲜血液正在不断丰富着规划行业的轨迹。在区域和城市发展相关的区域绿地空间相关的评估方法研究中，英国区域发展政策的可持续性评估方法，欧洲国家的规划过程战略环境评价与气候影响决策项目框架整合方法，美国的风景道评估体系等的研究成果，给予我们更为深刻认识规划的空间理性和实施管理融合发展的方法理论，是引导规划体系与实施管理走向高效的发展战略和基本内容。规划实施评估的发展不再囿于某些指标定量监测的单一检测方法，而是综合物质空间形态和政策制度框架以及社会利益者需求而发展形成的一种多元融合发展评价。鉴于这一基本的理念和基础的理论认知，本书研究成果形成基于以下三个出发点：

1）区域绿地空间性分析方法的研究当今更多应用景观生态学科领域的空间格局分析方法，在规划实施过程中如何结合规划实施特征，是本研究确定实施评价要素体系的关键。

针对这一问题，本研究在吸取景观生态学等多学科交叉领域分析问题方法空间格局表征核心特征的基础上，从定性和定量方面，以空间结构指标、关联性指标和协调性指标作为区域绿地实施现状评价的一级指标，在此基础上提出易于操作的具体评价指标体系。这一评价的目标是实施空间特征，基本准则是形成具有空间组成要素的结构合理性、要素之间的结构关联性、绿地系统与其他城市系统之间的协调性三个空间外延的协作体系。政策体系实施评价是通过这三方面系统实施发展的空间特征来反映其实施效力状况的。

2）规划方案的分析评价目前针对单一方案进行，针对多元目标的实施控制政策体系方面，政策性的有效评价尚无前例。

这一问题是研究进程的障碍。本研究组一直在寻找针对多元目标的评价方法。以一致性评价作为研究的切入点，通过前面研究形成的实施评价要素内容体系，进行区域绿地实施现状和政策体系实施特征两个方面的评价分析，两者评价的结果进行对比分析和一致性评价，发现问题并提出针对性方法。这个思路是解决多元目标实施控制体系的有效途径。

3）政策体系实施的社会制度等影响作用和时序性研究方面，定量化的分析方法很难解决这一关系社会系统的作用结果。这一部分因子评价采用弱化定量数据分析与结果，结合空间定性分析的方法。

初始的研究计划是通过已有绿地政策实施体系的空间与时间效能分析，即有关政策被采用并结合时间尺度的分析，利用统计模型与GIS关联分析技术从数量上和空间上评价绿地发展直接的政策要素体系实施的情况。后随着研究的深入，发现依赖定量数据完全处理的时间周期较长，并在空间量化分析过程中往往忽视许多社会管理因素的复杂性的存在。这也是多数城市规划制定过程中必然面临的前期分析的困境。正规的测绘部门航拍资料囿于土地利用资料的测绘，对于区域生态空间土地利用的关注度不能够满足分析要求，且历史性的资料基本是中心城区范围的资料。规划编制是一个不断发现存在问题并进行修正的动态过程，这种动态平衡的规划编制和实施方式可提高工作效率。通过收集到一定的现状和规划图片资料，定性加强，与定量结合，凸显动态变化趋势，可优化完善未来实施空间格局和政策体系。

本书研究的成果是笔者多年从事绿地系统研究和实践的积淀，不是一蹴而就的。回首18年前在北国沈城，师从石铁矛导师进行辽宁省自然科学基金"沈阳市居住环境景观生态特征与绿化系统的研究"，日复一日，逐年积累，从科研领域的稚气无知到快乐的遨游、畅想，在那里塑造了我对探知求新的坚持和执着追求。13年前在上海同济大学宽松活跃的学术氛围中，师从刘滨谊教授进行了一些城市绿地系统规划项目实践，更加深刻地了解了规划编制的复杂性和科学理性，在那里塑造了我的综合思维和专业的自信心。10年前步入华师大校园，华师大温和的人文气息，大量前辈学者忘我的工作情操，影响和培养着一批批年轻的学者从研究的起步摸索逐步走向科研的积累和渐入佳境。在指导我的研究生一起从事国家和省部级的项目研究过程中，在英国谢菲尔德访学沉思和静想的一年中，我理解了科学研究思维和团队协作精神的重要。2006年我的第一部专著《城市绿地系统规划理论与方法》在中国建筑工业出版社出版了。第一部专著是对城市绿地系统规划走向生态—景观—经济协调发展的规划道路进行理论和方法的阐述。这一部专著在协作发展的道路上，在规划编制方法体系与实施管理体系之间试图建构一套科学的实施评价路径和方法，从引导规划与实施管理制度框架健康发展的角度，应该说，在融会贯通相关理论和面对更为广域的研究范畴视角，探索发现绿地系统要素体系整体互动的发展路径，其研究的内容与方法在绿地规划领域已经迈出了理性发展方法研究的一大步。在可持续发展的绿色空间规划的研究中，我执着地坚守着，孜孜不倦地发现着，并不断地追求着理论与方法的顶峰……

参与本书稿撰写人员：

第1部分：姜允芳；

第2部分：姜允芳、侯超；

第3部分：姜允芳、苏小勤、李莉；

第4部分：姜允芳；

图表绘制与数据统计：顾西西、谢沄颖。

姜允芳

华东师范大学　中国现代城市研究中心

暨城市与区域科学学院　副教授

2014.6.9

目　　录

第一部分　区域绿地实施评价的基础理论

1 研究的基础理论框架

1.1 区域绿地研究的基石：要素分类体系

城市与区域城市群等空间继续蔓延式的发展，给人类赖以生存的自然环境带来了严重破坏，生态环境的保护与平衡发展，区域生态的支撑体系——区域绿地空间的保护与控制发展研究成为当今规划领域重要的亟待研究的内容。

区域绿地概念的提出将城市园林绿地空间延伸到了广域绿色空间；将休闲游乐为目的的绿地资源扩大到了集生态、娱乐、景观等多样化的功能目标；其意义不仅局限在生态保护的层面，更是一种综合性的建设策略。区域绿地规划研究是在广域的空间范畴，通过保护和发展自然生态绿地、绿色廊道、大型园林绿地等区域多样化的绿地类型，达到优化城市或城市地区之间的人居环境可持续发展的目的。因而，区域绿地规划研究应该顺应生态保护的发展趋势，融合多学科发展的理论与方法，发展成为生态健康的人类聚居环境的重要承载系统。

1.1.1 广域的区域绿地要素分类国际研究

1. 国外相关研究

美国在区域绿地相关的研究领域涉及的概念有国家公园系统、绿道和开敞空间系统、城市森林、绿色基础设施等。查尔斯·利特尔（Charles Little）在《美国的绿道》（Greenway for American）中认为城市绿地由公园、自然保护区、名胜区、历史古迹以及高密度聚居区点状绿地斑块与绿道组成。根据绿道形成条件及其功能的不同，绿道又分为：城市河流型绿道（包括其他水体）、游憩型绿道、自然生态型绿道、风景名胜型绿道、综合型绿道系统。对于区域范围的国家公园系统的分类见表1-1。勒诺郡（Lenoir）金斯顿市（kingston）的公园与娱乐系统规划分为三类，即保护类别、混合使用（被动娱乐）类别以及积极的娱乐类别用地，具体分类见表1-2。城市森林是城市内街道、居民区、公园、绿化带所有植被的总和。它既包括公共用地上也包括私人用地上，既包含交通和公共通道上的树木，也包含城市水域中生长的树木（Robert W. Miller，1997）。纽约州的城市森林包括公园、街道、公路、铁路、公共建筑、治外法权地、河岸、住宅、商业、工业等地域内的树木和其他植物，市内及城市周围的林带、片林，以及从纽约市到近郊区宽阔的林带，到卡次基尔、阿迪朗克和阿勒格尼结合部的森林。绿色基础设施的绿色基础结构由核心区和连接通道组成。核心区包括大的保留地和保护区，例如，国家野生生物或国家公园；大的公共所有土地，包括国家和州的森林；私人工作土地，包括农田、森林、牧场等；区域公园和保留地；社区公园和生态园。连接通道包括景观连接体、保护廊道、绿道和绿带。因而，研究不仅包括习惯的城市绿地系统的体系，更广泛地包括生态服务功能的自然服务的系统，如大尺度山水格局、自然保护地、林业及农业、城市公园和绿地、城市水系和滨水区，以及历史文化遗产系统（俞孔坚，2002；俞孔坚，2003）。

美国国家公园系统分类一览表　　　　　　　　　　　　　　　表 1-1

编　号	分类名称	编　号	分类名称
1	国家公园	12	国家公园路
2	国际历史公园	13	国家湖泊
3	国家纪念地	14	国家河流
4	国家军事公园	15	国家首都公园
5	国家战场	16	白宫
6	国家战场公园	17	国家娱乐区
7	国家战场纪念地	18	公园（其他）
8	国家历史古迹	19	国家林荫道
9	国家纪念物	20	国家风景道
10	国家禁猎区	21	国际历史古迹（与加拿大共管）
11	国家海滨区		

来源：李景奇等. 美国国家公园系统与中国风景名胜区比较研究［J］. 中国园林，1999（3）

勒诺郡金斯顿市土地公园与娱乐系统分类　　　　　　　　　表 1-2

方案分类	最小面积和宽度	方案分类	最小面积和宽度
自然公园（Nature Park）	多样不等	网球场（Tennis Court）	0.2 英亩
城市大型公园（Large Urban Park）	50～75 英亩❶	棒球场（Baseball Field）	3～4 英亩
邻里公园（Neighborhood Park）	5～10 英亩	垒球场（Softball Field）	1.5～2.0 英亩
社区公园（Community Park）	30～50 英亩	橄榄球场（Football Field）	1.5 英亩
不正规的运动公园（Dog Exercise Park）	多样不等	足球场（Soccer Field）	1.7～2.1 英亩
风筝公园（Kite Park）	多样不等	排球场（Volleyball Court）	0.1 英亩
体育综合（体）（Sports Complex）	40～80 英亩	科教森林（Educational Forest）	多样不等
划船坡道（Boat Ramp）	多样不等	自然资源区域（Natural Resource Area）	多样不等
地面运动车辆公园（ATV Park）	多样不等	野营地（Camping Area）	多样不等
开敞活动场地（Open Play Area）	多样不等	射箭场（Archery Range）	0.7 英亩
野餐地（Picnic Area）	多样不等	赛跑道（Running Track）	5 英亩
儿童活动场地（Children's Playground）	多样不等	自行车与多种用途的小径（Bike/Multipurpose Trail）	12～15 英尺
游泳池（Swimming Pool）	1～2 英亩	步行桥（Pedestrian Bridge）	12～15 英尺
篮球场（Basketball Court）	0.2 英亩	骑马小径（Equestrian Trail）	多样不等
3 杆 18 洞高尔夫球场（Par 3 Golf Course（18））	50～60 英亩	锻炼小路（Exercise Path）	多样不等
9 洞高尔夫球场（Golf Course（9-hole））	50 英亩	绿色通道（Greenway）	多样不等
18 洞高尔夫球场（Golf Course（18-hole））	110 英亩	彩弹场（Paintball Field）	多样不等
高尔夫练球场（Golf Driving Range）	14 英亩		

来源：http://www.green structure planning.eu/COSTC 11/Citynat/index. html

---

❶　1 英亩＝4046.86 平方米。

英国伦敦绿地的基本类型包括公共开敞空间（包括公园、公用地、灌丛、林地和其他城市地区的休闲与非休闲的开敞空间）和城市绿地空间（公众进入受限制的或者不是正式建造的开敞空间）、都市开敞地、绿链、都市人行道、环城绿带、城市自然保护地、受损地、废弃地和污染地恢复、农业用地。比尔（A. R. Beer）研究提出城市绿地由正规设计的开敞空间与其他现存的开敞空间组成。正规设计的开敞空间包括公园、花园与运动场地，覆盖植被的城市铺装空间，树林，其他现存的开敞空间包括墓地场所，私有开敞空间，自有花园，租用园地，废弃的土地与堆场，农田与园艺场，运输走廊边沿，滨水沿岸，水。具体的各类空间场地组成内容见表1-3。

比尔研究的城市绿地组成 表 1-3

城市绿地	正式设计的开敞空间	公园、花园与运动场地	公共的公园与花园 公共的运动场地 公共的娱乐场地 公共操场
		覆盖植被的城市铺装空间	庭院和平台 屋顶花园和阳台 树木成行的小路 海滨大道 城市广场 学校校园
		树林	装饰性的林地 用材与薪炭林 野生林地 半自然林地
		墓地场所	火葬场 墓地 教堂院落
	其他现存的绿地	私有开敞空间	教育机构专用绿地 居住区专用绿地 医疗专用绿地 私人运动场地 私人产业专用绿地 地方政府机构专用绿地 工业、仓库、商业专用绿地
		自有花园	私家花园 公有半公共花园 公有私家花园
		租用园地	租用园地 附有小的棚屋的租用园地 没有被利用的租用园地
		废弃的土地与堆场	被污染的土地 没有污染的土地 废物回收场地 废弃的工业用地 矿石提炼采空场地 森林中的空旷地

续表

城市绿地	其他现存的绿地	农田与园艺场	耕地 牧场 果园 葡萄园 不毛地
		运输走廊边沿	运河沿岸 铁路沿岸 道路沿岸 步道边沿
		滨水沿岸	河流沿岸 湖泊沿岸
		水	静水 动水 用于蓄水的湖泊 湿地

来源：http://www. green structure planning. eu/COSTC11/arb-01. htm

德国一般习惯的城市开放空间的划分类型为：①私有性开放空间，包括私有地产、庭院、宅旁绿地、阳台、敞廊、房顶花园、租赁园地、桑拿园地、旅馆绿地和企业绿地等；②公共性开放空间，包括广场、城市公园、历史性公园、植物园、动物园、体育运动场、疗养院绿地、医院绿地、墓园、住区绿地、学校绿地、养老院绿地、城墙、沙滩游泳池、滑雪场、露天剧院、林荫道等；③儿童活动场地，包括幼儿园的、公园里的、街道上的儿童游戏场所和活动设施等；④非正式的开放空间，包括无主的土地、废弃地、荒地、矸石山、农业休耕地等；⑤水面和滨水地带，包括城市水体、河流、湖泊、池塘、开放型游泳池、沙滩浴场等；⑥自然景观中的开放空间，包括自然公园、自然遗产、户外休憩性森林等；⑦道路网络，包括林荫道、散步道和自行车道等；⑧企业用地，包括企业内外的噪声和有害物质屏蔽用地。

德国城市慕尼黑市城市绿地具体分为耕地、公园、外缘草地（生态群落）、天然林地、公有森林、租用园地、牧场、淡水、园艺、树篱与农场林地以及独立式住宅、多层住宅、工业与商业、公共设施、道路、铁路、混杂区、特殊用地等用地上的绿地。慕尼黑市规划与风景规划的组合规划中风景规划系统可以认为包括绿地和开放空间以及绿化网的要素。绿地和开放空间又包括一般绿地区域和特别绿地区域，其中特别绿地区域分为体育设施地区，特别绿地地区（研究设施用地、防灾设施用地、军用地），市民农园地区，基地地区，（兵）野营地区，其他绿地地区，必须采用特别措施促使自然和风景保护、育成及发展的区域，林业用地，农业用地，水面。绿化网的要素包括上位绿化网、地域绿化网和斜面边界。着眼于区域生态控制保护的建设管理规定，从特别的发展目的划分包括必须采用措施促使风景和自然的保护、育成及发展的区域（限制利用），需要绿地建设的改善措施的区域，有限考虑绿地建设的改善措施的地区，采取保护措施的区域，其他区域。上述这些分类具体到采用告示宣布特别事项和指示，还包括自然保护地域、风景保护地域、风景形成地域、湿地及干燥地域、广域绿地带、保安林、水质保护地域、整体保护地区等风景类型。

2. 国内相关研究

城市规划行业标准中城市绿地分类标准（CJJ/T 85—2002）将城市绿地分为 5 大类，13 中类，11 小类，5 大类绿地是指公园绿地（G_1）、生产绿地（G_2）、防护绿地（G_3）、附属绿地（G₄）、其他绿地（G₅）。这一分类基本结合城市用地分类的特征以及考虑与城市总体规划用地性质的衔接。从总体上来看新颁布的绿地分类比较明确地界定了城市建成区主要绿地类型和细分划分规定，减少了城市绿地系统规划过程中若干绿化用地归属方面的分歧，是城市规划学科结合园林学科的研究对用地分类的补充与完善。但是，广域绿地系统规划研究的绿地对象基本无法沿用这 5 大类，需要进一步发展更新。

李敏提出生态绿地系统的农业绿地、林业绿地、游憩绿地、环保绿地、水域绿地五类绿地分类。南京农业大学马锦义提出园林绿地和农林生产绿地两类绿地分类。地理学界、生态学与景观生态学研究各大中城市绿地景观格局过程更是种类各取所需，标准些的做法是按照城市绿地分类标准中的主要几类绿地建构量化数据，分析其景观格局指数来反映斑块与廊道的数量、位置以及构成特征从而分析绿地格局的优劣，如多样性、均匀度、景观优势度、破碎度、绿地廊道密度、分维数指数等。景观生态格局的分析中绿地类型研究重在对绿地的形态结构特征进行统计与分析。林业林学对于森林组成更多的是考虑森林的产业与经济用途划分的类型，我国森林分为用材林、防护林、经济林、特用林、薪炭林 5 类。结合林业目前提出城市森林的绿地系统建设概念，王木林提出城市森林包括 8 大类（子系统）：防护林、公用林地、风景林、生产用森林与绿地、企事业单位林地、居民区林地、道路林地、其他林地与绿地。上海市城市森林的划分类型研究，其类型的细化是城市绿地在考虑功能性质的同时结合绿地的经济产业特征的一种尝试。

上海市科委重点科技项目上海现代城市森林建设的理论研究中提出上海市城市森林的分类复合命名法，具体内容见表1-4。

上海市城市森林的分类应用符合命名法　　　　　　　　　　　　　表 1-4

地 域	1 级	2 级	3 级
建成区	公益林	特种用途林	森林公园 自然保护区林 游憩景观林 科教试验林 种质资源林 文化纪念林 环境保护林 风景林 国防林
		防护林	水源涵养林 水土保持林 沿海防护林 农田、牧场防护林 护路林 护岸、护堤、护渠林 护库林
近郊区	公益林	特种用途林	森林公园 自然保护区林 游憩景观林 科教试验林 种质资源林 文化纪念林 环境保护林 风景林 国防林

续表

地 域	1 级	2 级	3 级
近郊区	公益林	防护林	水源涵养林 水土保持林 沿海防护林 农田、牧场防护林 护路林 护岸、护堤、护渠林 护库林
	商品林	用材林	一般用材林 工业纤维林
		经济林	果树林 食用油料林 饲料林 调（香）料林 药材林 工业原料林 其他经济林
远郊区	公益林	特殊用途林	森林公园 自然保护区林 游憩景观林 科教试验林 种质资源林 文化纪念林 环境保护林 风景林 国防林
		防护林	水源涵养林 水土保持林 沿海防护林 农田、牧场防护林 护路林 护岸、护堤、护渠林 护库林
	商品林	用材林	一般用材林 工业纤维林
		经济林	果树林 食用油料林 饲料林 调（香）料林 药材林 工业原料林 其他经济林

来源：国家科技部、上海市科委重点科技项目课题一：上海现代城市森林建设的理论研究

1.1.2 中国区域绿地的分类体系

1. 中国区域绿地分类没有统一标准

1）广域分类标准不一致，现存各系统缺乏整合

标准的一致是进行分类的基本要求，但现有区域绿地规划的分类方法在此却存在问

题。有按用地形状进行分类的，有按绿化功能进行分类的，有按植被进行分类的，有按位置进行分类的，分类方式多样，标准各异，而又并存使用，较为混乱。城市绿地分类标准中在广域层面还没有形成标准化与法制化的行业细分来确保区域层面规划的科学性和合理性。因而，《城市绿地分类标准》需要增加区域层面的绿地分类标准内容的修正完善。

2）与相关规划与分类标准衔接不够，人为制造矛盾

目前，绿地的分类在各专业领域的分类体系各有侧重。城市建设部门偏重于用地的功能区分，林业部门偏重于林业的产业经济效益的区分，生态景观格局的调控偏重于景观结构格局的形态特征等等，各自为政，互相不能协作综合。绿化要素分类应该从全局出发，考虑相关行业部门、规范标准的兼容性，有必要时将其纳入新的分类体系中，以消除行业壁垒、行政壁垒，而不是对现有分类规范熟视无睹，人为制造新的壁垒。

3）分类的广度和深度不够，规划与实施管理关系不清晰

我国目前一些区域绿地规划的成果中，广域绿地系统分类的研究中关注的绿色空间组成要素相对单一，市域非建成区的绿地分类没能整合大环境生态格局与生态要素组成的研究理念发展，基本没有形成生态的广域的系统分类体系，诸多要素的归属没有按照一定的划分原则界定属性。因而，市域绿地的分类要素组成需要外延扩充与界定，在广度上要反映不同区位的所有绿化类型，在深度上要能概括绿色空间的主要功能并兼顾其管理，便于有针对性地开展规划、建设管理工作。城市绿化要素分类现有的分类方法在这些方面显然是不够的。

2. 立足生态原理准则的区域绿地分类标准体系研究

在广域绿地系统分类的研究发展过程中，城市绿地的分类在各学科的研究中虽各有侧重，但从区域的、要素综合的、功能多样化的原则出发，以国际相关研究为基础形成广域区域绿地分类体系是今后中国城市绿地系统走向标准化的基石。在绿地规划编制中，要从系统的角度整合各分类要素体系，使得区域规划、土地利用规划、城市总体规划和生态分区规划与城市绿地系统规划相衔接。

立足生态学广域的绿地空间研究范畴，结合国内外这一概念的分类研究现状，建构区域绿地分类的要素体系见表 1-5。这一体系基本具有以下三方面的特征。这三个特征也是从事区域绿地分类研究必须考虑的基本准则。

1）分类结合生态—经济—景观功能，突出生态性

区域绿地每一类型的主要功能应区别于其他类型，如游憩、生态、景观、防灾等功能。因此，区域绿地的类型选择以其主要功能和用途作为划分依据。已有的城市绿地系统规划分类中往往包含面、线、点的形态要素特征和廊道、斑块、基质的景观生态格局特征。因而，功能性质分类尽可能结合规划人员擅长的形态特征，将更有利于大尺度层面的绿地格局的掌控。分类体系的生态保全绿地大类中基本突出防护林地中水系防护林地等绿地的廊道特征，经济与生产绿地的农田等的基质特征，景观游憩绿地和城镇建设用地绿地等的斑块特征。

2）分类结合土地利用—城市用地—城市绿地分类，突出层面性

区域绿地的分类体系考虑到要与国家行业标准城市用地分类办法和城市绿地分类标准有所衔接，立足生态理论的广域体系应该结合国家同类行业标准，采用大类、中类、小类三类分类层次，大中类分类用以满足区域层面的绿地结构性控制与生态功能的控制，小类

详细综合区域整体发展的多种生态空间要素类型以满足具体各类绿地的规划控制与细化。大中小类体系反映区域绿地的层次关系，并满足绿地规划设计体系、建设管理和统计等工作阶段与内容的需要。结合层次性这一原则以及土地利用分类中把城镇建设用地单列为一类分类，在非建成区考虑简化并易于操作原则把规划建成区绿地统一划为一个大类城镇建设用地绿地。这样保证了区域绿地规划研究内容的结构性特征，且与建成区绿地规划有机结合，体现两个层面规划中分类体系与研究内容广度、深度的统一。分类体系一方面体现了土地利用分类的组成，使得区域绿地的大类从属于土地利用分类的下一层面的专题分类，又体现了其分类与国家行业标准规定的城市绿地分类体系 5 大类有某种使用功能上的对等关联关系。

　　3）分类结合管理部门职能，突出协作性

　　区域绿地系统分类涉及国土、城市规划、农林、园林、环保、水务等多个管理部门。各部门之间长期条块分割、各自为政。分类体系应能协调各部门条块分割的现状弊端，结合各部门的专项管理需要，即各管理部门在建设管理过程中各尽其职。分类的中类基本反映出各管理部门专项管理的绿地类型，且增强各部门在区域绿地系统规划实施中的合作和协调。这些相关的专业部门编制的相关规划，如土地利用规划、城市总体规划、城市环境保护规划、城市林业发展规划等，在内容上有某种程度的重叠，在某些具体问题（如某一地块性质、面积、管理内容等）上往往有差异，甚至是矛盾的。区域绿地分类要有利于区域绿地规划的编制过程中，协调各专项规划形成科学理性的区域绿地空间格局。分类体系结合了管理部门的职能，从而使得区域绿地规划具有了协调各专项规划的统筹作用。

区域绿地系统分类一览表　　　　　表1-5

类别代码			类别名称	内容与范围	备　注
大类	中类	小类			
			风景游憩绿地	具有较好的景观和一定的游览、休闲、游憩设施的景观区域	位于建成区外
			自然风景区	具有一定设施，风景优美，满足人们游憩活动需求的林地	
		GI₁₁₁	风景名胜区	风景名胜资源集中，经县级以上人民政府批准，可以开展游憩活动的林地	
	GI₁₁	GI₁₁₂	自然保护区	对有代表性的自然生态系统、珍稀濒危野生动植物物种的天然集中分布区、有特殊意义的自然遗迹等保护对象所在的陆地、陆地水体或者海域，依法划出一定面积予以特殊保护和管理的区域	
		GI₁₁₃	风景林地	具有一定景观价值，对区域整体风貌和环境起改善作用，但尚没有完善的游览、休息、娱乐等设施的林地	
GI₁			郊野公园	近郊或远郊，向公众开放，以游憩为主要功能，兼具生态功能的林地	
	GI₁₂	GI₁₂₁	野生动物园	依托自然环境，以放养为主，保护野生动物，供观赏、普及科学知识，进行科学研究和动物繁育，并具有一定游览设施的林地	
		GI₁₂₂	野生植物园	依托自然环境，进行植物多样性保护，开展科学研究和引种驯化，并供观赏、游憩及开展科普活动的林地	
		GI₁₂₃	森林公园	以森林资源为依托，具有一定游览设施，可以开展游憩活动、科学研究、文化教育等活动的林地	

类别代码			类别名称	内容与范围	备注
大类	中类	小类			
GI₁	GI₁₂	GI₁₂₄	湿地公园	纳入城市绿地系统规划的，具有湿地的生态功能和典型特征的，以生态保护、科普教育、自然野趣和休闲游览为主要内容的公园	
		GI₁₂₅	海岸公园	天然海岸为依托，风景优美，具有丰富游乐设施，环境优美的林地	
		GI₁₂₆	旅游度假区	依托自然环境，具有休闲度假设施，可以供人们住宿、停留、休闲、娱乐的旅游区	绿地率大于70%
	GI₁₃		纪念园	依托自然或文化景观要素，形成具有纪念、教育、游览、生态等环境优美的园林绿地	
		GI₁₃₁	墓园	墓地具有纪念、教育、游览、生态、墓志文化研究的绿地	
		GI₁₃₂	其他纪念园地	依托重要文化纪念地的园林绿地，以文化生态保护、纪念、教育为主要内容的绿地	
		GI₁₃₃	祭祀庭院	寺庙等宗教场地，具有祭祀活动的优美庭院绿地	
	GI₁₄		古树名木保护用地	用来保护珍贵、稀有，具有历史价值或者重要纪念意义的树木而划定的保护用地	如果没有规划特殊规定，一般按照5m范围的保护用地来界定保护范围
GI₂			经济与生产绿地	以生产经营为主的绿地	
	GI₂₁		农业绿地	以产业、科研、旅游相结合的现代都市农业绿地	
		GI₂₁₁	农田林网	位于农田中，一般按一定的距离间隔种植，对农田进行防护的林地	
		GI₂₁₂	永久性农田、蔬菜保护地	永久性的农田和蔬菜园用地，以生产、游憩、旅游、娱乐为一体的农业产业绿地	
		GI₂₁₃	综合园艺场	形式是多种多样，如花卉苗木园艺场和集蔬菜、花卉、苗木、珍禽于一体的农业综合园艺场	
	GI₂₂		林副产品林	以生产果品和其他林副产品为主的林地	
		GI₂₂₁	果园	指生产果品的各种果园	
		GI₂₂₂	其他产品林	指生产油料、工业原料、饮料、调料、药材、饲料等为主的林地	其他产品林
		GI₂₂₃	牧场	放牧的场地	
	GI₂₃		用材林	以生产木材为主的林地，如木材生产林、薪炭林	
	GI₂₄		薪炭林		
	GI₂₅		生产绿地	生产苗圃、草圃、花圃	
GI₃			生态保全绿地	以保护和改善城市生态环境，维护生态平衡，抵御不良环境因子的影响，保存物种资源，保护生物多样性，保护自然资源为主的林地	
	GI₃₁		生态防护绿道	对城市相关设施具有安全防护作用，抵御或减弱不良环境因子侵害的林地	

类别代码			类别名称	内容与范围	备 注
大类	中类	小类			
GI₃	GI₃₁	GI₃₁₁	水系防护林带	对城市水体如河流、湖泊、水库、海洋等沿堤岸进行防护的林地	
		GI₃₁₂	道路防护林带	对铁路、公路具有防护作用的林地	
		GI₃₁₃	高压走廊防护林带	对城市高压走廊进行防护的林地	
		GI₃₁₄	城市绿化隔离带	在城市及其周边范围内，对居民居住或工作区域进行隔离保护，免受不良环境如噪声、粉尘影响的林地	
	GI₃₂		生态核心绿地	达到一定规模的各种功能林，起到整个绿地网络中的核心林地和网络节点作用的片林	
		GI₃₂₁	大型生态休闲林	具有改善城市生态环境的功能，同时兼有休闲、旅游度假以及部分教学与科研作用的大型片林	
		GI₃₂₂	污染隔离林	污染源周边防止污染物扩散的大型林地	
		GI₃₂₃	水土保护林	对土壤易受侵蚀的地段进行防护，以保持水土，减少水土流失，预防滑坡和泥石流等灾害影响的林地	
		GI₃₂₄	水源涵养林	以净化和涵养水源为主的林地	
		GI₃₂₅	湿地	陆地和水域的交汇处，水位接近或处于地表面，或有浅层积水，至少有一种以下特征的区域：①至少周期性地以水生植物为植物优势种；②底层土主要是湿土；③在每年的生长季节，底层有时被水淹没	
GI₄			废弃地与旷地恢复绿地	利用旷地、荒地、废地等各种弃置地进行生态恢复，改善生态环境的林地	
	GI₄₁		废弃地恢复绿地	利用废地进行生态恢复的绿地	
		GI₄₁₁	废弃回收场地恢复绿地	垃圾清运回收废弃场地进行生态恢复的绿地	
		GI₄₁₂	工业废弃场地恢复绿地	工业废弃地进行生态恢复的绿地	
		GI₄₁₃	采矿遗弃地恢复绿地	采矿遗弃地进行生态恢复的绿地	
	GI₄₂		空旷地恢复绿地	各种荒地、旷地可适度改造恢复的绿地	
GI₅			城镇建设用地绿地	城市规划区用地范围的所有城镇建设区用地范围中的各类绿地	市域与城市规划区层面绿地分类的整合与衔接

注：GI 为 Green Infrastructure 的缩写

1.2　规划制定的转型发展

1.2.1　原有规划——一种物质空间形态规划

1. 规划内容重形态规划，轻综合协调

我国绿地空间规划研究目前重点多在城市层面，尤其关注建成区绿地规划与实施，其市域层面规划研究缺乏科学理性与方法支撑。更大尺度研究中有生态学界的若干理论与实践分析以及规划学界制定的概念或战略发展规划，但内容与深度尚不能满足平衡保护与发展的要求，前者多缺乏实施效果，后者多缺乏理性依据。总之，绿色空间研究往往就绿地论绿地，忽视绿色空间组成要素之间以及与其他区域发展要素之间功能与空间结构互动关系的深入研究，绿化系统偏重空间内部的组织，需要与其他系统，包括区域绿色空间广域影响因子系统、社会系统、经济系统相互作用协作发展。由于规划是由规划师根据一定的标准而制定的"蓝图"，规划脱离了空间发展的自身规律和公众的利益需求，脱离了现实的经济和社会发展变化的需求，因为规划不能够真正起到有效的控制和合理发展空间规划的作用。

2. 规划编制为技术型规划，轻实施引导

目前绿地系统规划方案关注的焦点主要在于如何形成一个详细的空间利用理想方案，至于规划方案的实施则交给行政部门完成，并将规划实施看作完全由行政力强制作用即可自动完成的行政过程。由于规划方案与规划实施被看作不相关的两个阶段，许多规划师就认为编制理想的绿地网络空间方案是个技术问题，对于如何实现绿色空间的保护也没有提出有效的实施对策，缺少对于具体行动策略和实施政策的研究。区域规划本质上是个指导性和协调性的规划，需要协调各个区域之间，区域内各个部分，部门、企业和集团等不同相关利益者自身利益和发展要求。当今，区域管治被认为是新时期区域规划的必要综合协调，但从我国目前的区域规划来看，由于受研究深度和行政区划的影响，对其重视不够。因而，区域绿色空间规划没有重视规划的实施引导内容和实施区域生态格局管治的有效性政策措施。

3. 规划方法较为单一，缺少多学科理论与方法指导

目前，研究区域绿地涉及规划学、生态学、景观生态学、地理学、管理学等多学科体系。区域绿地本身就是一个复杂的多学科交叉研究的领域，各种相关学科与区域研究相结合，应用多学科理论与方法，对于区域绿地规划体系的研究与应用将起到重要的开拓作用。我国传统的规划编制缺乏相应的理论指导和方法创新。当其他领域的专项规划都已经大量运用计算机技术手段和定量分析模型时，绿色空间的规划编制仍然主要依靠静态的定性分析方法，这直接导致了规划内容缺少前瞻性和科学性。生态学、景观生态等学科领域进行了遥感和地理信息系统等的数据信息分析，由于学科之间没有走向融合，使得一些基础研究不能够真正指导规划的编制。

1.2.2　新规划的转型：空间性与政策性并重发展

1. 规划的空间尺度

区域绿地规划作为区域规划一个子系统的研究都具有不同尺度的空间研究范畴，我国的区域绿地从空间层面的架构来说，应该包括国家、跨行政区、省域和市（县）域层面。对于区域绿地要素的规划研究应该在不同层面有着不同的研究内容和重点。结合区域绿地要素体系分类研究，笔者提出我国区域绿地组成与区域绿地规划研究框架（图1-1），不同层面研究关注的绿地组成要素重点突出规划对应于相应的要素体系的规划内容。上层面的要素体系是包含在下面各层面的规划内容中的，但实施体系对应相应层面的管控。区域绿地规划在对原有物质空间蓝图制定的弊端分析基础上，应该向新型规划转型。新区域绿

规划应该是注重新理念、新技术应用和走向空间布局与空间政策并重发展的协作型规划。

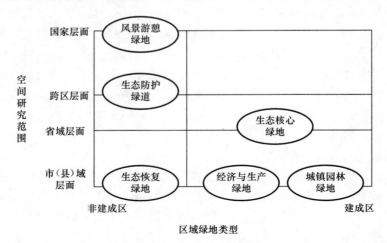

图 1-1　我国区域绿地与区域绿地规划研究框架

2. 规划发展的方向——协作式规划

1）多学科规划体系的高效整合协作研究

自然的地质、土壤、水文、植物、动物和基于这些自然因子层的文化历史，界定了某一景观区域的特质。在整体特质分析的基础上，城市内部具有不同内在的土地价值区域，由于发展的优势与动力不同，从而形成了某一分区域的结构特征与景观特色，而从时间尺度上，还应该包含时间维度的演变过程作用的影响。因而，城市区域绿地的规划过程首先需要从景观背景区域（matrix）总体构成要素关系分析的基础上分析整体的结构发展模式，规划通过对城市区域绿地与城市生态建设、城市发展、城市空间内部景观环境因子之间互动关系的分析，即各因子包含第四维时间向量的发展对于城市区域绿地规划的影响作用的分析，达到规划在时间尺度、空间尺度以及内涵特质方面都能够维持景观生态过程的连续性，进而指导并控制其空间局部构成的形成与空间特质的形成。因而，规划体系的协作是解决规划高效运作的重要内容与途径。

区域绿地规划是一个由多类型空间组成要素体系的协作发展规划，这决定了区域绿地规划必然要协调相关专业规划，达到空间结构、生态环境、经济、社会协调的空间发展不同阶段的演进目标。基于生态要素多元格局与生态功能多样化以及生态过程连续性的原则，规划体系需要加强各类已有规划，如区域规划、总体规划、土地利用规划、绿地规划、城市生态系统规划、水利规划、农林业规划、城市设计、城市用地规划等规划协调研究。规划方法上需要遥感技术、GIS 技术、数据处理与分析技术，内容上需要多学科的知识的协作参与。

2）建设用地与非建设用地的协调

区域绿地在研究的广域层面是非建设用地的范畴，即合理保护和发展各类生态空间，协调好建设用地与非建设用地的发展，提出有效的控制策略。因而，单一的部门的作用，单一的用地配置，单一学科理论支持下的规划都不能够真正实现城市与区域绿地规划及实施的高效、协调发展，区域绿地规划首先应该满足各类建设用地与非建设用地的协调演进，即综合用地规划中对环境的关注而形成的城市绿色空间体系与建设用地的协作发展模式研究。综合建设用地与非建设用地的协作研究，城市与区域绿地协作式发展必然要涉及自然绿地、水体、山林等与农田、历史文化生态空间、城镇建设用地绿地空间等协作综合研究，关注绿色空间体系与环境发展的协作演进。同时，规划过程必然是相关多部门、多学科的相互配合与相互制约。如，目前德国把空间规划体系用于全面的环境管理，其结果是环境目标在空间规划中发挥着主导作用，并据此制定了一个有效的、详细并且十分严格的污染控制的调整框架。

3）规划各方利益的协调与公众参与

在区域绿地规划的实施管理过程中，涉及的各种管理部门之间价值和权力的冲突与争议，以及区域绿地土地开发与其他项目建设的价值平衡都应当设法通过建立"共同控制"的目标来解决资源分配的公平合理性。"共同控制"比较理想的途径是公众参与，包括规划过程的参与和规划实施的参与。不同利益集团作为利益关联者和民众参与到政府决策性的规划管理活动中来。城市区域绿地资源本身具有公共产品的特征，具有非排他性和非竞争性，是公众的"共同资源"，城市区域绿地规划与建设对城市公民都是有益的。所以，公众积极参与进入城市区域绿地规划管理，使公众平等地参与决策与资源管理，对于城市区域绿地规划的合理性以及绿地资源的合理利用都是非常重要的。

3. 规划方法：多技术协作的理性规划

区域绿地规划是一个广域空间的发展研究。传统的规划由于缺乏理性的分析技术而使得规划过多地受制于行政影响以及规划师理想的框架建构而缺乏科学理性。遥感与地理信息技术应用到大尺度的空间分析研究，使得区域绿地在新技术分析基础上形成的规划更具有科学理性。

马里兰州是美国城市化迅速的一个州。马里兰州的绿色基础设施评估是自然资源部（DNR）在马里兰开发的一种工具，以帮助对州域绿色空间的生态重要性和开发面临的损失风险进行识别和归类，其评估结果最终提出了马里兰绿色基础设施网络规划（图1-2）。通过分析重要影响因素，例如土地覆盖、湿地、敏感物种、道路、河流、陆地和水生条件、漫滩、土壤和发展的压力等，评估确定了土地中心网络节点和生态廊道，包括了最重

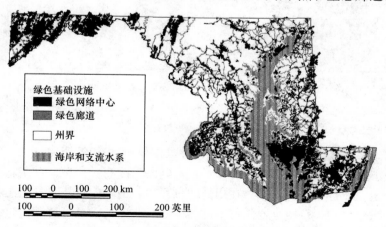

图1-2 马里兰的绿色基础设施网络规划

来源：Ted Weber，Anne Sloan，John Wolf. Maryland's Green Infrastructure Assessment：Development of a comprehensive approach to land conservation [J]. Landscape and Urban Planning，2006，77：94-110

15

要的生态亟须保护的未开发土地、保护流域和沿岸的廊道以及农业和废弃采矿的土地等组成部分。生态节点和廊道被确定后，自然资源部工作人员用地理信息系统方法，评估其在网络组成中的脆弱性和生态价值。然后，他们提出了基于生态价值的绿地空间综合排序，对经济增长的脆弱性，以及目前的保护程度。通过综合排序的保护价值网络模型评估结果，比较土地保护的可行性与急迫性，这成为确定国家的土地收购的依据（图 1-3）。马里兰州通过评估方法用来指导正在进行的土地保护工作和绿色基础设施发展框架。在区域范围内，该方法已被用于不同区域层面以及重点国有土地保护方案领域。

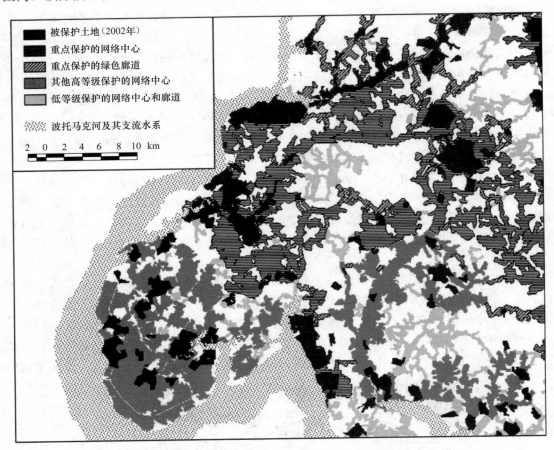

图 1-3　马里兰南部重点保护区域基于 GIS 生态价值评定现状绿地空间综合等级图

来源：Ted Weber，Anne Sloan，John Wolf. Maryland's Green Infrastructure Assessment：Development of a comprehensive approach to land conservation [J]. Landscape and Urban Planning，2006，77：94-110

在城市绿地系统规划过程中，采用遥感分析与地面普查相结合的方法，运用计算机和 GIS 技术对城市的各类绿地进行全面调查研究，可大大提高成果精度和工作效率，这使得城市绿地系统定量化分析成为可能。在规划的过程中，地理信息技术与遥感技术在城市绿地系统规划领域的应用，一些重要的城市已经由遥感监测与信息管理部门进行了土地利用与绿地信息的分析与数据库的建立。然而资料共享存在跨部门管理与经济效益的问题，已有的资料信息库得来费力费资金，且这些部门形成的数据往往与规划的研究者要求的数据并不能吻合。我国多数城市还没有投资进行这些工作。城市绿地系统规划编制过程中往往提出绿地系统现状与演变分析的要求，这时如何进行 GIS 分析成为在有限时间内合理应用该技术服务于城市绿地系统规划的关键。有些城市领导听了专家的建议急于同时解决两项专题研究。城市绿地系统规划编制办法（试行）中对这一要求应正确地对待，不要片面地强调其作用而急于解决规划与管理过程的两个方面的要求。

在广域绿地系统规划中需要的是各类绿地广域结构关系的现状与演变过程的分析，以及绿地与其他城市用地发展的互动分析。土地利用、地形地质测绘部门以及园林绿地管理部门、农林部门在遥感信息的读取与判别、GIS 的信息数据的分类以及规划各要素演变分析中的通力协作起到至关重要的作用。因而，规划人员与其他专项技术人员的合作是规划前期的现状分析与判断确定结构性发展内容阶段理性发展不可或缺的途径。并且，多部门的合作会加强基础数据的有效性和分析内容的科学性。GIS 用于管理中的绿地信息数据的监测在今后一段时间内将逐渐形成与完善。区域绿地系统规划需要借鉴这些分析技术进行多类型空间体系的发展特征分析，同时，要求协调多相关专业规划，以最终形成区域生态、经济、景观协调的绿地空间规划。基于生态要素多元格局与生态功能多样化以及生态过程连续性的原则，协调各类已有区域规划、总体规划、土地利用规划、绿地规划、城市生态规划、水利规划、农林业规划、城市设计、城市用地规划等各类规划。规划方法上充分利用遥感技术、GIS 技术、数据处理与分析技术。未来我国区域绿地规划实现模式转型的正确方向是：宏观层面，应做好区域规划的编制，架构良好的自然绿地网络系统，配合适应的规划管理；中观层面，应以大范围的区域绿地规划为指导，加强和完善城市（包括市域）绿线规划的编制，将绿地系统规划工作细化并逐层落实到管理的各个层面，以保证规划的真正实施。同时，合理总结其规划理论与实践经验，积极调动学术机构、社会团体、政府部门、公民代表共同参与到规划过程中，并充分重视协调受规划与政策影响的多方利益，促进形成我国制定实施区域绿地规划的多种模式。

4. 规划目标：走向空间政策

绿色空间保护的关键在于将规划转化为指导具体行动的政策，分为宏观的规划政策指引与微观的具体政策法规。规划目标应从关注技术成果转向如何将技术性成果转化为可行动的空间政策。英国 2011 年以前区域规划实施控制体系对我国区域绿地的空间政策目标制定有着重要的借鉴作用。大尺度、大的区域层面的规划指引与法规控制和引导区域及城市发展。在国家层面，英国中央政府有关规划的各方面的要求多以规划政策导则（Planning Policy Guidess，简称 PPG）形式发布，用以指导区域层面的规划编制。地方规划机构在编制发展规划时必须考虑并符合 PPG。英国共发布了 25 个 PPG。2004 年发布新的《规划与强制购买法（2004）》，代替了 1990 年的《城乡规划法》，是以法律的形式确定了英格兰每个地区需要设立区域规划机构（Regional Planning Body，简称 RPB）和修订区域空间战略，标志着英格兰新区域规划体制的正式建立。PPG 有些内容也以规划政策声明（Planning Policy Statement，简称 PPS）替代。PPS 体系以及还沿用的部分 PPG 政策很多内容关联着区域绿色空间可持续发展的规划建设要求。其中直接规划的指引包括绿带政策（PPG2），生物多样性和地质保护声明（PPS9），开敞空间、运动和娱乐空间规划指引（PPG17），乡村区域的可持续性发展政策（PPS7）等。在地方层面，在 2004 年政府的一些研究报告中已经提出，绿色空间发展战略应放入发展规划文件并成为重要的补充规划文件。鼓励绿色空间战略作为补充规划文件，这样可以使得开发者和其他绿色空间的提供者用统一的开发方法规定和管理绿色空间。地方当局必须和区域团体一起，比如地区的议会、发展部和政府办公室，确保地方绿色空间战略与规划成为当地的区域规划重要内容。2008年土地咨询委员会公布了绿色基础设施导则，明确提出绿色基础设施编制地位和可行的程序框架，即在地方发展框架文件制定过程中，对应于每个工作阶段，绿色基础设施规划相应的工作内容和工作小组组织形式（图1-4）。

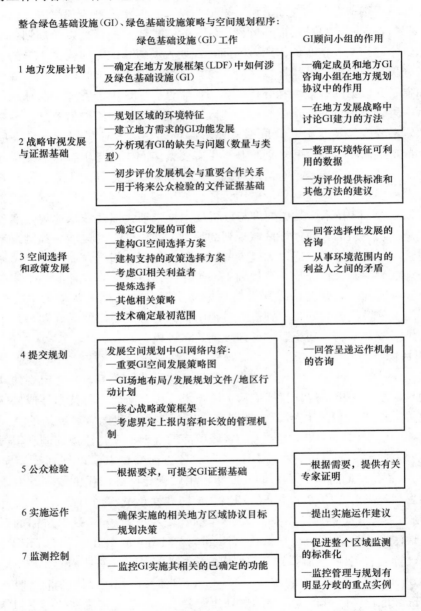

图1-4　发展规划编制程序中整合绿色空间的规划内容

来源：http://www.naturalengland.org.uk/ourwork/greeninfrastruture

规划政策指引是指关于某些专项规划公布的一系列引导性政策和技术要求，旨在阐明政府在某一阶段对地方城市规划事务的观点和原则，它几乎涉及规划事务的各个层次和方面。笔者前文已经提出，区域绿地的不同层面研究框架和不同类型的区域绿地规划研究的结构框架应如图 1-1 所示。在这一结构框架下，规划政策指引应该包括各类区域绿地的规划与发展原则和准则，目的在于协调与绿地规划有效实施相关的政策。通过国家和区域政府层面制定政策规划指引，可避免不同部门制定区域绿地规划和实施规划过程中的政策发生冲突。2003 年针对自然生态环境遭受破坏，环境污染日益加剧，城乡建设无序等问题，广东省建设厅先后出台了《区域绿地规划指引》和《环城绿带规划指引》，把区域绿地和环城绿带规划纳入城镇体系规划和城市总体规划的重要内容对区域内不可建设用地从规划政策层面施以严格的绿线管制，应该说这一尝试是对区域空间管治机制上进行的较早的探索。

1.3 规划的实施管理

1.3.1 我国区域绿地规划实施体系现状

1. 政策体系不健全，缺乏规范性政策体系研究

我国在区域绿地政策方面的现有规范法规不够健全（表 1-6）。相对来说，对宏观的生态区域（如绿色廊道、生态核心区等）关注不够。相关的环境、林业、农业相关标准大多是孤立存在，标准内容之间缺乏协调性、一致性，甚至有互相矛盾的地方。总体来说，定性的控制为主，定量化的控制较少，控制程度不够严密，远不能满足规范性的政策体系的需求。绿色空间规划实施中，规划的强制性随着政策的变动而处于不能完全执行产生控制效力的状态。例如，在 2001 年国务院下发的《国务院关于加强城市绿化建设的通知》中允许通过农村产业结构调整的方式占用农田搞绿化，而 2003 年 11 月国土资源部又发文明确规定了"不准占用基本农田进行绿色通道和绿化隔离带建设"，两个文件内容前后有了逆变。因而 2000 年前后大量城市规划编制的法定效力大大降低。

我国区域绿地相关的重要国家法律法规   表 1-6

法律法规	颁布日期	颁布单位
中华人民共和国城市绿化条例	1992 年 6 月 22 日，8 月 1 日施行	国务院
城市绿化规划建设标准的规定	1993 年，1994 年 1 月 1 日实施	建设部
村庄和集镇规划建设管理条例	1993 年 5 月 7 日	国务院
中华人民共和国自然保护区条例	1994 年 10 月 9 日	国务院
中华人民共和国野生植物保护条例	1996 年 9 月 30 日	国务院
中华人民共和国森林法	1984 年 9 月 20 日，1998 年 4 月 29 日第一次修订	全国人民代表大会常务委员会
中华人民共和国土地管理法实施条例	1999 年 9 月 1 日	国务院
中华人民共和国森林法实施条例	2000 年 1 月 29 日	国务院
城市古树名木保护管理办法	2000 年 9 月 1 日	建设部
国务院关于进一步推进全国绿色通道建设的通知	2000 年 10 月 16 日	国务院
国务院关于加强城市绿化建设的通知	2001 年 5 月 31 日	国务院

续表

法律法规	颁布日期	颁布单位
城市绿地分类标准	2002 年 6 月 3 日	建设部
城市绿线管理办法	2002 年 9 月 9 日	建设部
城市绿地系统规划编制纲要（试行）	2002 年 10 月 16 日	建设部
中华人民共和国农业法	1993 年 7 月 2 日，2002 年 12 月 28 日修订	全国人民代表大会常务委员会
中华人民共和国草原法	1985 年 6 月 18 日，2002 年 12 月 28 日修订	全国人民代表大会常务委员会
中共中央国务院关于加快林业发展的决定	2003 年 6 月 25 日	国务院
水利风景区管理办法	2004 年 5 月 8 日	水利部
中华人民共和国土地管理法	1986 年 6 月 25 日，1988 年 12 月 29 日一次修订，2004 年 8 月 28 日二次修订	全国人民代表大会常务委员会
国家城市湿地公园管理办法（试行）	2005 年 2 月 2 日	建设部
国家园林城市标准	2005 年 3 月 25 日	建设部
国家园林县城标准	2006 年 1 月 6 日	建设部
森林资源资产评估管理暂行规定	2006 年，2008 年 1 月 1 日施行	财政部和国家林业局
风景名胜区条例	2006 年 9 月 6 日，2006 年 12 月 1 日施行	国务院
中华人民共和国环境保护法	1989 年 12 月 26 日	全国人民代表大会常务委员会
中华人民共和国城市规划法	1989 年 12 月 26 日，1990 年 4 月 1 日施行	全国人民代表大会常务委员会
中华人民共和国城乡规划法	2008 年 10 月 28 日，2008 年 1 月 1 日施行	全国人民代表大会常务委员会

2. 规划管理体系为垂直管理，缺乏区域协调体制研究

在我国，宏观层面的管理体系体现为垂直管理的特征，也就是平时常说的以条为主，条块分割的状态，因而缺乏区域协调的管理体制。特别在区域规划的管理层面，还没有形成一定学术团体、行业和专业协会以及非政府组织机构和民间团体协调一致参与规划管理的局面。跨区域区域规划管理机构的缺失，使得基于生态系统管理的区域绿地规划管理存在不同层面调控体制上的脱节，造成区域绿地规划实施管理的困难。因而，区域绿地的实施管理需要调动各方面的积极因素，鼓励采用政府监管，授权机构负责多元化调控机制，各环节相关利益者广泛参与的协调发展的区域绿地管理体制。而在地方层面，目前规划管理体制的这种自上而下的垂直管理制度模式和在市场化背景下地方性微观决策权力的多元化又很容易形成矛盾，使得绿色空间政策的实施绩效与规划目标相距甚远。

3. 实施规划与管理缺少评估与监测，缺乏实效性研究

规划控制的效果需要实施规划的政策保障和规划实施的评估反馈。这是一个闭环式的动态循环过程，规划的评估贯穿于整个规划与实施过程。1973 年美国瓦尔达夫斯基（A. Wildavsky）已经提出规划是对未来的控制。然而出于未来存在太多的不确定性，所以，他是以忽略甚至排除不确定性因素作为他整个评价理论框架的前提条件。根据这个观点，规划或政策都将在未来某一假设的时间内完成，而对于实施的评价是依据结果与规划方案的契合度为标准的，亦即规划实施最终结果与最初方案设计的一一对应性。1981 年威斯康星大学亚历山大教授（E. R. Alexander）提出规划是一项社会活动，是为获得既定目标而采取最佳战略并充分考虑实施目的和实施能力的一项社会活动。他认识到规划的不确定性，并认为规划战略若要有效就必须结合对不确定性的考虑，并且将其贯彻在规划实施的评价过程中。

英国的规划政策一直处于不断的评估绩效,以利于相应的规划和管理政策进一步调整。美国的规划政策评估研究,往往结合绿道实施管理和一些州的区域绿色空间保护策略,对规划的作用和城市成长管理政策实施的情况进行评估。规划的政策编制需要建立一定的规划实施效力评估体系和监测机制,以利于建构规划实施—实施评价—监控三步骤循环互动的发展模式。目前,我国在这一方面基本空白。

1.3.2 区域绿地规划实施体系的发展路径

我国现有的区域绿地规划实施体系不能够真正确保规划的实施,绿色空间规划实施的效力与影响因子作用研究,保证实施管理控制的有效政策体系与管理机制的研究国内基本没有正式成果。区域绿色空间的实施管理过程处于各行政区域多层面、多部门管理权限之下,实施管理也没有参与协作机制。因而,规划的实施亟须研究建立完善的政策体系和高效的管理体制,亟须研究建立区域绿地实施的评价体系、控制监测体系与方法,这将有利于规划实施绩效评价与实施成效的监控,从而进一步反馈规划的制定,最终形成规划管理—实施评价—监控的循环互动模式。区域绿地规划实施体系研究的路径框架如图1-5所示。

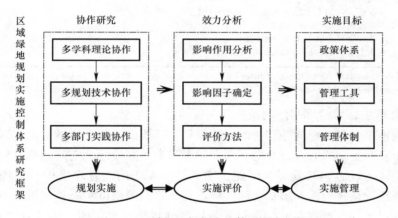

图 1-5　区域绿地规划实施体系研究框架

1. 实施策略:完善的政策体系和多元化的实施工具

我国长期缺乏系统的绿色空间政策体系,只是零零散散地分布在各种部门的法规政策相关条文中。绿色空间政策部门化的结果必然导致各部门的绿色空间政策存在空间矛盾和冲突,难以具体落实。另外,我国政府在出台绿色空间相关规划和政策时有不一致的方面,前后出现明显冲突,缺乏长久的、持续的、明确的空间政策。由此导致很多绿色空间的建设形式和进度都会受到政策变动的巨大影响。可见,摒弃空间政策的"条条化"和"部门化",构建一个各层面协调完备的绿色空间政策体系,实现空间政策的统筹协调控制作用,对区域绿色空间相关政策的有效实施和具体执行是非常重要的。因此,国家和地方相关部门应该在参考国内外相关研究、总结实践经验的基础上,建立协调的、标准化的、完善的区域绿地空间政策体系。

美国在绿色空间实施保护方面的公共政策工具归纳为三大类:①公有产权的管理;

②法规规定；③激励政策。具体政策工具见表1-7。当然这些政策工具并没有包罗所有的技术工具，在这方面的公共政策工具是庞大的，不断增长和变革，特别是在地方层面，新的技术工具不断出现。我国需要在实施工具方面逐步转向多元化，目前需要完善具体的生态、行政、经济、社会等技术工具的研究。

美国绿色开敞空间保护的公共政策　　　　　　　　　　　　　　　　　表 1-7

分　类	保护开放空间政策
公共购买权	无限制条件购买公共所有土地的权利，这类土地包括公园、娱乐区、森林、野生动物避难所、荒野地区、环境敏感地区、绿道等（地方的、区域的、州的、国家的）
法规	细分强征法案（地方的） 组群分区管理法规（地方的、区域的）——激励政策有时经常用于这里 降低密度区划或大场地分区法规（地方的） 专有的农业或森林区划（地方的、州的） 减轻条例和银行业务法令（地方的、州的） 非转换的分区法（地方的） 集中农村的发展法规（地方的）
激励	农场权利法（地方的、州的） 农业区域法（地方的、区域的、州的） 开发权转让（地方的、区域的） 开发权购买，他人土地上的通行权保护（地方的、州的、国家的） 使用价值税评定（州的、国家的） 自动暂缓交易税收的减免（州的） 土地买卖资本利得税（州的、国家的）

来源：David N. Bengston, etc. . Public policies for managing urban growth and protecting open space：policy instruments and lessons learned in the United States ［J］. Landscape and Urban Planning，2004，69：271-286

2. 实施管理：区域管理实体的调控与制度体系

区域规划本质上是个指导性和协调性的规划，需要协调各个区域之间、区域内各个部分、部门、企业和集团均有其自身的利益和发展要求。区域绿色空间的控制管理更需要有执行规划的主体，以协调其发展。因此，建立各层面适用的管理机构与管理体制是必要的。美国的绿道网络建设涉及多辖区的区域范畴，不同的绿道实施管理机构与管理体制具有相应的，满足不同区域规划和建设目的的区域性机构。美国的土地私有以及联邦、州、地方之间权利分配的差异性，区域绿地的管理体制在我国的应用有其局限性，研究建构我国适用的区域绿色空间协作发展的管理机构与体制，是区域绿色空间控制管理亟待解决的关键问题。

对区域空间的发展建设需要选择合适的管理机构与体制，这涉及不同层级政府或发展主体之间、同级政府之间的协调发展问题，其管理是多元的和多层次的，其根本手段是通过对不同的地区实行差异化的区域政策以促成区域协调发展目标的实现。今后我国区域绿地政策将绿色空间的营造从建成区转向城乡全部地区，强调了对区域不可建设用地的优先关注，并使对生态资源的管治由部门单向负责转向区域统筹协调，这将进一步促使建立高效协作的区域绿地管理机构与体制。

3. 有效管理：走向科学化的实施评估与反馈机制

针对绿地系统定量化研究的重要手段之一是规划评估体系。对于规划评估，我国各学科研究机构都进行了大量的研究工作。然而，研究形成的评价指标缺乏共通性，评估方法也不够清晰，不利于实施操作。规划实施和实施管理的评估目前基本没有研究性的成果。从评价方法方面来看，现行评价方法大都源于国外，在引入过程中各个不同的学派在方法的介绍上也各有侧重，真正应用于实践中还很少。

实施评估体系与方法以及实施监控的反馈机制，应该充分结合 GIS 空间技术和数学模型方法，从规划的空间功能、结构形态以及发展过程的作用效力进行定量分析评价。同时，这一实施评估体系也应该结合传统的问卷方法，走访各相关部门，与有关专家访谈交流和沟通，当然传统的方法同样可以应用计算机网络的优势达到更为高效的调研目的。区域绿色空间实施控制的评估建立在定性与定量分析方法基础上，目的是建构实施政策体系各级因子与评价标准，确定评价实施效能的评估方法。规划实施研究的最终目标是形成规划—实施政策—监控三步骤循环互动的发展模式，保障区域绿地发展和建设的有效管理。

2 国际规划实施评价研究的前沿

2.1 研究的现状

规划政策（体系）的制定是为了保障原有的规划、计划等的有效实施，健全的规划政策（体系）能够提高规划的实效。很长时期，我国的城市管理者、规划者等仅关注城市（绿地）规划的制定，忽视其实施情况，往往造成上一轮规划尚未完全实现，下一轮规划又"接踵而至"的窘况，这种城市（绿地）规划编制与实施管理的"分裂性"严重制约着城市和区域的健康发展。近年来，市管理者、规划者、规划实施参与者等开始重视城市（绿地）规划的实施情况，基于此建立了相对完善的政策体系来保障规划的实效。但政策（体系）与规划编制间的"分裂性"造成了规划政策（体系）和城市（绿地）规划编制如同平行的铁轨，难以找到或者更确切地说是很难利用一个节点将这两方面联系起来，而这个节点是（也只能是）城市（绿地）规划的实效。也就是说，规划的实施评价起到了联系规划编制体系的实施与实施管理两者之间的节点作用。然而，将规划编制、规划实施现状和规划政策（体系）三者进行逻辑上的联系和整合是一件困难的事情（政策体系和规划编制两者是包含与被包含的关系，规划实施现状是一个动态的因子，总体来看三者也处于动态的作用与反作用之中，它们之间绝非简单的线性关系）。

1989年，亚历山大和法吕迪（A. Faludi）提出了 PPIP（Policy-Plan/Programme-Implementation-Process，政策—规划实施评价过程）模型，这一模型重视对规划过程的合理评价，"模型将政策、规划、项目、程序、可操作性的决议、实施、实施的结果和实施的影响等多项因素结合起来考虑，从5个方面对规划的实施情况进行综合评价，分别为：一致性（Conformity）；过程合理性（Rational Proeess）；事先最优性（Optimality exante）；事后最优性（Optimality expost）；实用度（Utilisation）"（图2-1）。

规划实施评价因其切入角度和关注对象的不同，可大致分为规划实施结果评价和规划实施过程评价，前者关注于实施的结果是否达到了规划政策中编制的结果，后者主要是对于规划实施过程中各环节的评价；在认识到规划实施环境的复杂多变后，关注点逐渐从规划实施结果转向了"规划及政策的制定和实施的过程，即对规划实施过程进行评价"。孙施文等（2003）将城市规划实施评价分为：规划实施之前的评价（①备选方案的评价；②规划文件的分析）和规划实践的评价（①对规划行为的研究；②描述规划过程和规划方案的影响；③政策实施分析；④规划实施结果评价）两种类型。郑新奇等（2006）依据规划实施的时间序列将规划实施评价分为5种类型：①规划前评价；②规划编制过程评价；③规划方案评价；④规划方案实施过程评价；⑤规划方案实施效果评价。张兵（1998）提出了城市规划实效评价面临的问题：①现时有关城市规划实效的评价主要是由政府作出的。这在我国尤为突出。政府的评价结论往往都较为笼统，其表述仅是总的定性。②城市

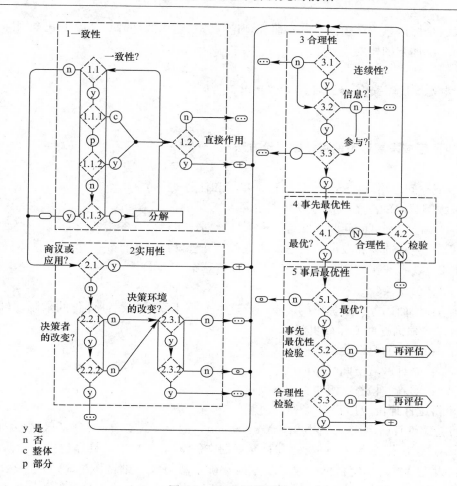

图 2-1 PPIP 评价框架

来源：Alexander E R，Faludi A. Planning and plan implementation：notes on evaluation criteria ［J］.
Environment and Planning B：Planning and Design，1989，16（2）：127-140

规划师也许更倾向于某个时期法定的规划成果作为衡量实效的标尺。③对城市规划运行机制的效果进行评价也会遇到更多棘手的问题。首先，规划的目标如何理解，评价的标准是采取政府提出的目标还是规划经典理论中规范性的目标；其次，城市规划从编制到实施的过程是复杂的，涉及大量利益的权衡，而对于规划作用效果的评价却常常注意结果，而并不对权衡的详细过程做效率和公平意义上的评价；最后，关于分析的对象——规划影响下的城市发展的效果需要有一个慎重的辨明解析的过程。④城市规划系统在社会经济环境下的运行，功能有时会发生异化，这也带来实效评价的困难。⑤城市规划师这种人的因素是规划作用成败的关键因素，然而在实效评价中很少将人的这种因素纳入考虑，而开展评价工作的规划师对研究结果的人格化影响也往往被忽视。⑥进行全面可靠的规划实效评价，面临着在时间、资金、资料等多方面的约束。

从关注规划的编制转向关注规划的实施成为领域内的主流，但关于实施政策的效率评价，国内外相关研究依然较少，处于初步探索与讨论阶段。一个政策或一套政策体系实施情况的评价可谓是一个艰巨的任务，这其中涉及评价目标、评价主体、评价对象、评价方法和手段、指标体系等多项内容。本研究理论与方法建构的基础总结以下几个国际研究现状理论与方法体系的概要内容。

2.2 研究的重要实施体系与评价方法论

2.2.1 英国区域发展政策的可持续评价方法

1. 区域空间战略（RSS）修订过程、步骤和任务

区域空间战略的准备工作分成 8 个主要步骤：

步骤 1：确定修订的问题，准备一个项目计划，包括公众参与的声明。

步骤 2：完善选项和政策，考虑评估效益，完善修订草案。

步骤 3：发布和正式协商区域空间战略修订草案。

步骤 4：公众监督。

步骤 5：协商国务大臣提出的变革——这些变革不受可持续性评价的限制，可持续性评价报告需要根据这些变化而更新。

步骤 6：发布的提议变化。

步骤 7：修订区域空间战略的问题。

步骤 8：实施、检查、复审。

2. 可持续性评价应用到 RSS 修订过程

将可持续性评价（Sustainability Assessment，简称 ASA）应用到了区域空间战略修订（RSS）、地方发展公文（DPD）和补充规划文件（SPDs）中，具体包括 5 个阶段，SA 阶段 A：设定背景，确定目标，建立基本线，确定可持续评估范围。SA 阶段 B：阐明和提炼选项，评估效果。SA 阶段 C：准备可持续评估报告。SA 阶段 D：商议 RSS 修订草案和 SA 报告。SA 阶段 E：监测实施 RSS 的显著影响。将可持续性评价应用到 RSS 修订的过程步骤具体见表 2-1。

SA 融入 RSS 修订过程表

表 2-1

RSS 步骤	SA 步骤和任务	
步骤 1：确定修订的问题，准备一个项目计划，包括公众参与的声明	步骤 A：设定背景，确定目标，建立基本线，确定范围	A1：确定其他相关政策、规划、项目和可持续目标
		A2：搜集基本线信息；
		A3：确定可持续性问题
		A4：商议 SA 范围
步骤 2：完善选项和政策，考虑评估效益，完善修订草案	步骤 B：完善和提炼选项和评估效果	B1：在 SA 框架下进行 RSS 修订目标的测试
		B2：完善 RSS 修订选项
		B3：预测 RSS 修订效果
		B4：评估 RSS 修订效果
		B5：想办法使得不利影响减轻，有利影响最大化
		B6：提出方法，监测实施 RSS 修订的显著影响
	步骤 C：准备可持续性评价报告	C1：准备 SA 报告

RSS 步骤	SA 步骤和任务	
步骤 3、4 和 5：向国务大臣提交 RSS 修订草案，公众监督和专家组报告	步骤 D：商议 RSS 修订草案和 SA 报告	D1：商议 RSS 修订草案和 SA 报告
步骤 6、7：发布的提议变化和修订 RSS 的问题		D2：评价议会大臣提出的任何重要变革 D3：作决定并提供信息
骤 8：实施、检查、复审	步骤 E：监测实施 RSS 修订的显著效应	E1：完成监测的目标和方法 E2：回应不利影响

来源：http://www.caerphilly.gov.uk/pdf/Environment_Planning

　　实施政策的可持续发展评估的结果将进行等级评价，等级划分是有影响作用即包括影响作用较大、影响程度中等和影响程度较低等评价等级，也包括不确定或负面影响作用。

　　3. 可持续性评估（SA）的方法

　　1）评价的步骤和任务

　　可持续性评价（SA）的目的是对即将颁布的政策法规进行可持续发展的评价，并根据评价对政策进行修改。与评估的 5 个步骤对应，SA 的制定过程需要完成 5 个任务：

　　（1）任务一：整理相关政策、规划、项目

　　这些政策包括可持续发展战略、规划政策声明、区域发展机构的经济战略、环境和住房策略等，对相关文件中有关评价方面的规定要求进行整理，这些关系中的信息能使得潜在的协同性得到开发，而且任何不协调和约束将得到解决。

　　（2）任务二：收集基础信息

　　这些信息为预测和监测效果提供了基础，且有助于确定可持续性问题以及处理问题的替代方法。基础信息包括大量的指标，然而定量和定性信息可以用于达到此目的。为从基础信息中得到最高价值，基础信心需要实时更新，而不仅仅是在一个特定的时间内，把它作为描述情况的快照。对于基础信息的收集主要从以下方面着手：

　　（a）当前状况是好是坏？这些趋势表明情况是变好还是变糟？

　　（b）当前的状况离任何已有阈值或目标还有多远？

　　（c）问题是可逆还是不可逆？是暂时还是永久的？

　　（d）抵消或修复任何破坏，难度有多大？

　　（e）随时间变化，存在显著的积累或协作效应吗？在未来，可以预见这种效应吗？

　　（3）任务三：整理评价因子

　　根据政策体系想要达到的目标以及实施情况的基本信息提出相关的评价因子，以达到对政策效率进行评价的目的，在可能的情况下，评价因子应该与基础信息和历史性或可能的未来趋势相联系。主要依据可包括：

　　（a）早期区域计划和规划中，发现问题的经验。

　　（b）识别和分析在当前或者未来基线条件和拟议的目的、目标和义务之间的可能的紧张或不协调性。

　　（c）具有社会、环境和经济责任的当局与其他利益相关者和公众磋商。

　　（4）任务四：确定评价框架

　　评价框架提供了一种描述、分析和比较实施效率的方法。评价框架由评价目标组成，在可行的情况下，也可以以目标形式表达，使用指标来衡量它。当基础信息被收集而且绿廊实施情况被识别时，目标和指示可能被修改。政策实施目标不同于规划目标，尽管他们可能在某些方面互相重复。他们提供了一种方法，检测政策目标是否得到最好的实施。

（5）任务五：探讨评价范围

主要指对研究区域的概况及其他信息进行社会各界的探讨，包括政府部门、社会团体及经常接触该区域的市民等，以确保收集整理的信息有效和充分。

区域发展政策的可持续性评估（SA）具体的评估步骤如图 2-2 所示。

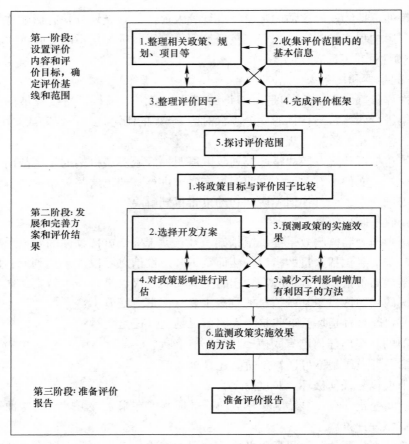

图 2-2　评价方法各步骤关系图

来源：http://www.caerphilly.gov.uk/pdf/Environment_Planning

2）评价的内容与方法

以伦敦 2011 年地方实施规划的可持续性评价（Sustainability Assessment for the city of London Local Implementation Plan）为例，评价报告的主要内容包括：2011 年伦敦实施规划和其他相关规划介绍、评价目标和基本内容、基线情况、针对目标的政策评估、对结果的分析与评价。主要内容的具体分析过程举例如下：

（1）确立战略环境评估目标，并评估其与地方实施规划目标的兼容性（表 2-2）。

基于目标的评估政策体系与发展目标关联分析示意表 表 2-2

战略环境评估目标	地方实施规划			
	政策 2011.1	政策 2011.2	政策 2011.3	……
目标 1	↑	↑	↑	……
目标 2	……	……	……	……
目标 3	……	……	……	……
……	……	……	……	……

注：评价规划政策与可持续性环境目标之间关联等级分为三类，协调的，↑ 表达，；不协调的，用×表达；无明显关联的，用空白表达。

来源：H:\Transportation\policy\LIP 2011\101220 TfL\sustainability assessment report. doc

（2）战略评估目标设为与基线标准的总目标一致的内容。分析每一总目标关注的子问题，评估规划政策对基线总目标的作用关系（表 2-3）。这些评估内容能够帮助形成基线信息的概况。

评价目标设立与关注子问题评估举例 表 2-3

总体目标	关注的问题评估（帮助形成基线信息概况）
举例目标 9：改进水质量和增强资源管理	该政策能通过可持续性的排水系统减少排水管网的废水数量吗？
	该政策减少水消耗吗？
	该政策抵消地下水上升吗？

来源：http//www. london. gov. UK/publication/londonplan

（3）总目标结合子问题分析形成基线信息框架。这一框架是总目标层下一层面的可持续性评价指标因子体系（表 2-4）。这一体系用于评估实施规划的各政策纲要的作用和结果。

规划政策各纲要评估举例：街道的场所性 表 2-4

	伦敦地方实施规划纲要：街道的场所性评价				
	基线信息框架	没有任何计划	街道作为场所和运动廊道	街道作为运动廊道	评论
战略环境评价（SEA）目标	SEA1 贫困/社会包容	↔	↑ (1)	↓ (2)	（1）街道作为场所是免费的，因而具有包容性 （2）社会空间仅富人使用
	SEA2 改善健康	↔	↑ (3)	↓	（3）改善心理健康
	SEA3 教育/技能	—	—	—	
	SEA4 反社会行为	—	↑ (4)		（4）被动监测—犯罪机会减少
	SEA5 鼓励就业	—	—	—	
	SEA6 安全和愉悦环境	↓	↑ (5)	↓	
	SEA7 公平和可达性	↓	↔ (5)	↓	（5）依靠街景设计
	SEA8 交通影响	↓	↑ (6)	↓	（6）土地利用最高效
	SEA9 水质量/资源				
	SEA10 空气质量	—	↑	↑	
	SEA11 生物多样性		↑ (7)		（7）街景多样性提高的机会
	SEA12 历史环境	—	↑ (8)	↓	（8）城市街道符合历史性的使用

续表

| 基线信息框架 | 伦敦地方实施规划纲要：街道的场所性评价 | | | |
	没有任何计划	街道作为场所和运动廊道	街道作为运动廊道	评论
SEA13 建筑环境	↔	↑ (5)	↔	
SEA14 气候变化——驱动力				
SEA15 气候变化——影响作用	↓ (9)	↔ (5)	↓ (9)	(9) 适应性方法造成机会减少
SEA16 废物管理架构	—	—	—	
SEA17 金融和商业服务		↑ (5)	↔	
SEA18 非金融部门经济		↑ (5)	↔	
SEA19 交通效率		↔ (11)	↑ (10)	(10) 交通高效运行 (11) 是否造成物业服务更难？
SEA20 商业有吸引力的城市		↑ (5)	↔	
SEA21 经济的社会环境绩效	—	—	—	

战略环境评价（SEA）目标

注：↑表示有益的影响；↔表示不确定的影响；↓表示消极的影响；空白表示没影响；↑表示地方影响——城市内部；↑↑表示区域影响——大伦敦内部；↑↑↑表示国家或国际影响（表格没有涉及不同影响程度的差异）

来源：http//www. london. gov. UK/publication/londonplan

2.2.2 欧洲土地利用气候影响决策框架与评估工具

1. 土地利用对气候影响的转换方式与评估方法论基础

土地利用与气候作用的分析应该有一个定量化的评估。这一过程需要基于 GIS 利用技术，收集地方和区域发展政策，将现状的和规划的土地利用信息转换为图形化的地理信息数据，结合土地利用管理过程中的统计数据，在基于气候关联的一些土地利用转换规则分析的基础上，提出土地利用管理与土地利用变化之间的关联性。这是实施管理或规划政策评估的基础。土地利用管理和规划政策转换为信息图的方式是土地利用对气候图形成制约作用的核心环节，具体方法如图 2-3 所示。

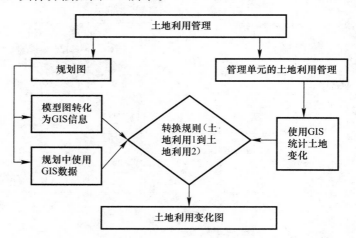

图 2-3 土地利用管理/规划政策与土地利用变化关联转换图式

来源：Nina Schwarz, Annette Bauer, Dagmar Haase. Assessing climate impacts of planning policies-An estimation for the urban region of Leipzig (Germany) [J]. Environ Impact Asses Rev，2010（2）：1-15

　　土地利用对气候影响的评估方法是另一个重要互动环节，通过确定反映地方气候的土地利用评估指标，引入现状和将来地方气候规定，分析关联作用确定土地利用对气候作用的影响程度，从而反馈现有和规划土地利用的合理性，确定更为适应都市气候特征的土地利用模式。这一环节中，重点是选取反映地方气候的土地利用评估指标。图 2-4 是德国学者结合莱比锡城市案例研究提出的两项评估指标，即土地表面辐射率和土地蒸腾量。这方面的成果还需要研究探索进一步完善。

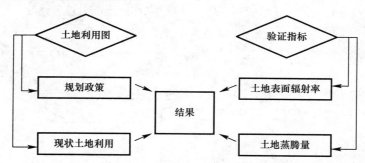

图 2-4　土地利用政策对地方气候影响的评估方法

来源：Nina Schwarz，Annette Bauer，Dagmar Haase. Assessing climate impacts of planning policies-An estimation for the urban region of Leipzig（Germany）[J]. Environ Impact Asses Rev，2010（2）：1-15

2. 评估工具和发展框架过程的融合

　　欧盟各个国家都在规划决策过程中应用战略环境评价（SEA）作为一种工具，用来提供规划应对环境变化的科学依据。英国 SA 评估中基线目标的确立也是结合这一框架形成的评估体系。SEA 的目的是：当政策、计划和规划正在制定或者实施前的评价阶段，提供主管机构一种能够认识与可持续环境发展有关的专门的规划分析问题工具。独立的适应规划和规划过程中对适应发展策略的关注和融入，包括城市规划发展战略的制定，都提出要求战略环境评价。这一要求能够保证规划机构努力发展适应政策和不导致不必要的环境损害的目标。

　　伦敦的地方发展框架在制定的过程中制定了专门的可持续评估和战略环境评价补充规划文件，协助分析制定最终的地方发展框架。英国的 SEA 评估建立在欧盟的欧盟指令 2011/42/EC 和强制购买法案（2004）基础上。战略环境评估（SEA）和可持续发展评估（SA）均与推荐的风险评估工具关系密切。推荐的风险评价工具更多地应用在前期制作和制作阶段。国家和区域政策的驱动和限制方面的风险评价应用于整个规划制定过程，但对于证据收集和拟定可替换的选择最先的两个阶段来说，显得尤为重要。任何没有比较全面地满足这些需要的选择在规划制定过程的咨询和检验阶段将被审议。英国气候影响项目（UKCIP）进一步开发系统评价工具，对于不同阶段的英格兰和威尔士规划过程进行规划论证。这一框架是循环论证的，更为强调动态适应性方法应用到气候变化管理，并根据新的信息需要重新决策。这一框架的某些阶段是分层的，允许在着手进行更多详细的风险评价和选择评估之前，决策者能够进行鉴别、屏蔽，并优先考虑评价气候和非气候的风险，选择合理决策。英国气候影响项目 UKCIP 的决策框架每个阶段应用对应的风险评价工具，气候影响项目决策框架整合到地方发展框架拟定过程（图 2-5），为城市发展提供了灵活的、适应气候变化影响的政策制定的通用方法（图 2-6）。同样，这一框架是可以适用到同等关联的其他多个国家的政策制定方面。

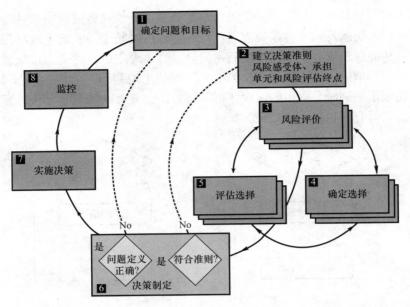

图 2-5　英国气候影响项目（UKCIP）决策框架组成与阶段

资料来源：http://www.espace-project.org/publications/Extension Outputs/

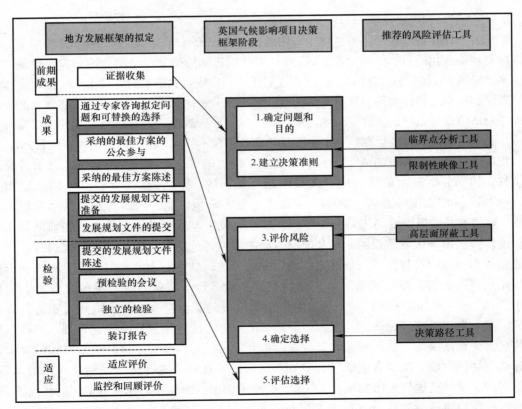

图 2-6　地方发展框架（LDFs）和英国气候影响项目（UKCIP）决策框架以及
风险评估工具（PRAT）整合关系分析

来源：http://www.espace-project.org/publications/Extension Outputs/

2.2.3　美国的风景道评估体系与实施方法

1. 实施评估的方法研究

1995 年美国国会审核通过并正式出台了"国家风景道计划"（National Scenic Byway Program），对风景道的提名和评定标准进行了规定，形成了一套相对完备的风景道评估体系。该体系包括了评估流程与机构、评估程序、评估方法和评估标准等内容，分成了国家级和州级两大评估体系。国家级和州级风景道通过申报—提交申报材料—评估—提名这一流程在其规定的评估机构作用下进行评价，评价的内容则围绕风景道景观，主要流行 3 种评价方法：①模拟评价法：通过相片、影像等模拟风景道进行评价。克莱（Gary R.Clay）等通过这一方法对公路绿地进行了包括自然性、生动性、多样性、一致性 4 个因子的评价，最后认为生动性是影响景观的最重要因素。②地图表述法：在地图上将风景道的景点运用 3D 等方法描述出来。③问卷调查法：调查和总结特定人群对风景道的态度和喜好。阿克巴尔（K. F. Akbar）等通过向使用者进行问卷调查了解他们对路边植被的观点及对此改善的意见，为道路绿化的进一步发展提供了基础。国家风景道计划对国家级风景道的评估标准进行了明确规定，而州级风景道的评估标准则是在国家级评估标准框架的基础上，各州结合实际对国家级风景道评估标准的细化、深化和修正。图 2-7 根据有关文献对美国的国家级风景道的实施评估体系进行了示范性的描述归纳。

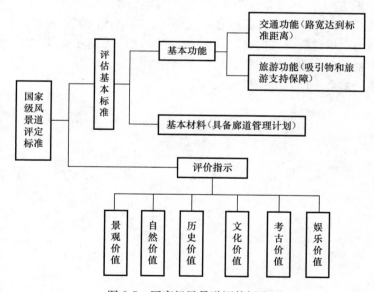

图 2-7　国家级风景道评估标准

2. 风景道体系建设与实施管理方法

风景道规划设计和管理是美国区域绿色道路廊道研究的重要领域，主要涉及开发原则及流程、规划设计、管理体制、景观评价方法等多方面。乔利（Harley E. Jolley）指出风景道有 4 大开发原则：①充分利用资源，不能切割和毁坏资源；②保留沿线及视域范围人文景观原始外观和风貌；③注入景观和风景道需要管理的概念；④保护自然和人文历史环境，将美观与实用相结合，简洁与自然结合。美国亚利桑那州交通厅（ADOT）于 1992 年创建了一个包含 12 个步骤的风景道开发总体流程，包括申请、初步评估、背书、文件、评价、通过（其中未通过时需重新提交申请）、批准、最终通过、协议签署、实施、建立与维护、设置后评估等方面。风景道的规划与面状和点状绿地规划有所不同，人们将公路廊道作为一个不同人价值体现的混合体，需要强化旅游者旅行途中的景观观赏功能、生态游憩功能、体验教育功能和信息引导功能，因此风景道规划设计中需要更多地强调沿途道路两侧视域范围内的景观与植物配置规划设计，沿途游憩服务设施规划设计，交通、信息标示系统与解说系统规划设计，声音景观设计等方面的内容。

美国风景道管理以政府主导型为主体，有着相对完善的管理体制。风景道的管理权力通常归属于政府部门，如国家公园部门、交通部门、国土资源部门、农业森林部门等，例如美国犹他州南部风景廊道由美国国家公园部门（National Park Service）和农业森林部门（USDA Forest Service）分别进行管理、规划和建设。风景道沿线的土地管理权限，有时由不同的部门来掌握，这种管理权限所属部门的差异会影响风景道的质量及统一性。立法是国外实现风景道管理的一个有效途径，包括《风景和休闲道路法案》、《美国华盛顿风景道法案》、《交通运输道路效用法案》、《国家风景道法案》等。美国游径系统的主要负责单位为国家公园管理处，具体的管理部门包括内政部土地管理局、渔业和野生动物局、农业部林务局、国防部机械局、运输部联邦高速公路管理局等，内政部与农业部对国家游径系统实施宏观管理，制定游径发展的战略计划；而在游径日常管理中，其主管机构还需与该游径所在州、地方政府以及非政府组织等共同协商决策。1968 年，美国国会通过了《国家游径系统法案》，用于指导国家游径系统建设。除上述国家层面外，社会组织及志愿者团体等也是道路廊道建设管理的有力保证。总而言之，美国相关部门、组织包括全美绿道项目资源保护基金会、美国农田托管局、土地托管同盟、铁路—步行道管理局、美国风景协会、美国步行协会、国家公园管理局等。

3 规划政策的实施评价方法建构

3.1 实施评价步骤、内容设计

政策体系的实施评价关键点在于实施这一行为的效力。这里的政策体系是指宏观的政策范畴，包括实施建设的政策法规体系、规划编制内容体系以及实施管理的政策体系。政策体系的作用效力评价需要制定一套合理可行的框架，规划研究区别于其他城市发展学科研究的关键是复合空间性。因而，规划政策体系实施效力的评价基本点必须落实到空间性的研究。规划政策实施体现的是空间性和政策性的协作发展体系。

制定政策体系实施评价框架，基本步骤可以归纳如下：首先是政策体系总体评价目标界定和评价主题设计；其次是在评价总目标和设计的评价内容基础上，确定空间性与政策性协作发展的政策评价基线标准和子评价因子体系；第三是研究区域的空间性评价因子体系的逐项评价和分析；第四是建立政策实施体系内容与空间体系之间的关联，通过政策目标基线标准的实施情况和政策体系的实施效力之间进行等级评价。区域绿地规划政策实施评价各环节之间互动作用的流程如图 3-1 所示。

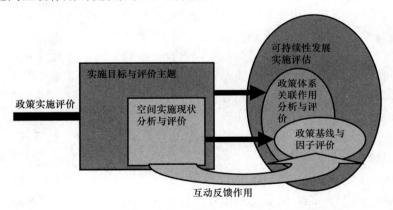

图 3-1 区域绿地规划政策实施评价互动作用体系评估流程

3.1.1 设置实施目标和评价主题

规划政策体系实施的效力体现在政策体系执行过程中达到既定目标的状况。根据规划确定的发展目标，确定区域绿地政策体系总体目标。在总体目标实施效力的表达方面，根据相关领域理论和知识体系，以空间性和政策性协作发展为基础目标，可持续发展的实施体系作为最终目标，建构评价的主题内容，从这些内容体系的实施现状检测政策体系总体目标得到实施的状况。

设置区域绿地网络总体层面的实施评价目标，一种情况，采用一系列规划政策规定中严格规定的控制要素体系的既定目标汇总形成多目标的规划蓝图，这样的好处是比较具体直观。另一种情况，归纳提炼出规划政策体系的规定要素体系发展目标，作为既定的总体目标。这两种情况，可以应用在不同的空间规划层面。前者比较适应多元复杂系统规划实施评价的目标制定。后者比较适合用在单一功能要素绿地空间规划实施评价的目标制定，如绿地廊道等。

区域绿地网络评价主题内容，是一系列规划体系和政策实施环境约束作用的主体内容。确定和阐述评价主题通过细致的调查和分析，从而了解案例所处的独特的规划体系，以及约束空间形成的政策实施环境中的管理因素，确定规划实施评价总体层面的主题发展内容范畴。从国家规划体系层面的总体规划框架与政策约束，或者地方不同层面政府规划体系与政策约束。评价也可以应用于其他不同层面的专项规划，如区域绿色廊道，区域游憩景观绿地包括区域公园、自然保护区等规划和保障实施的政策体系，这一主题规定构成相对单一，功能具体。

3.1.2　空间实施现状分析与评价

政策效力评价的物质形态反映是依据政策实施控制之后的空间格局现状。空间性是规划实施评价的核心内容。政策实施效力通过空间性的各项指标来确定政策目标和主题实施的情况。空间实施现状特征的分析，也是建立评价基线的重要内容。

区域绿地空间的实施现状分析在总体层面上是对其构成要素空间格局特征的分析。区域绿地空间的构成要素基本按照文中区域绿地分类的中类进行划分，即区域绿地空间构成是由风景游憩绿地、绿色廊道、生态林地、农田林地和废弃地（棕地）5类绿地组成分析和统计这5类构成要素的数量和空间分布格局指数，并对发展趋势进行分析。在专项绿地的实施现状分析评价方面是对专项绿地要素的构成空间格局进行特征分析。专题方面根据其用地子系统的构成情况进行分类，并分析和统计子系统用地构成类型的数量与空间分布形成的原因和主要影响因子，并逐项评价和分析。

3.1.3　评价基线和评价因子的确定

基线提供一个正式标准，随后的工作基于这个标准进行，并且只有经过授权后才能变更这个标准，建立一个初始基线后，以后每次对它的变更都将记录为一个差值，直到建成下一个基线。基线提供了预测和监控影响，并帮助确定可持续性问题和可替代的处理方式。基线信息由大量的指标因子组成，为了得到最有价值的基线信息，需要基于大量资料的积累。基线信息可以是定性和定量的，可以两种方法结合在一起。定量数据体系通常从现有的监控管理和研究中得到，而定性化信息则基于主观判断的标准。定性信息为了达到可持续性评估的目的，需要合理的证据。规划机构尽最大可能持有他们所需的社会、环境和经济信息，但是，为了提供可持续发展过程的合理的基线，信息之间存在着需要填补的较大的差距。有着大量的不同的信息来源和形式，在决定新的信息被收集之前，多视角的研究是非常重要的。大量的来源信息包括：作为规划准备背景的其他立法、战略、规划或项目；服务提供者（即咨询机构、初级管护信托）能够提供技术建议和信息；其他的咨询者，如地方资源保护团体，包括公众代理机构和成员，他们在规划和战略领域具有丰富的知识和深入的理解。不是所有的信息都很快能够得到。信息可利用性改进的方式可以被包括到监控规划实施的建议中。基线评估方法应用范围非常广泛，在环境领域中，基线值实质上就是环境现状值。在确定评价总目标和评价主题的基础上，确定空间性与政策性协作发展政策的评价基线目标和标准。

在专业知识信息的获取和专家访谈基础上确定了评价基线标准后，以多学科融合，多要素融合，区域与城乡融合以及多空间利益协调融合为准则，确立可持续的协作发展的政策体系实施评估内容。实施评价的具体评价指标体系从空间结构性、空间关联性和空间协调性三个方面，建立符合基本准则目标的区域绿色空间评价因子。空间结构性反映区域绿地网络空间的构成要素的实施分布状况。空间关联性反映的是区域绿地网络构成要素的整体协作状况。空间协调性反映的是区域绿地空间要素实施状况在空间地域和空间利益等外部空间要素影响下的空间协调分布的状况。各子评价因子协调发展，共同推进空间结构性、空间关联性和空间协调性综合协作发展的空间模式建构和政策体系监控要素的合理发展。

3.1.4　政策体系关联作用分析与评价

政策实施体系内容与空间体系之间的关联，通过政策目标确定的基线内容作用到空间实施的现有情况效果反映出来，形成评价的核心内容。两者之间在整个评价过程中是互相反馈的影响作用。政策体系的空间发展政策空间既定目标情况是基线评价因子的来源，政策体系空间政策制约力和引导作用与现状的空间系统特征之间最终建立关联互动影响作用因子，并对影响作用效力进行等级评价。

实施影响分析评价在总体层面因为涉及的影响因子目标具有多元和复杂性，需要针对多种目标体系的实现情况进行实施空间一致性对比分析，这一对比分析融合了许多动态作用因子，对比的既定发展目标蓝图包含了对基线指标发展的一种理解和标准预测。专题层面的政策体系实施目标相对单一，各政策体系对不同组成空间要素的分布和空间发展进行了规定和控制。专题层面针对清晰的实施目标，分析政策体系中关联政策的各项政策内容，并结合空间实施现状分析确定其实施效力。因而，总体层面和专题层面所评价的空间实施效力能够直接反映政策目标实施的结果。

3.2　实施评价的途径与方法

区域绿地网络规划实施评价的目的是建立理性发展和绿地空间规划编制方法，最终形成区域绿地网络的可持续发展。通过区域绿地网络空间现状实施评价和政策体系实施评价之间的关联影响作用和互动发展关系，形成规划实施评价的主体内容。结合实施评价基础上提出的实施反馈体系框架，三部分层层递进、相互作用、动态循环形成区域绿地网络实施政策体系可持续发展的内容体系，具体框架和方法流程如图3-2所示。可持续的区域绿地网络实施评价途径和方法如下：

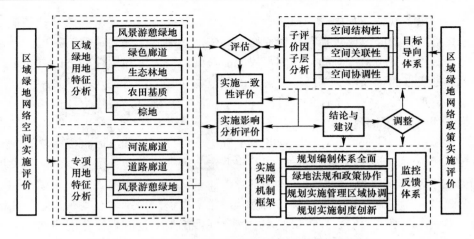

图 3-2　区域绿地网络实施政策体系可持续发展框架图

3.2.1　建立规划政策体系实施评价的基本方法

评价的规划政策体系是十分复杂的，评价规划面对大量文献。有三种评价规划"好"或"不好"的途径：第一种是规范性的，第二种是通过一致性来评价，而第三种是通过绩效评价（Alexander and Faludi，1989）。第一种方法很难作为一个正式的评价方法：它更多的是一个历史性的分析和审查，以与规划者同时代的规范、可用方法以及信息为基准评价规划和决策程序的质量，通过评价受影响的社团的实际经历的影响判断最终规划。一致性方法通过以下两个标准中的一个或两个来判断规划成败。一个标准是"最终现场"结果与规划或规划指导政策的一致程度。另一个标准是作用于执行政策或规划（法规，程序，详细的规划或项目，预测分配等）的工具在促成其与所期望目标上是否有效。基于绩效的评价产生于将一个规划或政策定义为形成未来决策的框架（Faludi，1987）。绩效指的是一个规划或政策的实用性和有效性：专项规划或政策是否考虑到后续决策，以及它又是如何落实在后续实施的相关规划、程序、项目中。

为了建立规划评价的框架，应该面对上述的两种评价途径和评价方法进行取舍，依据规划评价的政策体系评价目标进行方法选择。如果一个规划已经付诸实施并因此改变了既有环境，其评价应该采用一致性方法。另一方面，如果一个规划的主要目的为指导下一层级的规划及随后的实施决策以及影响市场行为，则应该使用绩效方法来进行评价。

3.2.2　区域绿地实施评价方法和途径的确定

在区域绿地网络总体层面，我国当今的区域绿地建设是在一套政策体系（政策群——既非单个政策的简单相加，又非政策数量的一般积累，它是国家、政府在一定时期之内实施的内容不同但产出理念同源、导向相近的一组政策的集合体）的作用下形成的空间格局。规划评价目前针对单一方案进行的比较多，针对多元目标的实施控制政策体系方面，政策的有效评价具有一定的难度。这个层面的规划意味着要付诸实施并因此改变既有环境，应该采用一致性评价方法。

在区域绿地专题层面，如绿廊，其实施相关的政策在地方规划管理中也涉及一套保障实施管理的规划和法规政策体系。各层面城市规划与绿地系统规划编制成果对绿色廊道的实施有明确的规定和控制。各相关部门的政策与调控也在产生影响作用。在地域性的研究中，对相关的政策体系进行了归纳总结，并对各政策的实施效率进行评价，这是绩效评价方法的应用。

评价规划实施成效的具体标准，因为评价的对象不同而不同。规划实施有效性评价标准主要针对的是规划的实施结果和影响。这种结果和影响，一者包括空间要素方面的结果和影响评价，另外还包括城市规划实施在非空间要素方面的结果和影响的评价，例如规划实施对于社会、经济环境目标的实现有何作用和影响，规划和其他相关规划的关联性和一致性。

在评价过程中需要评价任何结果的不确定性以及风险，制定规定填补规划和实施结果之间的主要差距，进而形成反馈建议推进区域绿地网络的完善。这一过程可以通过规划图信息来展示一定时间发生的变化。GIS技术方法在这一方面非常有用。它们能够建构不同的信息层，并能够检验各套图层信息之间的关联程度。应用这种方式，地理空间形式和关联性能够建立和形成。数据不能图像化，利用表格、图解和其他视觉表达的形式帮助产生更容易理解的信息。

3.2.3　区域绿地实施评价技术手段和评价过程

针对多元目标的评价方法，以一致性评价作为研究的切入点，通过研究形成的实施评价要素内容体系，进行区域绿地实施空间现状和政策体系实施发展蓝图两个方面的评价分析，发现问题并提出针对性方法。结合国际规划政策实施评价的理论与方法，通过实证区域资料的收集和专家咨询等方式，构建区域绿地空间实施评价的一套指标体系。一致性评价方法贯彻于整个分析评价过程。

1. 空间结构性评价：基于空间分析技术的定量评价分析

不同形态、不同等级规模的绿地网络要素组合构成了网络空间结构。空间和政策体系的效用关联点是空间性的评价。分析评价大尺度的空间结构问题，当今国际通常采用景观生态学科的地理空间分析技术。本研究对研究区范围内的卫星图像进行解译，将研究区绿地分类描述出来，结合实地调查情况形成研究区绿地网络骨架。运用ArcGis等软件统计廊道绿地和斑块绿地各类型的定量数据和空间分布形态，分析网络现状空间格局特征。

评价涉及不同层面的规划体系，以及政策体系另一重要的内容是城市绿色空间规划运行管理政策（保障规划实施的各种政策、手段）。整理汇总不同规划实施政策在近中期确定的研究区绿色空间形态结构的规划既定目标蓝图，作为规划政策体系的空间格局目标体系评价最终数据。在体量范围选取中遵循几点原则：①选择精确数据，舍弃范围数据；②若不同层面数据出现出入甚至矛盾时，选取较低级行政区划主导编制规划的数据；③若不同类型规划政策数据出现出入甚至矛盾时，选取绿地系统规划政策中的数据。值得说明的是，整合后得出的既定目标空间格局，并不代表研究区域空间内最佳的绿地网络空间布局，是现有规划政策体系确定的空间优化结构。

2. 空间关联评价：基于图形叠置与比较分析的演变特征分析

绿地网络各组成要素之间，具有一定的空间关联性。依据景观生态学原理，空间组成要素之间达到合理的优化组合，关键在于网络的结构、功能和演变过程的合理组织。利用图形 GIS 的图形叠置分析技术，对研究区现状绿地与规划目标蓝图进行叠加，比较分析绿地网络斑块—廊道之间的整体性和连续性，进行关联—致性评价。空间过程演变特征分析方面，选取不同时间节点，分析研究区域绿地分布的时空动态变化。

借鉴英国对于规划政策评估采用的可持续性评价方法的优点，在空间关联性效用评价方法上采用定性比较分析的方法。这一评价方法重要的评价环节是设置评价目标，形成评价内容体系，确定评价基线，形成评价结果，最终反馈到规划的编制过程和保障实施规划的法案修订过程。

3. 空间协调评价：空间外部影响因子多系统动态作用分析

绿地网络空间的形成受到绿地空间要素之外的不同影响因子的作用。这些影响因子的作用力体现在行政辖区的约束制约作用，不同部门之间的互动作用和不同利益、使用者的互动作用方面。这些影响因子的作用是相互制约关系，通过政策、法律、实施行动等施加影响作用。这些因素影响效率的高低取决于利益相关者的制衡与相互作用。规划政策体系是要用来修正或调整这种相互作用的过程，空间利益者协调性评估贯穿于这一整个过程。

空间利益协调评价的分析技术方法同样采用景观生态叠置空间技术和可持续评价的目标—问题分析—分析结论的定性评估分析方法。

4. 绿色廊道实施效力评价：空间与政策互动影响因子作用分析

首先要分析并列举出与各政策相关的评价因子，再根据各绿廊在评价因子上的实施效果进行政策实施效率的评价。政策影响作用评价效力最终划分若干等级。抽取罗列各政策文件中涉及的实施评价要素体系里的各项因子，分析这一政策在绿廊实施过程中表现出的具体哪些方面影响作用的效果。通过各政策中列出的相关因子内容和政策影响作用效力的综合等级，能够看出各政策文件的内容与建构完善的绿廊系统的相互关联，以及关联作用的效用情况。

3.3　实施评价的结果与反馈机制

规划政策和决策的规范性评价应该包含更多细致的分析，以及对主要规划部门及其成员机构开发和实施的一系列选定政策影响的评价（图 3-2）。

建构政策实施体系循环调控模式，这一步骤目标是建构规划管理—实施评价—监控三步骤循环互动的发展模式。在实施评价的基础上，得出实施政策体系目前实施效率的结论，并分析存在问题，最终作用到现行政策体系的调整。以监控反馈体系为目标体系，形成健全的区域绿地规划实施保障机制框架。这一保障机制框架，完成了可持续发展的区域规划政策体系发展的回路，是规划实施评价的根本目的和意义所在。

通过以目标导向型的规划实施评价途径，融合实施评价机制成为规划编制体系和实施体系之间的纽带。这一融合，对于路径的起始端，规划编制体系提出在内容上需要提升其公共政策性，政策性的发展需要调控和改善空间系统的合理结构，空间系统之间的关联发展以及区域绿地要素空间与外部其他空间体系之间的互动协调。路径的另一端，规划的监控体系，需要根据实施评价提出的问题为导向，解决区域绿地规划实施保障体系和实施管理的高效运作。因而，建立可持续发展的区域绿地实施政策体系框架的最终端，是从规划编制体系的多层面控制体系，规划编制内容的公共政策性取向，实施政策体系的实施评价制度融合和规划实施管理技术管理工具多元化方面建立一套适应我国国情的区域绿地实施保障机制框架。

　　这一路径的方法，可以考虑应用管理学、经济学、社会学等有关方法，结合我国政策体系现状和管理特征，调研分析现行区域绿色空间相关的园林绿地建设、林业、环境、生态等部门实施的政策框架效能，引入新的替选方案或方法，形成有效的区域绿色空间实施政策框架；分析已有的国内外区域绿色空间实施管理的具体技术管理工具以及资金政策，对我国若干现行管理方法体系与技术手段的效用进行研究，形成适用于我国区域绿色空间实施的技术管理工具类型；通过意象调查、咨询和分析，建构实施过程中规划者、政府、公民协作的实施政策调控体系。

第二部分　上海市研究区区域绿地网络总体层面的实施评价研究

4 上海市研究区区域绿地网络的空间特征研究

4.1 研究区的选择

研究区域大部分位于青浦区、松江区和闵行区西侧的一小部分。为保证绿地网络的整体性和区域特征，研究区边界并不全是行政边界。研究区域东起上海市外环线（A20）和沪金高速（A4），西至淀山湖和上海市行政边界，南至圆泄泾（黄浦江支流）和黄浦江干流，北面以苏州河为界（图4-1）。

选择此区域作为研究区的原因主要有以下几点：①位于上海市西部，自然生态资源较为丰厚，林地、湿地等资源众多，为上海市绿色空间规划的重点区域；②位于城乡结合部，兼具城市与乡村特点，具有市域（城市辖区）空间动态演变的分析价值；③研究区内主要有青浦城区和松江城区两个基本完整的建成区，还有闵行区的一部分，有组团城市的特色，同时也是上海市与周边城市群其他城市之间联系的"桥头堡"，为跨行政区构建绿地网络提供借鉴。图4-2反映了该区域的自然地形地貌和土地利用状况。

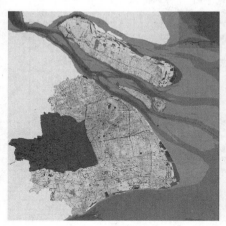

图 4-1　研究区在上海市域的位置　　　　图 4-2　研究区 2011 年区域特征与绿地现状分布图

4.2 绿地网络组成现状分析

4.2.1 绿地网络组成要素

景观生态学中常用的景观格局单元是斑块、廊道和基质。在"斑块—廊道—基质"系统中，基质是斑块和生态廊道的背景，可以说它是面积较大的斑块，具有良好的连通性和具有较大比重等特点；斑块是不同于周围环境，相对均质的非线形空间；廊道是不同于两侧基质的线形空间。上海市区域绿地网络主要是由以农田为主的基质、线形的生态廊道和体量较大的面状斑块构成。斑块—廊道—基质是景观生态、城市规划等相关学科中分析、研究绿色空间的基本单位。

通过对 2011 年卫星图片的解译与实地调研，以 2001 年研究区的航拍地图为底图，运用 AutoCad 等软件将不同类型的绿地表达并统计出来，形成了研究区范围的绿地网络图（图 4-3）。研究选区中，斑块由林地、湿地、景观游憩绿地和棕地组成。这里的棕地指的欧洲国家广义棕地概念中的闲置土地和废弃地等。绿色廊道在该区域中由河流绿色廊道和道路绿色廊道组成。基质即为农田用地。结合研究区内部的自然资源、半自然资源和具有生态、环境功能的人工资源，依托主要道路、河流、铁路等线形空间和片状的山体、湖泊、自然或半自然林地等。绿地网络的主要骨架是道路、河流和铁路，不同走向的线形空间相互交织构成了一个网络体系，将研究区范围内的各类生态空间斑块联系在一起。

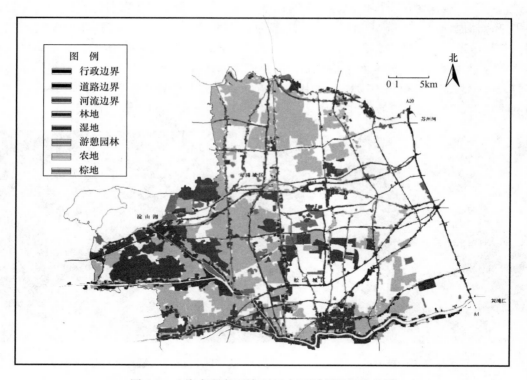

图 4-3 上海市研究区域 2011 年区域绿地网络总图

4.2.2 斑块绿地现状与结构分析

1. 斑块绿地空间分布现状

在研究区范围内，面积在 20hm^2 之上的面状的绿地空间作为研究区区域绿地斑块的统计范畴，并根据绿地类型，将其分为林地、湿地、游憩园林和棕地 4 种类型，各种绿地斑块的面积数据见表 4-1、图 4-4。

研究区斑块规模位序　　　　　　　　　　　　　　　表 4-1

序　号	面积（km²）	序　号	面积（km²）	序　号	面积（km²）	序　号	面积（km²）
1	18.50	28	1.35	55	0.31	82	0.14
2	15.46	29	1.34	56	0.31	83	0.13
3	12.20	30	1.25	57	0.31	84	0.13
4	9.95	31	1.19	58	0.30	85	0.12
5	3.39	32	1.13	59	0.29	86	0.12
6	3.27	33	1.05	60	0.28	87	0.11
7	3.18	34	1.02	61	0.28	88	0.11
8	2.7	35	1.00	62	0.27	89	0.10
9	2.68	36	0.98	63	0.24	90	0.09
10	2.68	37	0.98	64	0.23	91	0.09
11	2.52	38	0.93	65	0.23	92	0.09
12	2.50	39	0.92	66	0.23	93	0.08
13	2.45	40	0.86	67	0.23	94	0.07
14	2.23	41	0.81	68	0.22	95	0.07
15	2.23	42	0.79	69	0.22	96	0.07
16	2.06	43	0.77	70	0.22	97	0.07
17	1.80	44	0.70	71	0.21	98	0.06
18	1.80	45	0.66	72	0.20	99	0.06
19	1.74	46	0.59	73	0.18	100	0.06
20	1.73	47	0.52	74	0.18	101	0.06
21	1.72	48	0.52	75	0.18	102	0.05
22	1.57	49	0.47	76	0.15	103	0.05
23	1.54	50	0.46	77	0.15	104	0.04
24	1.50	51	0.45	78	0.15	105	0.03
25	1.41	52	0.39	79	0.15		
26	1.37	53	0.37	80	0.15		
27	1.37	54	0.35	81	0.15		

注：表中序号一栏数字对应图 4-4 中的斑块绿地编号

　　总体分布特征情况如下：从组成上看，4 种斑块绿地类型中，林地所占比重最大为 73.28%；其次为游憩园林，占 13.71%；湿地所占比重为 12.36%，与游憩园林相差不大；棕地所占比重较小，仅为 0.65%。这样的组成及比重关系说明了以下几点：①上海市地处亚热带季风气候条件下，较为湿润，河湖较多，尤其在研究区范围内存在大量的太湖水系、淀山湖水系及其他湿地资源。②这样的水热气候条件，为乔木的生长提供了优良的自然环境，加之地处上海市郊区的区位条件，研究区内存在着一定数量的天然林地和人工林地。③游憩园林的面积较小、数量不多，真正意义上的公共游园不多（研究区内存在较多高尔夫球场），郊野公园有待进一步规划建设。④按照游憩园林的分布规律，可分为两类：一类是城市建成区分布型，一类是郊野分布型。集中于建成区的游憩园林大多面积较小，是人们日常生活休闲、娱乐的场所，绝大多数是典型的公共产品。而集中分布于郊野地区的游憩园林，它们距离城市相对较远，是人们周末或小长假

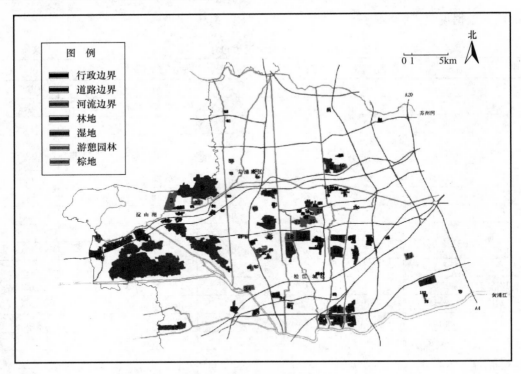

图 4-4　研究区斑块绿地编号图

休闲的去处。而不管是在郊野地区还是在城市建成区的游憩园林中存在着一定数量的高尔夫球场，严格来说这些公园不具有公共产品特性，其休闲功能大打折扣。④研究区内大面积的棕地仅 4 块，主要位于城市地域内，一方面影射了城市起源过程中工业化的推动作用，另一方面说明伴随着具有某些特点的工厂、企业的外迁，空闲下来的城市空间会快速被其他具有较高竞租能力的功能所占据。虽然研究区斑块棕地总面积为 0.850km²，但这并不能代表研究区棕地的总面积，可能存在数量较多、面积较小且较分散的棕地。

　　从空间分布上看（图 4-5），研究区斑块绿地呈现出分散而又相对集中的特点，各类斑块绿地交织密集于 3 大区域：淀山湖沿岸地区，黄浦江干支流两侧，以佘山国家森林公园为中心的周边地区。青浦区斑块绿地主要集中分布在淀山湖周边地区，松江区斑块绿地分布于松江建成区的以佘山为中心的北侧和黄浦江沿岸的南侧，闵行区大型斑块绿地数量较少，集中分布于靠近黄浦江的位置。斑块林地构成了斑块绿地的主体，较为分散，大面积的斑块林地出现在距离上海市中心较远的地方，而距离上海市中心较近的斑块林地面积较小，破碎度较大；如上述分析，游憩园林可分为城市建成区分布型和郊野分布型（图 4-6），并对应其功能属性，郊野游憩园林以旅游度假为主，城市建成区内部公园（比如青浦区的崧泽广场和夏阳湖及周边绿地，松江区的佘山国家森林公园、辰山植物园、方塔园、松江中央公园等）以日常休闲功能为主；斑块湿地和棕地数量少，面积小，研究区内较大面积的湿地主要分布于淀山湖周边地区，城市建成区内部不存在大面积的湿地，而面积较大的棕地主要分布于城市建成区内部。

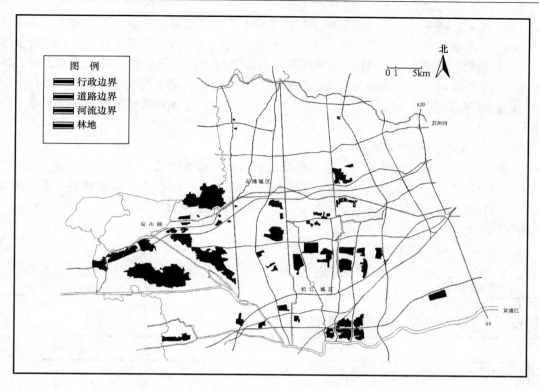

图 4-5 斑块—林地分布示意图

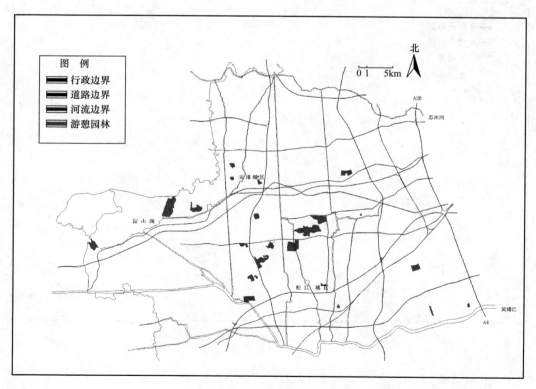

图 4-6 斑块—游憩园林分布示意图

　　整体来看，斑块的分布格局反映了用地类型上的"距离衰减"规律——随着距离建成区的远近，市域用地类型逐渐发生变化（由自然景观向农村错落景观的变化，由农业景观向城市灰色景观的变化）——在农村地区斑块的体量较大，数量和类型较多；距离建成区越近，斑块的体量、数量和类型都逐渐缩减。反过来也说明城市的发展对周边农业用地和自然地表的侵占，因此从这个角度上说绿地网络（绿带或绿环）具有控制城市无序蔓延的作用。

　　2. 斑块绿地空间结构指标分析

　　绿地网络中，斑块的是相对完整的面状的生境，具有大体量、少破碎的特点。上海市区域绿地网络中斑块绿地分为：林地、湿地、游憩园林和棕地四大类，从数量上看，林地占有较大比重为 73.28%（表 4-2，图 4-5），其次为游憩园林（图 4-6）、湿地（图 4-7）、棕地（图 4-8）。

斑块绿地各组成部分面积及所占比重　　　　　　　　　　　表 4-2

斑块类型	林　地	湿　地	游憩园林	棕　地	总　计
面积（km^2）	96.028	16.202	17.969	0.850	131.049
比重（%）	73.28	12.36	13.71	0.65	100

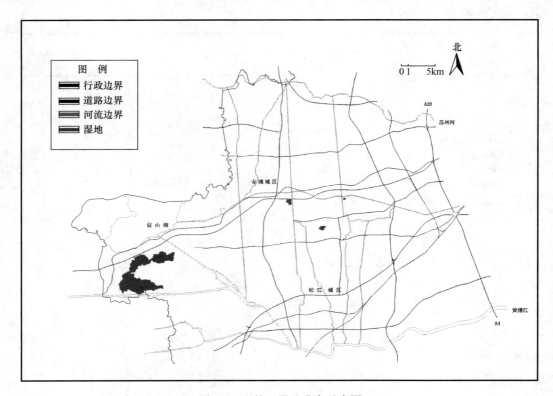

图 4-7　斑块—湿地分布示意图

　　1）斑块密度

　　斑块密度可以有两种解释，一种为数量密度，即研究区单位土地面积上的斑块个数；

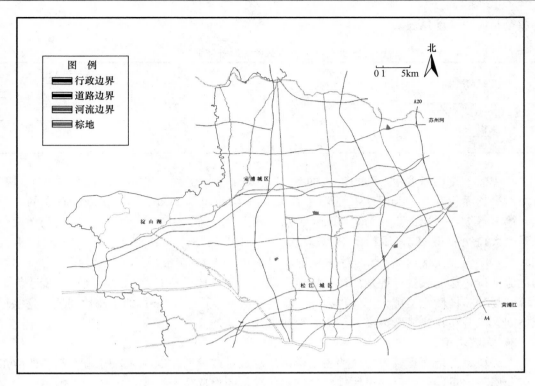

图 4-8　斑块—棕地分布示意图

另一种是面积密度，指单位土地面积上的斑块面积。

斑块的数量密度约为 0.087 块/km²，面积密度约为 0.108，平均斑块面积约为 1.248km²（表 4-3）。即在研究区 1km² 的范围平均拥有 0.087 块斑块绿地和 0.108km² 的斑块绿地。这 3 个数值都比较低，说明研究区内斑块绿地受城市灰色景观的侵蚀严重，斑块的平均面积较小反映出各种人为因素或是廊道对斑块的分割使其破碎严重。

研究区斑块绿地数量密度特征　　　　　　　　　　　　　　表 4-3

斑块类型	林　地	湿　地	游憩园林	棕　地	总　计	研究区面积	密　度
面积（km²）	96.028	16.202	17.969	0.850	131.049	1212.278km²	0.108km²/km²
数量（块）	68	4	29	4	105	—	0.087 块/km²
平均面积（km²）	1.412	4.051	0.620	0.213	1.248	—	

此外，斑块绿地中不同类型绿地的平均斑块面积和数量也能够同时反映各类斑块绿地的总量规模和它们的破碎程度。

2）斑块等级结构

依据景观生态学的理论，斑块的面积规模与其功能价值存在一定的联系，一般来说，面积越大生态价值、环境功能越强大，面积越小功能意义越小。

依据斑块的面积对 105 块斑块绿地进行等级划分，分为 3 各等级，其面积范围依次是（0，0.2），[0.2，1)，[1，+∞)（20hm² 是市级公园和区级公园的分界线），各组斑块绿地数量与面积统计见表 4-4。

绿地网络—斑块绿地等级规模分布			表 4-4
等级与范围	大斑块	中等斑块	小斑块
	$[1, +\infty)$	$[0.2, 1)$	$(0, 0.2)$
斑块数量（块）	35	37	33
面积（km²）	114.95	17.10	3.47
平均面积（km²）	3.28	0.46	0.11

在 105 个斑块绿地中，面积最大的为 18.50km²，位于第一等级的斑块数量有 35 块，每块的平均面积有 3.28km²；中等斑块 37 块，平均面积 0.46km²；33 块面积较小的斑块属于第三等级，平均面积约为 0.11km²。从数量上看，大、中、小斑块数量接近；从面积来看，大斑块面积 114.95km²，占据斑块总面积的 84.8%，中等斑块面积所占比重为 12.6%，小斑块比重约 2.6%。总体来看，面积超过 100hm² 的大斑块在面积上占有相当的优势地位，这能够较好地发挥斑块绿色空间的生态、环境功能，对改善区域环境，保护生境和物种多样性意义重大。但也存在一定数量的面积小于 20hm² 的小斑块绿地，这些绿色空间大都分布在建成区内部，承担着游憩等社会功能。

3）大斑块率

大斑块率是指面积较大的斑块占整个斑块总数量或者面积的比重，分为大斑块的数量比重和面积比重，可以反映斑块规模的结构状况，间接反映斑块体系的功能。本书中大斑块率是指面积超过 100hm² 的斑块绿地占据的比例关系。通过计算，大斑块率（面积比重）为 84.8%，大斑块数量比重为 33.3%。

4.2.3 廊道绿地现状与结构分析

1. 廊道绿地空间分布现状

道路（铁路）、河流是生态廊道的骨架：研究区的淀山湖、苏州河（吴淞江）和黄浦江及其一、二级支流（油墩港、通波塘、东大盈港、西大盈港、淀浦河、毛竹港、洞泾港等）隶属于太湖流域，在亚热带季风气候区，水量充足，为区域内提供了较为充足的水源和水域生态资源，为构建区域绿地网络提供了现实的物质基础；研究区路网密布，主要道路有国道 G15（嘉金高速、沈海高速）、国道 G1501（上海市郊环线）、国道 G50（沪渝高速）、国道 G92（沪昆高速）、省道 S26（沪常高速）、省道 S224（嘉松南路）、沪青平公路、申嘉湖高速、沈砖公路等，纵横交错的路网为构建生态廊道提供了多样的路径支持。

通过对研究区整体的认识，对区域内河流、路网的分析，提炼出主要的河流和道路作为研究对象。分析主要的道路两边各约 60m 的范围内的绿地类型（农地、湿地、游憩园林、防护绿地和棕地共 5 类），在主要河流黄浦江、苏州河两岸廊道宽度放宽到 500m 范围，在次要的河流（如油墩港）河流两边宽度约为 150m。这样就分别依托道路形成了宽度约为 120m 的廊道，以河流为中心形成了 300～1200m 宽度的河流廊道（图 4-9～图 4-11）。

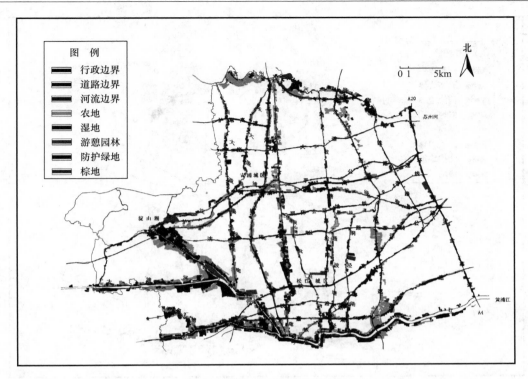

图 4-9　研究区生态廊道分布图

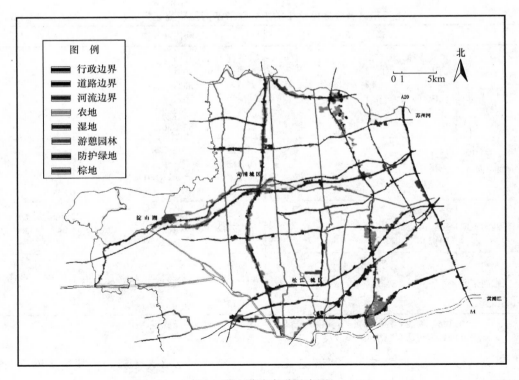

图 4-10　道路廊道示意图

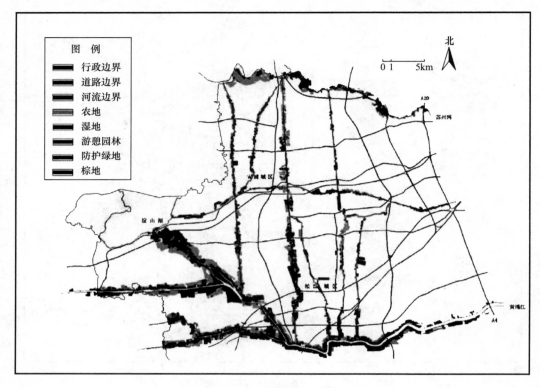

图 4-11　河流廊道示意图

	上海市区域绿地网络中的主要线形空间及研究区内长度		表 4-5
	道路（km）	河流（km）	铁路（km）
东西走向	沪常高速（7.753）； 北青松公路（27.199）； 外青松公路—泗陈公路—地铁 9 号线（20.464）； 沈砖公路（34.045）； 申嘉湖高速（33.079）	苏州河（32.419）； 淀浦河（40.680）； 太浦河（16.593）； 圆泄泾（16.715）； 泗泾塘（11.364）； 黄浦江干流（30.876）*	
南北走向	郊环线（37.342）； 嘉松南路（10.177）； 嘉金高速—沈海高速（35.212）	西大盈港—华田泾（23.850+13.313）； 油墩港（37.247）； 通波塘—大张泾（17.891+18.416）； 洞泾港（16.880）	
东北—西南走向	沪清平公路（52.138）； 沪渝高速（46.144）； 沪杭高速（32.751）	东大盈港（24.106）	沪杭铁路（有分支）（33.475＋10.982）
西北—东南走向	外环线—沪金高速（14.202+13.367）	拦路港—泖河—斜塘（24.110）*； 三官塘—辰山塘—沈泾塘—毛竹港（22.315）； 食汇塘—俞汇塘（6.348）	沪杭铁路环线（17.405）

注：① 表中道路、河流名称后面带 *，表示同样符号的线形空间构成一条廊道；
　　② 研究区廊道线形空间总长度为 778.858km（表中各数之和）

　　研究区横向和纵向的道路、河流交织成一个复杂的网络（表 4-5），依托这个网络骨架可绘制成绿地网络—廊道示意图，其中各种类型绿地构成见表 4-6。

生态廊道绿地构成 表 4-6

绿地类型	农　地	湿　地	公　园	防护绿地	棕　地	总　计
面积（km²）	90.791	5.413	13.238	69.266	12.296	191.004
比重（%）	47.54	2.83	6.93	36.26	6.44	100

　　河流廊道和道路廊道绿地构成综合来看，农地占据了近一半的比重，各种构成绿地比重由高到低依次为农地、防护绿地、公园、棕地、湿地。

　　道路（含铁路）及其两侧的各种绿地构成了绿地网络廊道的重要组分，在道路廊道各绿地构成中（表 4-7），农地面积有 31.397km²，所占比重也最大，超过了一半；道路防护绿地占据了 27.78% 的比重，之后依次为道路公园、棕地、湿地。

道路廊道各绿地类型的面积与比重 表 4-7

绿地类型	农　地	湿　地	公　园	防护绿地	棕　地	总　计
面积（km²）	31.397	1.725	6.077	16.284	3.136	58.619
比重（%）	53.56	2.94	10.37	27.78	5.35	100

　　河流生态廊道各组成部分中，面积最大、所占比重最高的也是农地，而河流廊道绿地构成中防护绿地所占比重超过 4 成，其后依次为棕地、公园、湿地（表 4-8）。

河流廊道各绿地类型的面积与比重 表 4-8

绿地类型	农　地	湿　地	公　园	防护绿地	棕　地	总　计
面积（km²）	59.394	3.688	7.161	52.982	9.160	132.385
比重（%）	44.86	2.79	5.41	40.02	6.92	100

　　上述现象反映了廊道绿地现状的以下问题：①廊道中农业用地所占比重大，这种半自然或全部人工的绿地类型会在一定程度上阻碍廊道的连通性，严格意义上甚至不能称为城市绿道。但从廊道未来发展的趋势上看，大量的农地为生态廊道防护绿地的发展提供了较大的发展空间，有条件在国家法律允许的范围内或者通过置换的方式将廊道范围内的农地、棕地等改造成具有多种生态价值的廊道绿地；②途经建成区或工业区的生态廊道一般较为狭窄，绿地类型多以防护绿地为主，有些地段甚至连防护绿地也不存在（图 4-8、图 4-9）；③无论是道路还是河流廊道，开放式的游憩园林较少，且难以进行彼此间的连接；④道路和河流两旁存在着数量较多、布局分散、面积较小的棕地，说明伴随着城市化的进程和工业技术、运输科技的进步，许多工业转移到更远的郊区、农村或是工业集聚区等区位条件更好的地方，迁移后的这些地方应加以利用；⑤廊道内的游憩园林起到人类休闲和物种迁徙的一个站点作用，研究区内廊道中缺乏这样的站点，尤其是河流廊道，应重视游憩园林，增加人类亲水活动，满足游憩和生态需求；⑥道路绿色廊道与河流绿色廊道相比，各绿地成分所占比重序位基本一致，说明生态廊道中所呈现的基本问题也相对一致。但也有所差别，如道路廊道中棕地的位序和绝对量都小于河流廊道，道路防护绿地较河流防护绿地所占比重低，而道路廊道中农地较河流廊道小等这些差别都体现了城市及郊区发展过程中的土地利用的变化和人类社会的各种经济社会规律。

　　研究区中，青浦和松江城区内部绿色廊道的连通性较差（图 4-12 和图 4-13 中标号①、②、③和④处，①是东大盈港流经青浦城区一段，②是淀浦河流经青浦区一段，③是通波塘流经松江城区段，④是松江建成区的一段铁路），位于农村和郊区的生态廊道的连通性相对较好。

图 4-12　青浦建成区内廊道连通性　　　　　图 4-13　松江建成区内廊道连通性情况

2. 廊道绿地空间结构指标分析

绿地网络因斑块节点和连接的不同，具有不同生物网络形式（图 4-14、图 4-15）。绿地网络结构对能量流、物质流产生不同的影响，对景观多样性和生物多样性的保护也有差别。但城市绿地绿地网络的规划建设受制于土地利用方式，要综合其收益—成本比和绿地网络的生态、环境、经济、游憩等功能，确定最优的方案。网络结构分析主要包括：廊道密度、网络闭合度、网络连接度等。

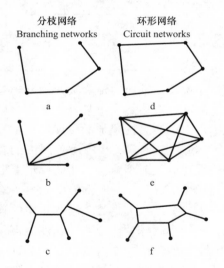

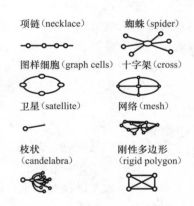

图 4-14　基于图论构建的绿地网络　　　　　图 4-15　基于空间形态的网络

来源：Hellmund P. Quabbin to Wachusett Wildlife　　来源：Margot D. Cantwell，Richard T. T. Forman.
　　　Corridor Study. Harvard Graduate School　　　　Landscape graphs：Ecological modeling with graph theory to
　　　of Design，Cambridge，Ma，1989　　　　　detect configurations common to diverse landscapes ［J］.
　　　　　　　　　　　　　　　　　　　　　　　Landscape Ecosystems，2007

上海市区域绿地网络（图 4-16）是由河流廊道和道路廊道交织而成的，其构成骨架中主要的河流廊道有苏州河、淀浦河、黄浦江及其支流，以及东大盈港、西大盈港、油墩港、通波塘等，道路主要包括国道 G15（沈海高速、嘉金高速）、上海市郊环线、省道 S26（沪常高速）、国道 G50（沪渝高速）、县道 X023（沈砖公路）、国道 G92（沪昆高速）、省道 S32（申嘉湖高速）、省道 S224（嘉松南路）和泗陈公路等。

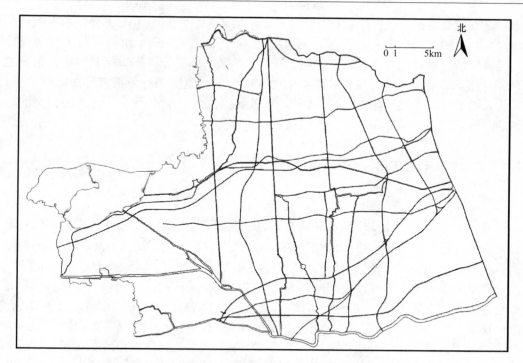

图 4-16　上海市区域绿地网络——廊道网络结构示意图

1）廊道密度分析

廊道密度是指单位面积上的生态廊道的长度，表示绿地网络连接线的通达程度：

$$d_i = L_i / A_i$$

式中：d_i 为廊道密度；L_i 为研究区内绿地网络中总的廊道长度；A_i 为研究区的总面积。

研究区的总面积约为 1212.278km²，区域内廊道总长度约为 778.858km，上海市区域绿地网络的廊道密度为 0.642km/km²，也就是说 1km² 范围内拥有廊道的长度为 0.642km。说明研究区内具有一定数量的生态廊道资源，但如何使各种类、各级别的道路和河流整合好两侧的线形空间构成真正意义上的生态廊道，决定着其能否发挥生态、环境、经济和社会功能。

2）网络连接度分析

网络连接度是用来描述网络中所有节点被连接的程度，即网络中实际连接的数目与该网络最大可能的连接数之比，可用 γ 指数表示。

$$\gamma = \frac{L}{3(V-2)}$$

式中：L 为网络中实际连接的数目，V 为网络中实际的节点数，通过 $3(V-2)$ 则可以求出网络中最大可能的连接数。γ 的指介于 0～1 之间，0 表示网络节点间没有连接，1 表示网络中每个节点都相互连接。

研究区内生态廊道总数目为 29 条，节点总数为 117 个，廊道被节点截成 208 条边，将数据代入上式得出上海市区域绿地网络的连接度为 0.60，网络中所有节点被连接的程度较好，说明网络中多数节点有 2 条或者更多的廊道与其相连，这在功能上增加了野生动物迁移、扩散、觅食、躲避敌害、寻求配偶等方面的路径，增加了其成功的概率；从更大方面讲，这种较高连接度的网络对物种多样性、生境多样性、生态系统多样性和人类利用等方面都是有益的。但从图 4-16 中依然可以找到有 8 个节点仅有 1 条廊道与其他节点相连接，这样的情况对野生物种来说，它们的迁移、扩散、躲避敌害等只能通过这一条廊道实现，一旦这条廊道受到干扰甚至破坏，生活在这个节点生境的物种很有可能面临着灭亡；而对于人类来说，尽端意味着"回头路"，导致其空间的利用率低，久而久之将会面临被取缔的危险，网络便是这样一步一步缩减的。

4.2.4 农田基质现状与结构分析

1. 农田基质空间分布现状

研究区域总面积为 1212.278km²，农田基质的面积为 237.532km²，基质面积占研究区总面积的比重为 19.59%，农田基质在城市扩张影响下，面积比重不高，破碎较严重。

从基质的整体格局来看，农田的破碎程度和完整性反映了城市生长的方向，隔离度高且破碎严重的地方是上海城市空间外扩速度快的区域——从闵行区到松江区和青浦区是城市景观逐步侵蚀农田基质的方向，如图 4-17 所示，自东向西农田的破碎程度逐渐降低，完整性在增加。农田基质被道路、河流、建设用地或其他异质景观隔离，如图中西大盈港—华田泾河流廊道、郊环线道路廊道等将两侧原本连成一片的农田分割开来，这样的廊道虽然在一定程度上增加了基质等的连通性，但另一方面也造成其严重的破碎局面。

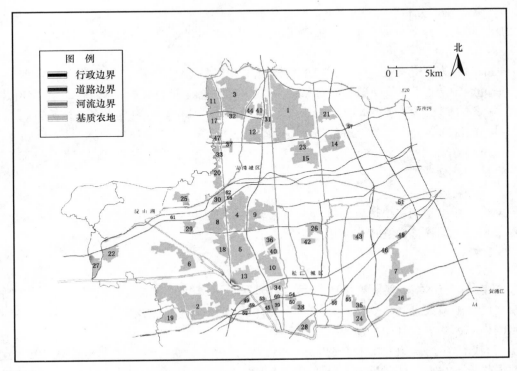

图 4-17 研究区绿地网络——基质格局示意图

鉴于农田基质均质性强，生态功能单一和脆弱，难以对物种多样性进行有效的保护，生态学意义不大；在城市综合使用的角度上，除了生态农业、田园旅游等形式的浅度开发模式外，农田并不能承担更多的开敞空间功能；在作为生产者功能方面，农业是我国经济发展的基础部门，在相关规划中青浦区和松江区基本农田分别达到 260km² 和 266km²，还是起到了一定数量的基本农田保护和绿色空间保护的作用。

2. 农田基质镶嵌特征分析

研究区基质（农田）被廊道或其他用地类型分割成 62 块，其中最大面积为 31.099km²，面积最小的仅为 0.037km²，平均面积为 3.831km²，中位数为 1.663（表 4-9）。依据农田面积规模分布的中位数 1.663km²，约为边长 1300m 的正方形的面积，所以确定图中单元网图格为 1300m×1300m 大小。原则上若农田面积占据了单元网格的一半及以上，则整个单元格视为农田；若小于单元格面积的一半，则舍去。但重要的面积较小的农田若承担着一定的连接作用，即使没有超过单元格一半的面积也予以保留。农田基质被廊道或其他用地类型分割情况如图 4-18 所示。

绿地网络农田基质规模分布表　　　　　　　　　　　表 4-9

位　序	面积（km²）	位　序	面积（km²）	位　序	面积（km²）
1	31.099	22	3.326	43	1.143
2	29.427	23	3.309	44	1.141
3	17.829	24	2.987	45	1.114
4	11.145	25	2.932	46	1.041
5	9.831	26	2.626	47	1.008
6	7.660	27	2.384	48	0.816
7	7.658	28	2.340	49	0.762
8	7.397	29	2.136	50	0.608
9	7.115	30	1.871	51	0.509
10	6.871	31	1.852	52	0.469
11	6.200	32	1.474	53	0.357
12	5.952	33	1.472	54	0.335
13	5.533	34	1.454	55	0.328
14	5.103	35	1.437	56	0.302
15	5.052	36	1.368	57	0.281
16	4.232	37	1.325	58	0.230
17	4.005	38	1.289	59	0.220
18	3.960	39	1.273	60	0.174
19	3.367	40	1.211	61	0.099
20	3.342	41	1.198	62	0.037
21	3.337	42	1.180		

农田基质的分布具有明显的"大分散、小集中"的特点：总体上看，破碎度较严重，许多大块的农田被河流、道路廊道或其他非农田景观分割开来，形成了如图所示的破碎局

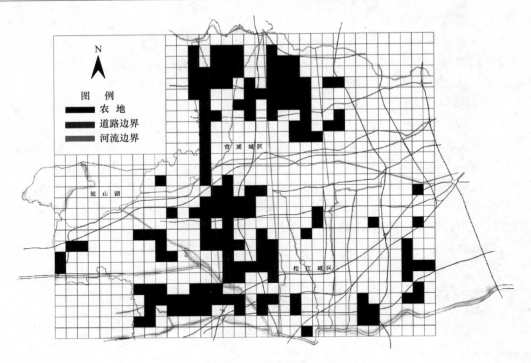

图 4-18　农田基质镶嵌格局示意图

面；从格局分布趋势看，明显的趋势是自东面建成区向西面郊区和农村地区农田基质的密度越来越大，破碎程度趋于减小；从农田空间的集中性看，农田主要集中分布在 3 个区域：青浦建成区的北面，松江建成区的西北和黄浦江上游。

4.2.5　小结

研究区绿地网络实施的现状空间特征分析如下：

1. 绿地网络构成分析

在绿色廊道各绿地组成中，无论是道路廊道还是河流廊道，其中农地都占据较大比重，或者更确切地说，在生态廊道宽度范围内仍是以农地为主的绿色廊道用地类型，这种构成比重，限制了生态廊道乃至绿地网络综合功能（尤其是生态、环境功能）的正常发挥。另外，在绿地廊道构成中，可供人类游憩的园林所占比重较少，生态廊道的防护功能较为明显，游憩等社会功能不受重视。

2. 绿地网络空间格局分析

从空间分布上，绿地网络分布严重不均，人类活动密集地区绿地网络稀疏，远离人类活动地区的生态资源较稠密。具体来讲，从上海市外环线和沪金高速开始向西直到研究区的西侧边界，生态廊道和斑块绿地的密度有逐渐下降的趋势，从以青浦建成区和松江建成区为中心向各自的四周扩散，也存在绿地密度的距离衰减规律。上述这种现象的实质是，城市景观与自然景观或乡村景观的动态变化，常见的结果是城市景观最终取代自然景观或乡村景观，使得绿地破碎化，生态功能弱化甚至消失。

3. 绿地网络整体功能分析

从功能上，不同类型的斑块和廊道往往功能较为单一，城市建成区内部的斑块绿地常注重游憩等社会功能，城市建成区以外的斑块绿地则以生态、环境职能为主，道路廊道往往注重绿色空间的隔离作用，河流廊道较为重视其防护作用。但是即便是河流或道路这种单一功能的绿地也常常在经过人类聚落（城市和乡镇）时，因为利益的驱使而受到严重的侵蚀，甚至造成了廊道绿地纵向的断裂，而纵向连接恰是廊道最基本的特点。上述这些做法难以实现绿地网络环境、生态、社会等多功能的有机复合和绿地网络整体效益的发挥。

绿地网络中存在的较为均质的斑块绿地或生态廊道绿地，其单一的构成往往会因为外界的人为和非人为的干扰而使得绿色空间的面积越来越小，最终消失；其单一功能的特点也常常令人忽视绿色空间的重要性，在某些利益的驱动下斑块或廊道中的绿地会被灰色空间代替，造成斑块和廊道不断受到侵蚀，乃至消失。可见，不管是构成的均质性还是功能的均质性，对于绿色空间的发展和功能的发挥都是不利的。

5 区域绿地网络现行实施政策体系现状与评价

5.1 现行实施政策体系

美国学者卡尔·弗里德里希（Carl J. Friedrich）将政策定义为"在某一特定的环境下，个人、团体或政府有计划的活动过程，提出政策的用意就是利用时机、克服障碍，以实现某个既定的目标，或达到某一既定的目的"。伍德罗·威尔逊（Woodrow Wilson）认为"政策是由政治家即具有立法权者指定的而由执行人员执行的法律和法规"。

从广义上讲，城市绿色空间规划实施政策包含以下3个范畴的内容：①城市绿色空间建设管理政策（各层面城市绿色空间规划要严格遵循的法律、法规、标准、规范等）；②城市绿色空间规划编制体系（各层面的绿色空间规划内容）；③城市绿色空间实施管理政策；（保障规划实施的各种政策、手段）。从狭义上理解是保证城市绿色空间规划作用的发挥，保障城市绿化按照规划蓝本实施的各种政策，也就是广义理解中的第二个范畴。本研究对实施政策的理解是基于其广义含义的。我国对城市（绿色空间）规划行为的管控有着相对完善的政策体系——从规划政策制定的主体及管辖行政范围可以将其分为国家级政策和地方级政策两个层面，因而，我国现行的相关保障区域绿地实施控制的政策内容可以分为6个维度的规划政策体系（表5-1）。

上海市绿地网络相关政策体系　　　　　　　　　　　　　　　　表5-1

建设管理相关法规条例	
国家	地方
《中华人民共和国城乡规划法》 《中华人民共和国森林法》 《中华人民共和国环境保护法》 《中华人民共和国草原法》 《城市绿化条例》 《中华人民共和国自然保护区条例》 《中华人民共和国风景名胜区条例》	《上海市绿化条例》 《上海河道绿化条例》 《上海市河道管理条例》 《上海市公园管理条例》 《上海市古树名木和古树后续资源保护条例》 《上海市黄浦江上游水源保护条例》 《上海市公路管理条例》
实施规划体系	
省市总体性规划	区级规划
《上海市"十一、二五"绿化林业发展规划》 《上海市城市总体规划（1999—2020）》 《上海市城市绿地系统规划（2002—2020）》 《上海市城市近期建设规划（2006—2010）》 《上海市绿化系统规划》实施意见（2008—2010） 《上海市城市森林规划（2003—2020）》 《上海市基本绿地网络规划》 《上海市环城绿带系统规划》 《上海湿地保护和恢复规划》 《上海市环境保护和建设三年行动计划》 《上海水环境功能区划》	《青浦区区域总体规划（2004—2020）》 《上海市青浦新城绿地系统规划（2006—2020）》 《上海市松江区区域规划纲要（2004—2020）》 《上海松江新城总体规划修改（2010—2020）》 《上海松江区绿地系统规划（2005—2020）》 《上海市景观水系规划》

实施管理相关规范文件	
国家	地方
《城市绿线管理办法》 《城市蓝线管理办法》 《闲置土地管理办法》 《关于印发〈城市绿地系统规划编制纲要（试行）〉的通知》 《关于加强城市生物多样性保护工作的通知》 《关于印发创建"生态园林城市"实施意见的通知》 《国家园林城市标准》《创建国家园林城市实施方案》 《全国绿化评比表彰实施办法》 《城市道路绿化规划与设计规范》 《公园设计规范》 《城市绿化规划建设指标的规定》	《上海市森林管理规定》 《上海市城市规划管理技术规定》 《上海市闲置土地临时绿化管理暂行办法》 《关于印发〈上海市区级景观道路、优美景点评定办法（试行）〉的通知》 《上海市生态公益林建设项目实施管理办法》 《上海市生态公益林建设技术规程》 《上海市环城绿带管理办法》 《环城绿带工程设计规程》（DG/TJ 08—2112—2012） 《"上海市园林城区"考核管理办法》 《上海市基本农田保护的若干规定》 《上海市政府关于收缴绿化建设保证金实施办法》 《上海市绿化认建认养实施意见》 《上海市苏州河环境综合整治管理办法》 《青浦区绿地认建认养倡导书》

从这个政策体系可以看出，国家层面的绿地网络相关的空间要素体系规定在法规条例上是结合不同部门属性的一种建设管理法规条例，只是在实施管理的规范方面进行了区域宏观调控规定和提供口径一致的具体的技术规范。大量的规划政策实施体系的效力约束职能体现在地方层面的管控体系。在结合上海市的区域绿地网络的案例研究中，地方层面的规划政策实施体系成为实施规划政策评价体系研究的核心内容。

5.2　地方层面的现行规划实施体系控制的相关内容

5.2.1　1999年上海市城市总体规划

《上海市城市总体规划（1999—2020）》中指出以绿化建设和环境保护、治理为重点，提高城市综合环境质量；加强城市设计，保护城市传统风貌，改善城市空间景观，基本形成人与自然和谐的生态环境；形成"环、楔、廊、园、林"有机衔接的绿色网络框架体系，改善城市生态环境；切实保护8个市域风景区和自然保护区，加强野生动植物栖息地及湿地生态系统的保护（图5-1、图5-2）。

按照城市与自然和谐共存的原则，调整绿地布局，完善绿地类型，以中心城"环、楔、廊、园"和郊区大面积人造森林的建设为重点，改善城市生态环境，2020年，人均公共绿地指标10m^{2}以上，人均绿地指标20m^{2}以上，绿化覆盖率大于35%。①重点发展滩涂造林。集中建设佘山—淀山湖地区森林公园；②建设主要道路与主要河道两侧的防护绿地；③建设内外环线之间三岔港、张家浜、三林塘、大场、吴中路等8块楔形绿地；④建成南浦大桥—杨浦大桥之间黄浦江两侧的滨江绿地，结合苏州河综合整治建成滨河绿地；⑤中心城每区至少有1块4hm^2，每个街道至少有1块1hm^{2}以上公共绿地，郊区城镇至少建成1处3hm^{2}以上的公共绿地；⑥正确处理城市建设和生态环境保护的关系，划定城市生态敏感区和城市建设敏感区，切实保护好市域风景区和大小金山海洋生态、崇明东

图 5-1 上海市城市总体规划图——
土地使用规划（1999—2020）
来源：上海市城市规划设计研究院，1999

图 5-2 上海市城市总体规划图——
绿地系统规划（1999—2020）
来源：上海市城市规划设计研究院，1999

滩鸟类、长江口中华鲟幼鱼、九段沙湿地和淀山湖等自然保护区。

上海市城市生态敏感区有：佘山风景区、崇明东滩鸟类自然保护区、淀山湖自然保护区、金山三岛海洋生态自然保护区、黄浦江上游水源保护区、黄浦江上游水源准保护区、楔形绿地及大型公园等。其中，位于研究区内的生态敏感区有佘山风景区、淀山湖自然保护区、黄浦江上游水源保护区、黄浦江上游水源准保护区的全部或部分。上海市的风景区和自然保护区有佘山风景区、泖塔风景区、崇明东平国家森林公园、淀山湖自然保护区、金山三岛海洋生态自然保护区、崇明东滩鸟类自然保护区、长江口中华鲟幼鱼自然保护区和长江口九段沙湿地自然保护区，其中位于研究区的有佘山风景区、泖塔风景区和淀山湖自然保护区。

5.2.2 2002 年上海市绿地系统规划

上海市陆域面积 6340km²，在城市绿地系统规划中分为两个层面：中心城区（外环线以内地区）和郊区。整个市域，形成中心城区"环、楔、廊、园"为基础的绿色空间格局和郊区大型生态林地为主体，其间建成外环线 500m 宽的环城绿带（环城绿带本是以上海市外环线为骨架规划建设的环绕上海市建成区的绿色环带，其目的是阻止城市建成区的无序蔓延，但时至今日上海市建成区早已突破了外环线，依然向四周蔓延）。

2002 年编制完成《上海市绿地系统规划》，对市域总体绿化体系提出"环、楔、廊、园、林"布局结构（图 5-3～图 5-6）。规划集中城市化地区以各级公共绿地为核心，郊区以大型生态林地为主体，以沿"江、河、湖、海、路、岛、城"地区的绿化为网络和连接，形成"主体"通过"网络"与"核心"相互作用的市域绿化大循环和绿化生态链，同时提出了上海绿化建设总量控制要求。其中，环——环形绿化是指市域范围内呈环状布置的城市功能性绿带，包括中心城环城绿化和郊区环线绿化带，总面积约为 242km²。其中郊区环线总长 180km，规划两侧各约 500m 的森林带，面积约 180km²；外环线全长 98.9km，规划外侧建设 500m 环城林带，外环线内侧建设 25m 宽绿带，总面积约为 62km²。位于研究区范围之内的是郊区环线在北至苏州河，南至黄浦江的一段。本次规划形成若干片大型林地。大型林地是指非城市化地区对生态环境、城市景观、生物多样性保护有直接影响的大片森林绿地，具有城市"绿肺"功能。大型片林包括休闲林、经济林、苗木基地等，规划形成浦江大型片林、南汇大型片林、佘山大型片林、嘉—宝片林和横沙生态森林岛 5 个大型片林森林组团，总面积约 182km²。其中在研究区范围内的有佘山大型片林，面积约为 50km²。

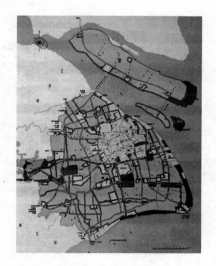

图 5-3　上海市绿化系统总图（环、楔、
　　　　廊、园、林布局总图）
来源：上海市城市规划设计研究院，2002

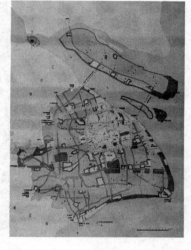

图 5-4　上海市绿化系统结构——
　　　　环（包括外环和郊环）
来源：上海市城市规划设计研究院，2002)

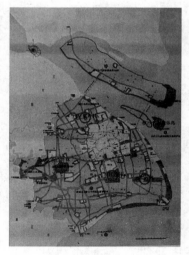

图 5-5　上海市绿化系统结构——林
来源：上海市城市规划设计研究院，2002

图 5-6　上海市生态保护区、旅游风景区规划图
来源：上海市城市规划设计研究院，2002

5.2.3   2003上海城市森林规划

　　《上海城市森林规划》从上海气候地理特征、水系道路框架、产业发展实际出发，坚持改善城市生态的原则，确定了以沿海防护林和部分自然保护林为生态前沿，以大型片林、廊道林带为生态腹地，基本形成沟通城郊环抱中心城"一环十六廊、三带十九片"的城市森林空间布局结构，构建上海城市森林系统。通过指导性规划，确定了各类林地的建设总量和布局要求（图5-7、图5-8）。

图5-7　城市森林规划总图

来源：上海市城市规划设计研究院，2006

图5-8　城市森林规划结构中的

"十六廊"分布示意图

来源：上海市城市规划设计研究院，2006

　　这次规划的一环指的是郊环。防护绿廊是沿城市道路、河流、高压线、铁路线、轨道线以及重要市政管线等纵横布置的防护绿廊，总面积约320km²。主要廊道共16条，是由11条呈环状放射型的高速公路（A1、A2、A3、A4、A5、A8、A9、A11、A12、A13、A14）和5条主要河流（苏州河、淀浦河、黄浦江、大治河和金汇港）组成。说明：生态保护区、旅游风景区是为集中保护自然生态资源、自然景观而形成的特定区域，总面积331.1km²，包括：大小金山岛自然保护区、崇明岛东滩候鸟保护区、长江口九段沙湿地自然保护区、黄浦江上游主干河流水源涵养林（分为两段：一段为拦路港—泖河—斜塘—横潦泾，设计为近自然生态林，两侧宽度为500m；一段为横潦泾—黄浦江转弯口闸港，设计生态林与经济林相结合，两侧宽度各500m。面积70.6km²）、宝山罗泾地区周边水源涵养林、淀山湖滨水风景区（淀山湖周围地区，面积约60km²）、青浦泖塔区（以泖塔为核心，包括岛、河及其周围地区，面积约50km²）、崇明东平国家森林公园，共8个。其中在研究区范围内的有黄浦江上游主干河流水源涵养林、淀山湖滨水风景区和青浦泖塔区3个。规划确定远期（2003～2020年）林地地块范围，约600多片片林，总面积1499.9km²。近期（2003～2008年）林地建设的地块控制范围，总面积486.67km²。在《上海市城市绿地系统规划（2002—2020）》中规划的9块大型片林基础上，《上海市城市森林规划》又增加了 10 块大型片林，形成了"三带十九片"的布局结构。"三带"分别指崇明岛沿岸防护林带、长兴—横沙岛防护林带、杭州湾防护绿带；"十九片林"，其中位于本书研究区的有赵屯防护林、佘山防护林、淀泖防护林、黄浦江上游水源涵养林 4 个。

5.2.4　2006 年上海市城市近期建设规划

为了更好地贯彻落实城市总体规划，确保上海"十一五"规划在空间布局上的落地，2006 年，按照建设部的要求，编制了《上海市城市近期建设规划（2006—2010）》，进一步完善和实施《上海市城市总体规划（1999—2020）》（图 5-9）。2006 年编制的《上海市城市近期建设规划》绿地系统总体格局是以城市森林规划的结构为基础的。近期规划提出，上海临江面海，地势平坦，具有江南水乡的地域特征，要逐步形成富有魅力、特征显著、丰富多样的城市景观。到 2010 年，以天蓝、水清、地绿的城市面貌迎接世博会。绿地系统方面，围绕建设生态型城市目标，根据"环、楔、廊、园、林"总体结构，进一步优化绿地、林地、湿地布局，提升生态质量和社会服务功能（图 5-10）。改变绿化与林业布局不够合理、楔形绿地建设滞后的问题，提高城区人均公共绿地水平，塑造良好的城市环境。到 2010 年，人均公共绿地面积达到 $13m^2$，绿化覆盖率达到 38%。规划对近期重大绿化项目逐一在空间上落实。重点建设黄浦江、苏州河等城市景观廊道沿线的绿化景观。加强水系治理和建设，初步形成都市景观水系的构架。

图 5-9　上海市城市近期建设规划——
土地使用（2006—2010）
来源：上海市城市规划设计研究院，2006

图 5-10　上海市城市近期建设规划——
市域绿地系统（2006—2010）
来源：上海市城市规划设计研究院，2006

5.2.5　2010 年上海市绿地网络规划

2010 年 9 月，上海市规划委员会审议通过了《上海市基本绿地网络规划》（以下简称《规划》），揭开了上海市绿化发展的新篇章。《规划》主要目的是充分利用规划保护生态资源，促进上海市经济、社会、城市转型，控制城市无序蔓延和建设宜居城市等。

1. 市域生态空间结构

在上海市域范围内构建"环、廊、区、源"的生态空间格局体系，中心城区以"环、楔、廊、园"为主体，中心城周边地区以市域绿环、生态间隔带为锚固，市域范围以生态廊道、生态保育区为基底的"环形放射状"的绿地网络空间体系（图5-11）。依托基础生态空间、郊野生态空间、中心城周边地区生态系统、集中城市化地区绿化空间系统4个层面的空间管控，维护生态底线。

2. 基本生态空间规划控制

《规划》对全市范围的土地进行了生态功能区块的划分，作为全市宏观层面的生态空间控制红线。按照中心城绿地、市域绿环、生态间隔带、生态走廊、生态保育区五类生态空间，以规划主要干道、河流为边界，结合行政区划，划示生态功能区块。共划定17段市域绿环，16条生态间隔带和9条生态走廊（图5-12）。

图5-11　上海市市域基本绿地网络规划示意图
来源：上海市城市规划设计研究院，2010

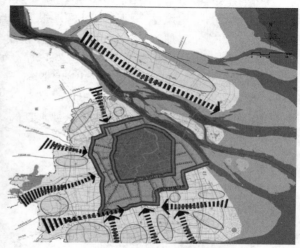

图5-12　上海市市域生态空间结构图
来源：上海市城市规划设计研究院，2010

其中，位于本书研究区范围的有嘉青生态走廊、青浦生态保育区、青松生态走廊、黄浦江生态走廊、黄浦江上游生态保育区和主城区环城绿带等。

5.2.6　区级层面的规划政策

1. 青浦区主要规划

《青浦国民经济和社会信息化"十二五"规划》中指出："加强对气象、地质、海塘、湿地等城市生态环境信息的实时监测、事前预警、紧急响应和智能化控制，提升环保监管能力和覆盖力度，提高环保执法效率。"

《青浦区区域总体规划实施方案（2006—2020）》中青浦区行政范围内未来形成"一城三片一带"的总体格局，其中"一带"是指以318国道（沪清平高速）和A9高速公路（国道G50）为发展轴的生态居住带，依托上海东西发展主轴，重点发展生态居住，这也是青浦区重要的城镇发展轴。青浦区绿地系统结构以沿"港、河、湖、路、城"形成绿化网络，以大型生态林地为主体，以区、镇公园为核心，通过"网络"和"核心"相互联系形成区域绿化循环系统；各类绿地相互沟通，建立完整连续的城镇绿地空间体系。以片、带、点结合的方式，将"蓝、文、绿""三脉"结合，形成"一廊、三区、六脉、八园、多点"的绿化结构体系（图 5-13、图 5-14）。青浦区旅游空间格局中，"三轴"：沪青平高

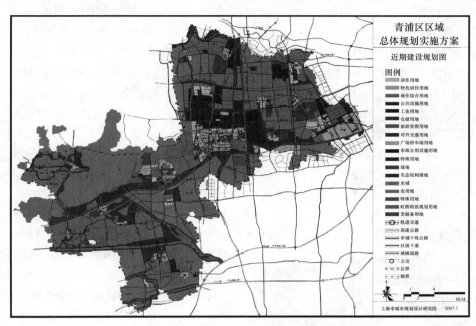

图 5-13 青浦区总体规划近期建设规划图
来源：上海市城市规划设计研究院，2008

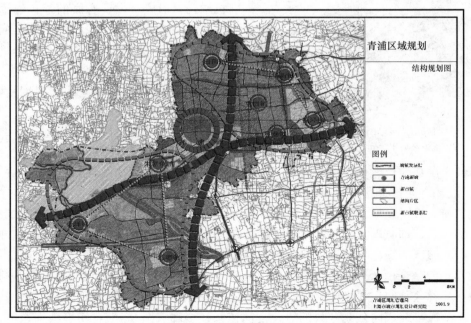

图 5-14 青浦区规划结构图
来源：上海市城市规划设计研究院，2008

速（A9）绿色轴线（横向）、油墩港—朱枫公路水陆轴线（纵向）、淀浦河—黄浦江都市旅游黄金水道轴线（横向）。说明：青浦区区域呈现"一心两翼"的空间结构，"一心"是指青浦新城；"两翼"分东西两翼，东翼指徐泾、华新、白鹤等地区，是青浦区第二产业集中布局的地区，西翼指环淀山湖地区，即朱家角、金泽等地区及练塘地区，重点发展休闲旅游业、特色居住业、现代农业和劳动密集型工业。这种空间结构通过东西向（国道G50/沪渝高速）和南北向的（国道G1501/上海市郊环线）城镇发展轴线连接在一起。

《上海市青浦区绿地系统规划》提出建设三大绿廊："规划淀山湖大道—公园路绿廊是新城内部的大型绿廊；沪青平高速沿线绿带规划为新城南部大型的生态绿廊；淀浦河两岸绿带为城市内部的大型滨水绿廊。""结合城市快速道路、主要交通干道沿线设置道路防护绿地，城市道路的防护绿地依据道路等级加以控制。城市干道（漕盈路、外青松路）道路防护绿地平均宽度控制在15～20m，过境交通（318国道（改线后）、沪青平高速公路）可以控制在25～100m，同三国道防护绿地单侧宽度控制在50m以上。青浦低速磁悬浮线东西向段与华盈路—盈港路同线，规划建设15m宽的防护绿地，并种植枝叶茂盛的高大常绿乔木；南北向段两侧规划宽度合计大于40m的带状公园。"

2. 松江区主要规划

《松江新城总体规划修改（2010—2010）》中指出，松江新城规划形成"一带、四片、两廊、三心"的空间格局（图5-15）。其中"两廊"是指"两条生态廊道在东西两个工业园区与新城生活之间形成有效隔离"。在生态及绿化方面"以主要快速交通干道及纵横交错的河网为载体，沿路造林，临水设绿，促进新城绿地系统与区域生态空间的有机融合，形成多样、有序的绿色绿地网络，构建'廊楔入新城，绿网缀明珠'的格局。到2020年，人均绿化用地面积达到16m²以上"。

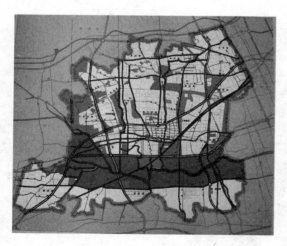

图5-15 松江规划总图——绿地系统规划
来源：上海市城市规划设计研究院，2010

《上海市松江区绿地系统规划》确定松江区绿色空间建设近期目标是"进一步加强城市绿化建设，不断提高绿化覆盖率，巩固扩大'国际花园城市'创建的成果。绿地系统规划的实施从注重数量增加转为在增加数量同时更注重质量提升"。松江市域范围形成"一城、二环、四区、多园、多廊"共同交织而成的绿地系统网络。一城：指松江新城，以沪杭高速为界，北部以与现代建筑风格相协调的简约自然的绿化风格为主；南部绿化与老城风格一致，细腻丰富，两者相映成辉形成绿色新城；二环（图5-16）：指内环和外环，内环是中心城区的绿化隔离带，外环是中心城外侧河道、道路绿化，形成两大绿环；四区（图5-17）：一是佘山风景旅游度假区，二是通向市区及淀山湖的绿色景观通道，三是黄浦江水源涵养林区，四是现代化农业休闲观光区；多园：由市级、区级、社区级公园、街道绿地及小游园等组成向公众开放的绿化空间体系；多廊（图5-18）：指境内河道网、公路网、绿化隔离带、轻轨绿化隔离带及高压走廊隔离带，其中公路网绿化呈四横五纵，河道网绿化呈一横四纵布局。说明："两环"中的"外环"是分别由外青松公路和9号线的合并成的北边廊道、沿沈海高速（国道G15/A5）东边廊道、沿叶新公路的南边廊道、沿上海市郊环线的西边廊道组成的。"内环"是由沿沈砖公路的北边廊道、沿沪松公路（S124）的东边廊道、沿申嘉湖高速公路（S32）的南边廊道、沿油墩港河流的西边廊道组成。

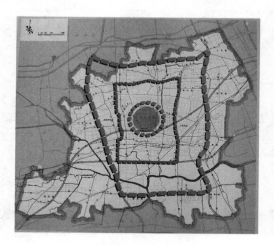

图5-16 松江区绿地系统网络——
"一城两环"示意图

（资料来源：上海市城市规划设计研究院，2010）

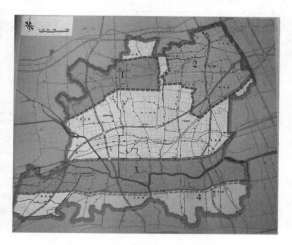

图5-17 松江区绿地系统网络——
"四区"示意图

（资料来源：上海市城市规划设计研究院，2010）

"多廊"主要由公路廊道、河流廊道、铁路廊道和高压廊道组成，"四区"指佘山风景旅游度假区、生态型居住区、水源涵养林区、农业观光区。在廊道宽度上，规定同三国道—泗陈公路—嘉金高速—叶新公路环线规划50～100m环城绿带；沈砖公路—油墩港—闵塔公路—沪松公路环线规划50～100m环城绿带；沪杭高速公路北侧其宽度为50～100m，部分路段达到500～600m。公路绿化带规划呈"四横，五纵"的绿廊布局（表5-2、表5-3）。规划河道绿化宽度，圆泄泾—横潦泾—竖潦泾—黄浦江廊道，沿河两侧规划50～100m宽绿化带；沿油墩港蓝线规划50～100m风景林带，作为滨河的开放绿带。根据实际用地状况调整绿化带的位置及宽度，但最小地段不得小

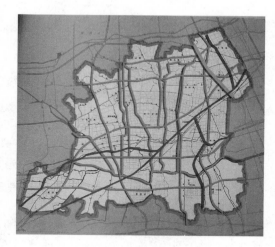

图5-18 松江区绿地系统结构——
"多廊"示意图

（资料来源：上海市城市规划设计研究院，2010）

于10m；三官塘—辰山塘—沈泾塘—毛竹港廊道：本线穿过佘山、松江新城及永丰街道，规划30～50m滨水风景林带；北浦汇塘—泗泾塘—通波塘—大涨泾廊道：沿此线规划30～50m风景林带，最小地段不得小于10m。北泖泾—南泖泾廊道具体规划沿河两岸是30m纯林防护林带。沪杭铁路为东北—西南走向，穿越6个镇及街道。城镇内铁路用地旁很难再划分出专用防护林带。结合农用防护林规划要求设置两侧各25m绿化隔离带。以

带状列植为主，适当留出间隔。轻轨交通9号线两侧设置30m范围的绿化带，轻轨站根据实际用地绿化。

横向道路绿化规划 表 5-2

路名及路别	规划红线宽度（m）	长度（km）	防护林带宽（m）
泖新—叶大公路	35～50	34.10	40
沈砖—砖莘公路	35	29.64	40
沪杭高速	60	43.56	100
机场高速	60	41.00	100

纵向道路绿化规划 表 5-3

路名及路别	规划红线宽度（m）	长度（km）	防护林带宽（m）
嘉金高速	60	27.94	100
沪松—松金公路	35	22.88	40
嘉松公路	50	10.53	100
辰塔公路	40	14.53	40
同三国道	60	23.38	100

5.3 地方层面实施管理的相关政策分析

5.3.1 建设管理相关政策规定分析

由于法规政策颁布时候的出发点不同，每个层面的法规存在着实施的控制引导和协作性方面的政策规定。同样，每个法规制定和实施部门不同，部门之间法规存在着实施建设和管理的政策协调作用需求。上海市区域绿地相关的建设管理法规在整个建设管理实施政策体系中，从空间调控的关联性和实施管理的协调性方面分析，可以看出：

1. 实施建设管理部门多，重视分工，轻视协作

《上海市绿化条例》中要求市人民政府的绿化行政管理部门对市域行政区域内的绿化进行管理。《上海市环城绿带管理办法》中规定上海市绿化管理局负责环城绿带的管理，上海市环城绿带建设管理处负责环城绿带的具体管理。《上海市闲置土地临时绿化管理暂行办法》中规定，上海市的绿化管理部门负责临时绿地的绿化管理，土地管理部门则负责临时绿地的土地管理。《上海市河道绿化条例》中规定，河道绿化项目需要经过市或区的河道主管部门审核后才能实施。《上海市森林管理规定》中规定："铁路、公路用地范围内的防护林，由铁路、公路行政管理部门负责建设；海塘、河道等用地范围内的防护林，由水务行政管理部门负责建设；其他公益林，由市或者区、县林业主管部门负责组织建设。"

从以上的法规中不难看出，虽然各个法规中都明确规定了各类型绿地的实施管理执行主体，分工非常明确，但事实上，区域绿地的规划涉及的执行部门很多，然而这些法规政策的通病就是在于重视分工，轻视协作。在协作方面的法律描述，以《上海市环城绿带管理办法》为例，该办法规定："本市计划、规划、农林、建设、土地、水务、市政、市容

环卫等有关部门应当按照各自职责，协同实施本办法。"非常简单，也再无更详细的规定。这样的断层规定，使得区域绿地这种类型的绿地网络的整体性遭到破坏。如此大量的管理责任分工，就会造成各个执行部门之间关系的复杂性，甚至产生"踢皮球"的现象，也就使得法规政策的实施效率大打折扣。

2. 受到行政辖区作用影响，跨区合作性机制没有形成，协调性弱

除了执行层面的部门合作，区域绿地之间的跨行政区合作也遇到了一定的问题。比如说，《上海市环城绿带管理办法》中对环城绿带的管理是要求区绿化管理部门各自负责本辖区内的环城绿带，业务上听从市绿化管理部门的指导监督。《上海市绿化条例》中规定："区、县管理绿化的部门负责本辖区内绿化工作，按照本条例的规定实施行政许可和行政处罚，业务上受市绿化管理部门的指导。"显然，法规中多次提到了"负责本辖区内管理"的字眼，这也破坏了区域绿地的跨区域完整性，使得区域绿地的建设遭到不可避免的人为阻碍。同样的强调各自分工，而没有完善合作协调机制，原本各区之间定位、思路就有所不同，这样的法规更使得区域互相之间的关系断裂，极易在行政区交界处形成"三不管地带"，区域绿地的规划实施也就无从谈起了。

5.3.2 实施管理的控制办法分析

1. 实施管理的运行制度缺乏灵活性，有效性低

《上海市环城绿带管理办法》对环城绿带的规划、建设、养护的管理主体、管理原则作了说明，内容还包括规划的编制、调整和审批，建设和养护经费的来源，绿化养护的标准，及其对违反本《办法》的处罚细则等。《上海市苏州河环境综合整治管理办法》中苏州河环境整治的目标："2010年，水域恢复生态功能，华漕以东河段水质达到四类标准，华漕以西河段水质达到三类标准；陆域范围建成绿化林带。""对苏州河环境综合整治陆域范围内的绿地、林地宽度，建设单位应当按照《整治方案》的要求实施。绿地、林地中建筑物、构筑物的占地面积不得超过总面积的2%。"为了加强城市管理，提高城市管理行政执法效能上海市制定并实施了《上海市城市管理相对集中行政处罚权暂行办法》，其中第七、八、九条分别对市容环境卫生管理、市政工程管理和绿化管理作了明确说明："市和区县城管执法部门依据市容环境卫生管理方面法律、法规和规章的规定，对违反市容环境卫生管理的违法行为行使行政处罚权"；"市和区县城管执法部门依据市政工程管理方面法律、法规和规章的规定，对违反非市管城市道路（含城镇范围内的公路）、桥梁及其附属设施管理的违法行为行使行政处罚权"；"市和区县城管执法部门依据绿化管理方面法律、法规和规章的规定，对除古树名木和绿化建设外的违法行为行使行政处罚权"。《上海市闲置土地临时绿化管理暂行办法》规定："本市行政区域内闲置的土地具备绿化条件的，可以建设临时绿地，但有下列情形之一的，应当建设临时绿地：（一）沿城市道路、河道的建设项目依法带征道路规划红线、河道规划蓝线内的土地，尚未实施道路、河道拓建的；（二）属政府依法储备的土地的。闲置的土地原为耕地的，不适用本办法"。并对"临时绿地存续期间超过1年（含1年）的，建设临时绿地的建设用地单位可以向市或者区、县土地管理部门申请享受以下优惠：（一）临时绿地存续期间免缴土地闲置费；（二）临时绿地存续期不计入土地使用期限；（三）法律、法规、规章和市人民政府规定的其他优惠"。

《上海市人民政府关于收缴绿化建设保证金实施办法》规定新建、改建、扩建等建设项目单位向市园林或林业管理部门办理配套绿化建设审核和绿化建设保证金缴纳手续，对绿化建设保证金标准、返还方案和处罚进行了详细的阐述。

区域绿地相关的实施管理规定和文件从实施机制的内容方面，可以看出：激励政策没有明确清晰的实施技术工具。尽管已经有一些法规中规定了一定的激励政策，例如森林生态效益补偿制度、经济林生产保险财务补贴制度等，但是在资金并不宽裕的情况下，这些激励手段未必能得到有效实施。并且，对于优惠激励政策的表述非常模糊，然而对于处罚和强制规定等，则就表述的非常具体了。比如说，根据《上海市环城绿带管理办法》中的条款，凡是违反规定，破坏绿化及相关设施的，将由市绿化管理部门、区绿化管理部门以及相关绿化监督部门根据情况严重程度不同，可处以 50～5000 元不等的罚款。然而，在优惠政策中，则是简单的"环城绿带投资、建设、养护的单位和个人，可以按照有关规定享受相应的优惠政策"，而且由市政府根据具体情况决定。这样一笔带过，让人并不满意，可以说无法起到激励的作用。当然，还有直接出台详细的补偿费收缴法规，例如《关于收缴绿地补偿费实施办法》等。如何运用科学的技术工具来提高规划实施的效率，也是这些政策体系中需要解决的问题。

2. 实施管理的公众参与制度有待深化，参与实施调控和监督

在这些绿化的法律规章及其规划中，公众参与度非常低。不管是法规的制定还是实施规划和管理过程，作为绿地直接受益者的公众却完全没有办法参与到其中。其一，作为公众参与最直接的形式，目前的规划和建设公示的环节是有不足之处的。目前的公示虽然已经有了一定的透明度，但是公示范围和内容还是比较有限的。一般内容局限于各类名单、考核评价结果、各类活动、规划完成的公示等，而较少涉及实施进度、建设情况等方面的公示，让公众难以了解到规划实施的实时情况。其二，几乎所有的法规政策涉及公众的部分，一律是类似于不准许公众做什么，公众必须积极主动保护，必须遵守规章制度，违者如何处罚等等强硬、冷淡的措辞及条款，丝毫没有考虑到公众在区域绿地规划和法规政策的制定及实施中所不可忽视的重要作用，这一点也是区域绿地规划没有办法达到较好实施的一大原因之一。

5.4 依据政策体系研究区绿地网络蓝图的构建

规划蓝图的形成，在研究中依据规划政策体系的既定目标，经过反复的调查、论证最终由具有一定法律约束性质的文件确定下来。当然随着国家、区域和城市的发展，事先规划设计好的蓝图会出现一些不适应发展的地方，这就需要对蓝图作出及时的反馈和调整。

选区的研究区主体位于青浦区和松江区的行政区划内，从行政区划级别来看，包含青浦和松江两个次级城市的部分。现行的政策体系在上海市和青浦区、松江区两个层面上的规划政策都对研究区绿地网络蓝图有直接的规定和导向。

5.4.1 上海市规划政策中的蓝图数据

在上海市规划政策层面上，对研究区内的以下空间进行了详细的说明（表5-4）：

（1）外环线绿带；

（2）郊环线绿带；

（3）16 条廊道中的 8 条，其中 5 条道路（A4、A5、A8、A9 和 A11）和 3 条河流（苏州河、淀浦河和黄浦江）；

（4）19 片林中的 4 大片林（赵屯片林、佘山片林、黄浦江上游水源涵养林、淀泖片林）和 2 个风景区（淀山湖滨水风景区、青浦泖塔休闲度假区）；

（5）景观水系：油墩港、淀浦河、淀山湖。

松江区现有公园与公共开放绿地规划项目　　　　　　　　　表 5-4

编　号	项目名称	面积（hm²）		规划内容	所在地
		现有	规划		
1	醉白池	5.13	—	古典名园	岳阳街道
2	方塔公园	11.57	—	历史文物公园	中山街道
3	中央公园	66.00	—	公共休闲	方松街道
4	思贤公园	10.00	—	公共休闲	方松街道
5	泗泾公园	5.40	—	公共休闲	泗泾镇
6	青青旅游世界	200.00	—	公共休闲	洞泾、中山
7	天马高尔夫球场	200.00	—	休闲运动绿地	佘山镇
8	车墩高尔夫球场	20.20	—	休闲运动绿地	车墩镇
9	车墩影视基地	30.00	—	主题公园	车墩镇
10	佘山高尔夫球场	100.00	—	休闲运动绿地	佘山镇
11	广富林古文化公园	—	119.00	主题公园	方松街道
12	中山街道中心绿地	—	40.00	主题公园	中山街道
13	行政广场绿地	—	2.50	节庆场地	洞泾镇
14	中山街道休闲公园	—	1.00	公共休闲	中山街道
15	永丰中心公园	—	8.00	公共休闲	永丰街道
16	永丰带状公园	—	2.80	公共休闲	永丰街道
17	西林路绿地	—	7.00	公共休闲	永丰街道
18	新桥镇中心广场	—	0.39	公共休闲	新桥镇
19	新桥镇区域公园	—	3.60	公共休闲	新桥镇
20	车墩休闲园	—	0.40	公共休闲	车墩镇
21	车墩小游园	—	0.40	公共休闲	车墩镇
22	泖港公园	—	18.80	公共休闲	泖港镇
23	石湖荡休闲绿地	—	1.20	公共休闲	石湖荡镇
24	小昆山乡村俱乐部	—	19.40	公共休闲	科技园区
25	九亭休闲绿地	—	1.50	公共休闲	九亭镇
26	佘山文化公园	—	73.00	旅游度假	佘山镇
27	横山地质公园	—	84.00	旅游度假	佘山镇
28	佘山植物园	—	210.00	科普教育	佘山镇

续表

编　号	项目名称	面积（hm^2）		规划内容	所在地
		现有	规划		
29	佘山影视基地	—	200.00	主题公园	佘山镇
30	盛兴生态园	—	533.30	生态保护、生态游览	泖港镇
31	城镇公园	—	203.71	根据不同镇域特色	各镇
	合计	648.30	1530		

来源：《上海市松江区绿地系统规划（2005—2020）》

5.4.2　青浦区和松江区层面的规划政策中的蓝图数据

青浦区和松江区层面的政策对本书研究区的空间规划作了翔实的说明，对规划蓝图起到了直接的、决定性的作用。

相关政策中规定的斑块绿地有青浦区的"国际雕塑艺术中心"、夏阳湖公园、中央公园、西洋淀公园、大淀湖公园和三分荡公园等，朱家角古镇、金泽古镇、徐泾蟠古镇、重固古镇、青浦老城区、练塘古镇和白鹤古镇共 7 个历史风貌区。松江区主要斑块绿地有方塔公园、中央公园、思贤公园、泗泾公园、佘山生态片林、黄浦江水源涵养林及高尔夫球场等。

另外，青浦区与松江区规划实施政策中也对农田作出了规定：青浦区规划农用地总面积约 315.59km^2，基本农田达到 260km^2，耕地达到 300km^2；松江区基本农田为 26667hm^2。

5.4.3　绿地网络蓝图数据选择

根据前述各层面的规划政策，整理汇总了不同规划实施政策对研究区线形和块状绿色空间的规划，在横向比较的数据上作出最终的规划体量选择，并以此作为规划蓝图的最终数据。在体量范围选取中遵循几点原则：①选择精确数据，舍弃范围数据；②若不同层面数据出现出入甚至矛盾时，选取较低级行政划主导编制规划的数据；③若不同类型规划政策数据出现出入甚至矛盾时，选取绿地系统规划政策中的数据，如城市总体规划与城市绿地系统规划中的数据不一致，则选取后者的数据。

依据表 5-5～表 5-7 的数据和前述各规划实施政策中的规划图纸，将这些数据和位置落实在图中，便得出了上海市区域绿地网络的蓝图（图 5-19）。

规划蓝图是依据前述政策体系中所涉及的廊道、斑块等绿色空间的具体体量和规划图纸中的大体位置所抽象出来的研究区绿色空间的理想表达图。由于蓝图的比例尺较小和政策体系中对较小斑块（尤其是建成区内的公园）规划数据或具体位置的缺失，所以本图中仅仅表达出面积较大的生态片林的范围和位置（由于数据缺失，淀泖片林仅表达出大体的位置），其他斑块绿地没有表达出来。

规划蓝图中，廊道绿地面积可依据道路、河流等的长度和对应选定的绿廊宽度计算出来，蓝图中绿色空间主要由廊道绿地和斑块绿地两大类型组成，廊道绿地面积 226.446km^2，斑块绿地面积 194.106km^2，蓝图中绿色空间总面积约为 420.552km^2（表 5-8）。

表5-5

上海市区域绿地网络规划蓝图数据与选择（一）

类别	名称	规划体量	政策	体量选择
环城绿带	外环绿带 A20	500m宽环城绿带；外环线外侧500m宽林带、内侧25m宽绿带	《上海市城市总体规划（1999—2020）》《上海市城市绿地系统规划（2002—2020）》	外环线外侧500m宽、内侧25m宽绿带
	郊环线绿带 G1501	规划两侧外侧500m宽林带；两侧500~1000m的绿色空间	《上海市城市绿地系统规划（2002—2020）》《上海市城市总体规划（1999—2020）》	两侧各500m宽的森林带
廊道（上海市绿地系统规划结构16条廊道在研究范围的8条）	沪金高速（A4/S4）	高速公路两侧各100m	《上海市城市绿地系统规划（2002—2020）》	两侧各100m绿带
	沈海高速 A5/G15	高速公路两侧各100m；防护林宽度100m；防护林宽度50m	《上海市城市绿地系统规划（2002—2020）》《青浦区区域绿地规划实施方案（2006—2020）》	两侧各100m绿带
	沪杭高速 A8/G92	高速公路两侧各50m；防护林宽度100m	《上海市城市绿地系统规划（2002—2020）》《上海市松江区绿地系统规划（2005—2020）》	两侧各100m绿带
	沪渝高速 A9/G50	高速公路宽度50m（沪清平高速公路）；绿带宽度50m	《上海市城市绿地系统规划（2002—2020）》	两侧各100m绿带
	沪宁高速 A11/G2	高速公路两侧各100m；绿带宽度50m	《上海市城市绿地系统规划（2002—2020）》	两侧各100m绿带
	苏州河	市管河道两侧林带宽各约200m	《上海市城市绿地系统规划（2002—2020）》	两侧各200m绿带
	淀浦河	市管河道两侧林带宽度约200m；两侧建造50~100m宽防护林带	《上海市城市绿地系统规划（2002—2020）》《上海市松江区绿地系统规划（2005—2020）》	两侧各200m绿带
	黄浦江	市管河道两侧林带宽各约200m；黄浦江中上游两侧绿带约100m以上	《上海市城市绿地系统规划（2002—2020）》	依据下面黄浦江水源涵养林的宽度
大型片林与风景区	佘山片林	以东佘山为中心，以丘陵山地走向为轴线，向外扩张布局，面积约为50km²。建设以常绿、落叶乔灌木为主要树种，与天马山野生动物保护区紧密结合，按保护区、缓冲区、外围区设计的片林控制面积46km²	《上海市城市绿地系统规划（2002—2020）》《上海市松江区绿地系统规划（2005—2020）》	面积约50km²，空间位置如图4-18所示
	黄浦江上游水源涵养林	黄浦江中上游两侧各约100m以上的水源涵养林；黄浦江上游分为两段：一段以拦路港—斜塘—横潦泾生态林，两侧宽度为500m。一段为横潦泾—黄浦江转弯口闸港，两侧宽度各500m。面积70.6km²，设计生态林与经济林相结合，设计为近自然	《上海市城市总体规划（1999—2020）》《上海市城市绿地系统规划（2002—2020）》	两侧各500m防护带，总面积约为70.6km²

续表

类别	名称	规划体量	政策	体量选择
大型片林与风景区	淀泖片林	/	/	/
	赵屯片林	/	/	/
	淀山湖水乡风景区	包括淀山湖周围地区，面积约为60km²；淀山湖周围宽约200m左右的水源涵养林	《上海市城市绿地系统规划（2002—2020）》；《上海市城市总体规划（1999—2020）》	淀山湖湖边200m宽水源涵养林
	青浦泖塔水风闲度假区	以泖塔为核心，包括岛、河及其周围地区，面积约50km²	《上海市城市绿地系统规划（2002—2020）》	面积约50km²
景观水系	油墩港	市管河道两侧林带各约200m；沿油墩港蓝线规划50～100m风景林带，作为滨河的开放绿带，根据实际用地状况调整绿化带的位置及宽度，但最小地段不得小于10m	《上海市城市绿地系统规划（2002—2020）》；《上海市松江区绿地系统规划（2005—2020）》	两侧各200m宽风景林带
	淀浦河	同前述	同前述	同前述
	淀山湖	同前述	同前述	同前述

上海市区域绿地网络规划蓝图数据与选择（二）

表5-6

走向	名称	规划廊道宽度	政策	廊道宽度选择
东西走向	沪常高速公路	高速公路两侧各100m；过境交通可以控制在25～100m	《上海市城市绿地系统规划（2002—2020）》；《上海市青浦区绿地系统规划》	两侧各100m宽防护林带
	北青松公路	绿带宽度20m；两侧隔离带宽度20m	《上海市城市总体规划（1999—2020）》；《青浦区区域绿地总体规划实施方案（2006—2020）》	两侧各20m宽防护林带
	沪青平公路	绿带宽度20m；两侧隔离带宽度20m	《上海市城市总体规划（1999—2020）》；《青浦区区域绿地总体规划实施方案（2006—2020）》	两侧各20m绿带
	外青松公路、泖蒢公路（轨交9号线）	两侧10～20m宽隔离带；外青松公路两侧各5～8m的防护；泖蒢公路（松江外环北段）规划50～100m环城绿带	《青浦区区域绿地总体规划实施方案（2006—2020）》；《上海市松江区绿地系统规划（2005—2020）》；《上海市松江区绿地系统规划（2005—2020）》	两侧各100m宽防护林带

续表

走向	名称	规划廊道宽度	政策	廊道宽度选择
东西走向	沈砖公路	（松江区内环线绿带一段）规划 50～100m 环城绿带（防护林宽度40m；两侧 10～20m 宽隔离带	《上海市松江区绿地系统规划（2005—2020）》《青浦区域总体规划实施方案（2006—2020）》	两侧各 100m 宽防护林带
	申嘉湖高速公路（闵浦公路）	（松江区内环线绿带一段）规划 50～100m 环城绿带	《上海市松江区绿地系统规划（2005—2020）》	两侧各 100m 宽防护林带
	沪杭铁路	设置两侧各 25m 绿化隔离带，以带状列植为主，适当留出间隔	《上海市松江区绿地系统规划（2005—2020）》	两侧各 25m 宽防护林带
南北走向	嘉松南路	主要道路两侧各 50m；两侧各 10～20m 宽防护林带；防护林宽度 100m	《上海市绿地总体规划（2002—2020）》《青浦区域总体规划实施方案（2006—2020）》《上海市松江区绿地系统规划（2005—2020）》	两侧各 50m 宽防护林带

表 5-7

上海市区域绿地网络规划蓝图数据与选择（三）

流向	名称	规划廊道宽度	政策	廊道宽度选择
东西流向	润泽塘	规划 30～50m 风景林带，作为滨河开放绿带，根据实际用地状况调整绿化带的位置及宽度，但最小地段不得小于 10m	《上海市松江区绿地系统规划（2005—2020）》	两侧各 50m 宽风景林带
	大浦河	市管河道两侧林带宽各约 200m	《上海市城市绿地系统规划（2002—2020）》	两侧各 200m 宽防护林带
	圆泄泾	市管河道两侧林带宽各约 200m；圆泄泾沿河两侧规划 50～100m 宽绿化带	《上海市城市绿地系统规划（2002—2020）》《上海市松江区绿地系统规划（2005—2020）》	两侧各 200m 宽绿化带
	西大盈港	区管河道两侧绿化控制带各为 25～50m	《上海市松江区绿地系统规划（2005—2020）》	两侧各 50m 宽绿化带
	东大盈港	区管河道两侧绿化控制带各为 25～50m	《上海市松江区绿地系统规划（2005—2020）》	两侧各 50m 宽绿化带
南北流向	通波塘—大张泾	规划 30～50m 风景林带，作为滨河开放绿带，根据实际用地状况调整绿化带的位置及宽度，但最小地段不得小于 10m	《上海市松江区绿地系统规划（2005—2020）》	两侧各 50m 宽风景林带
	洞泾港	区管河道两侧绿化控制带为 25～50m	《上海市松江区绿地系统规划（2005—2020）》	两侧各 50m 宽绿化带
	三官塘—辰山塘—沈泾塘—毛竹港	本线穿过余山、松江新城承永丰街道，规划 30～50m 滨水风景林带	《上海市松江区绿地系统规划（2005—2020）》	两侧各 50m 宽风景林带

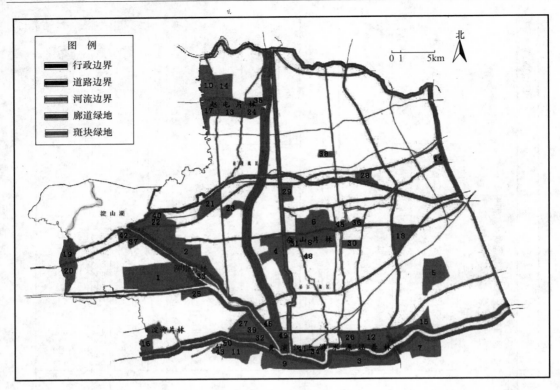

图 5-19　上海市区域绿地网络规划蓝图

规划蓝图绿色空间面积			表 5-8
	廊道绿地	斑块绿地	绿色空间总面积
面积（km²）	226.446	194.106	420.552

　　蓝图所表达出来的斑块绿地是规划政策体系中体量较大的绿色空间，一般位于城市建成区之外。位于建成区内部且体量较小的斑块绿地，在蓝图中没有表达出来。蓝图中各斑块绿地面积见表 5-9 所列。

研究区规划政策中斑块绿地一览表					表 5-9
序　号	面积（km²）	序　号	面积（km²）	序　号	面积（km²）
1	21.462	10	6.179	19	3.797
2	15.51	11	5.642	20	3.558
3	9.690	12	5.399	21	3.150
4	8.967	13	5.075	22	2.844
5	8.939	14	5.005	23	2.778
6	8.238	15	4.830	24	2.693
7	8.018	16	4.665	25	2.593
8	7.581	17	4.546	26	2.548
9	7.560	18	4.502	27	2.125

续表

序　号	面积（km²）	序　号	面积（km²）	序　号	面积（km²）
28	2.118	36	1.337	44	0.893
29	2.100	37	1.315	45	0.712
30	1.899	38	1.293	46	0.446
31	1.724	39	1.254	47	0.381
32	1.638	40	1.183	48	0.295
33	1.451	41	1.089	49	0.137
34	1.430	42	1.081	50	0.027
35	1.430	43	0.979	总计	194.106

　　蓝图中斑块绿地的布局依托现有的生态环境资源集中区，主要的大型片林有 5 片：赵屯片林、泖塔片林、佘山片林、淀泖片林和黄浦江上游水源涵养林，对于较为分散的林地资源未作详细的说明与规定。蓝图中的廊道多是沿着道路、河流、铁路等线形空间布局的，不存在单纯的生态廊道，很显然这是绿地网络蓝图设计中的一个问题所在，但究其原因一方面是城市土地利用的紧张情况，另一方面可能是人们对于绿地系统生态功能认识的缺失。

　　上海市区域绿地网络实施政策体系，对各级别的道路、河流两侧的防护林宽度作出了详细的规定，并对斑块的位置和面积进行了细致的说明。但在构建绿地网络蓝图时，依然多依靠道路、河流等，缺乏对生态廊道生态功能的思考，这也是当前我国城市绿色空间普遍存在的一个问题。从整体来看，绿地网络的空间布局与当地的自然资源有着密切的联系，研究区的东北部地区由于建成区密集，缺乏廊道与板块绿地，而蓝图的南端由于靠近黄浦江有着较为丰富的绿色资源，所以廊道的密度和宽度，板块的密度和体量都比较大。另外，实施政策体系中对于上海市区域绿地网络的整体结构没有明确说明，所以这一蓝图只能是根据政策体系中对各个廊道、板块林地较分散的说明加以整合后得出的结果，并不代表研究区域空间内最佳的绿地网络空间布局。

5.5　现行实施政策体系评价

5.5.1　空间控制性评价

　　国家、省级和地方相关的实施政策以区域自然地理环境和人文环境为背景，分别从宏观、中观和微观的角度对研究区绿地网络绿地的空间分布与格局作了一定的规定和说明，政策体系在空间控制上有其优点但也存在不足。

　　其中，从绿地系统空间格局上，不同尺度空间提出了不同格局形态，比如上海市提出市域绿色空间形成"环、楔、廊、园、林"的形态布局，青浦区提出"北隔南导，东西建廊，南北穿插；水绿相依，人绿相随，绿映古韵——绿带连珠"的格局模式和松江区的"一城、二环、四区、多园、多廊"模式。对于河流廊道和道路廊道的绿色空间控制较为细致，将河流和道路分为不同等级，并对廊道的规划、建设分别予以较为准确的规定，比如《上海市城市绿地系统规划（2002—2020）》中规定市管河道两侧林带宽度各约 200m。对于河流廊道和道路廊道的组成与功能也作了大致的说明，例如松江区对沪杭高速两侧规划骨干树种为香樟，其主要职能是防护作用。在政策体系中，对于面积较大的林地的位置和范围也作了大致的规定，如佘山片林、泖塔片林等。

（1）在绿地网络绿色空间布局的空间控制方面，各层面绿地实施规划中功能与空间结构的衔接是不协调的。以上海的绿地系统现行规划为例，不同层面之间存在对实施保障的功能和空间结构的不一致性。上海市绿地系统规划要求在高速公路两侧规划林带宽各100m，主要公路两侧各 50m。这一点上，出现了一定的出入。松江绿地系统规划中，几大高速公路的防护林带宽 100m，但是在主要公路上，规划的林带宽则只有 40m，这显然不符合上级规划的政策。而青浦区绿地系统规划也有问题所在，它要求城市干道的道路防护绿地平均宽度控制在 15~20m，过境交通（318 国道（改线后）、沪青平高速公路）可以控制在 25~100m，同三国道防护绿地单侧宽度控制在 50m 以上。这同样不符合上海市绿地系统规划的要求。因此，从此处可以看出，上海市市级层面的绿地规划与区级绿地规划的实施是存在不一致的（表 5-10）。

市级与区级道路绿地规划差异 表 5-10

	高速公路两侧林带（m）	主要公路两侧林带（m）
上海市绿地系统规划	100	50
松江区绿地系统规划	100	40
青浦区绿地系统规划	25~100	15~20

（2）在区域绿地规划实施方面的跨行政区域规划政策上，也存在着矛盾之处。区域绿地规划实施政策，主要考察的就是区级规划上面的协调和统一。然而，通过对案例所选区域的规划研究发现，绿地规划的内容都局限于本行政区内，跨行政区域的大片绿地、林地规划几乎没有。而涉及跨区域的线形绿地规划，如廊道等，却又存在着不同区互相矛盾的情况。《松江区绿地系统规划（2005~2020）》规定沈砖公路的两侧防护林带宽为 40m，而《青浦新城绿地系统规划（2006~2020）》中，又将主干道的防护绿带规定为 15~20m。同样地，《松江区绿地系统规划（2005~2020）》中规定同三国道防护林带宽为 100m，而《青浦新城绿地系统规划（2006~2020）》中同三国道的单侧防护绿地宽度则控制在 50m（表 5-11）。所以，很明显在跨行政区的绿地规划方面，实施政策体系的协调性也存在较大问题。

青浦区与松江区跨区道路防护绿带规划差异 表 5-11

	松江区绿地系统规划（m）	青浦区绿地系统规划（m）
沈砖公路防护绿带	40	15~20
同三国道防护绿带	100	50

（3）在同级行政区内，不同体系中的绿地系统规划部分竟然也存在着一定的矛盾之处。例如，在松江区，《松江区区域规划纲要（2004~2020）》中规划全区绿化覆盖率达到37%，规划全区生态林地占全区面积的 32.8%，松江新城绿地率大于 35%；而《松江区绿地系统规划（2005~2020）》中，这三条绿地规划指标的目标分别是绿化覆盖率 48%，森林覆盖率 35%，以及绿地率大于 45%（表 5-12）。仅仅三项指标，竟然全然不同，这种

情况势必就会造成区域绿地规划实施的困难重重、难以操作。

松江区区域规划与绿地系统规划差异 表 5-12

	松江区区域规划纲要	松江区绿地系统规划
全区绿化覆盖率	37%	48%
森林覆盖率	32.8%	35%
绿地率	35%	45%

综观实施政策体系，其空间控制性的不足之处具体表现为：①斑块绿地空间格局的控制性相对较弱：一方面，政策体系中对有生态价值的大片林地或沿河、沿路林地在规划体量方面较好地进行了说明，但大都未对具体的控制性边界作出说明，这也导致了实施中的许多问题；另一方面，针对许多游憩园林尤其是建成区内部的公园，政策体系规划新建一批游憩园林，对已有的公园的扩建或者保护等方面也作了相应的说明，但是实施力度方面不理想，其中一个重要原因就是政策体系只作了目标性的说明而未作空间过程的详细规定。②绿地网络多依托生态资源良好的斑块绿地和线形绿地，而这些空间具有良好的自然环境基础条件，而那些灰色空间中廊道的宽度小，数量少，斑块的面积、数量及其隔离程度都不乐观，这种制约使绿地网络难以发挥其综合功能。③在政策体系中仅对农田的整体规模作了说明，没有进行具体的空间控制，一方面造成了农田基质的破碎化，进而影响其规模化、专业化生产，对农业现代化产生不利的影响；另一方面某些生态承载力较低的地方在统筹全区或全市土地利用的视角下，通过功能置换的方式达到因地制宜的效果，保护、恢复生态脆弱区的生态环境，使低产量农田地域更多地承担生态环境的功能。

5.5.2 关联性评价

绿地网络建设的目的是实现城市及区域的生态和谐、环境友好，满足人类亲近大自然的情感和游憩、休闲等需求，实现动植物与环境资源良性互动，充分发挥绿色空间的生态、环境、经济和社会功能，最终实现可持续发展。可见，绿地网络效用的关键在于其各项功能的发挥上，而影响功能的主要因素是绿地网络的结构及其动态变化的规律性。实施政策体系中，在绿地网络结构、功能及动态变化等方面存在一定的缺失：

1. 绿地网络结构关联性

绿地网络的重要特征之一就是其连通性，伴随着城市规划思想的发展，景观生态学的进步和人们对于生存环境保护的普遍重视，实施政策体系中逐渐改变原来的"孤立"、"静止"、"片面"的思维，开始强调廊道的连接属性，重视线形绿色空间与其他绿色空间的整合作用。以青浦与松江的各区绿地系统规划图拼接关系分析为例（图5-20），虽然两区构建的绿地网络结构在道路及河流等线形绿地空间的连接下，避免了大面积的斑块化和碎片化，相对完善了起来，但是不难发现，这些线形绿地空间的规划会有关联性缺失的情况出现。比如说，东西走向的沈砖公路在松江区的路段被规划为绿色廊道，并在规划上延续到边界，也就是说连接到青浦区。然而，在青浦区的生态绿地结构规划中，沈砖公路并不在其中，于是这一段线形绿地空间规划就在交界处戛然而止。同样的情况也发生在南北走向的九泾公路上，在松江区的规划中是绿色廊道，而青浦区却又没有将其纳入生态绿地，于是这一段绿廊又一次在交界处中断。除了道路，河流绿道的规划也存在着断裂的问题。在松江区的规划中，外青松公路旁边的河流是生态廊道之一，而在青浦区的规划中则再一次中断了。

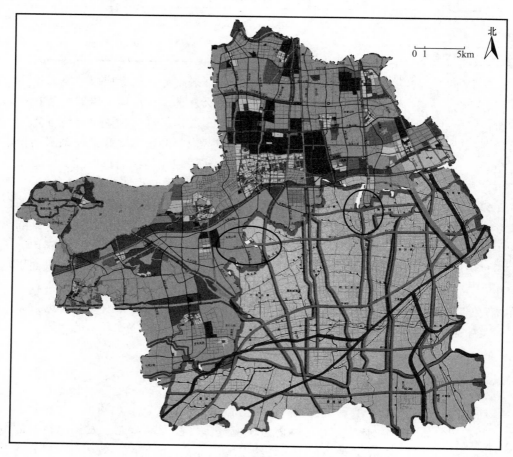

图 5-20　青浦区与松江区绿地系统规划拼接图
来源：根据青浦区总体规划和松江区绿地系统规划绘制而成

研究区区域绿地网络实施政策体系忽视了对廊道—斑块—基质的整体结构关系调控与把握，相关政策往往过于强调廊道两侧绿地的宽度等体量特征，在具体的规划实施政策中并没有解决"怎么连接"和"在哪儿连接"等重要问题。也基于此，城市绿色空间的布局与规划依然隶属于城市规划庞大系统的一个子系统——城市绿地系统规划，也依然包含着绿地系统规划的老旧思想。

2. 绿地网络功能关联

一定程度上可以说，结构决定着功能，绿地网络的结构特征决定其综合功能的发挥。在实施政策体系中，对廊道（河流、道路、高压线等）两侧的绿色空间的宽度作出了较为细致的规定和说明，甚至对于廊道绿地的树种、乔灌木的组合也作出了相应的规定，一方面，这种看似细致的规划会阻碍生态廊道多种功能的发挥，防护作用成为这种线形绿色空间的主要功能，而其他的生态功能，除防护以外的环境功能、经济及社会功能都被忽视了；另一方面，这种"一刀切"的对宽度等绿地体量的规定，使得绿廊在实施过程中遇到了许多问题，难以将各种有价值的绿色空间资源整合在一起发挥其功能。

在对斑块绿地的规划指导上也存在类似于廊道绿地的问题，比如说对于某个游憩园林功能的机械定位，使得其内部绿色空间构成会相应地发生变化以适应其最初的功能定位，而这种改变常以牺牲其他功能为代价。

3. 绿地网络时空动态变化

从具体的人均绿地面积、绿地率等指标上看，实施政策体系中都有着明确的规定。从历次、不同层级（上海市层面和区县层面）的城市绿地系统规划实施政策中，可以看出以前述 3 个指标为代表的水平随着城市的发展在相应提高。

规划政策体系中，对廊道绿地和斑块绿地的现状和未来的规划建设作出了较为详细的说明，在规划范围增长有限的情况下几乎每个城市或城乡区域的绿色空间在其未来的规划中都呈增长趋势，而城市建设用地也以较快速度增长，很明显它们互为矛盾，因此在实施过程中，绿地空间的大幅增长难以真正实现。虽有动态变化，但不十分明显，这是一个普遍的状况。

5.5.3　协调性评价

城市绿色空间实施政策的协调性主要包括：空间层面的协调（体现行政管辖的协调），土地利用的协调，多元景观间的协调。

1. 空间层面的协调性评价

相关规划政策中，基本依据现实自然生态资源优越的线形或块状空间构建相对完善的绿地网络，绿地网络中各廊道绿地和斑块绿地基本实现连通。上下级实施政策关系中，一般为上级政策约束下级政策，但也存在两者有不吻合的情况；在平级行政区划间，比如青浦区与松江区之间，绿色空间的规划及控制性实施多在行政区内部，跨行政边界的大型斑块绿地数量少且难以操作。虽然上海市区域绿地网络实施政策从上海市级层面上提出了较为清晰的片状和线形的绿色空间，并作为下一级规划实施的指导性文件，但在青浦区和松江区的绿色空间规划中，依然存在着上下不统一、同级不协调等问题。

2. 土地利用的协调性评价

在城乡系统内，多为二元结构的土地利用形式，城市建成区以建设用地（居住用地、商业用地、工业用地、交通用地等）为主，而乡村地区土地利用形式多为农业用地和自然或半自然的地表。当前我国城市化已超过 50%，伴随着城市人口的快速增长，城市向四周蔓延的速度也在增加，城市建设用地与乡村用地和自然生态空间构成了矛盾的双方。而绿地网络的规划与建设在宏观上既满足了双方空间增长的需求又协调了两者的矛盾。城市—区域的水网、路网犹如人类的血管将分散的、被隔离的生态环境资源联系起来，为生物提供多种物流通道，最终实现生境多样性和物种多样性。实施政策体系中，尤其是各市区的绿地系统规划文件，明确规定了沿路、沿河等防护绿色空间的宽度，但真正实施起来会面临着多种问题，其中很重要的原因之一是，实施政策中没有详细说明规划宽度或范围内的异质性土地利用类型如何进行置换或是征收与补偿，导致了规划政策的实施性较差。

3. 多元景观间的协调性评价

主要是指自然景观与文化景观的协调，自然景观主要是指没有或是轻微受到人工影响的地球表面，具有稳定性强、生态环境价值高等特点；文化景观多是在自然景观的基础上经过人为改造过的景观，主要有城市建筑景观，各种文化园林，具有历史纪念意义的人造景观等。在绿地网络建设中，要协调好自然景观和文化景观的关系，保护具有历史或其他价值的文化景观，并将其纳入绿地网络系统之中，与自然景观形成一个良性互动的模式。在上海市绿地网络实施政策体系中，对行政辖区内的自然景观特色和重要的历史风貌区等进行了交代，但如何整合二者以更好地保护并未提供有力的措施。

6 实施政策体系的评价指标确定与评估方法

6.1 评价指标体系建立的原则

评价指标体系建立的基本原则确立为以下几方面：

1. 评价指标建构的基础是空间特性分析

在政策体系的既定目标约束下，政策体系效能评价的目标是空间特性的匹配。因而，以空间特性分析作为评价的基础，确定作用效能的高低，回馈既定的空间和政策系统。

2. 指标体系的空间系统性

最优化的实施体系是保障空间内部结构最优，空间要素间互动共生和空间体系间协作发展。因而，实施指标考虑空间系统的健康发展。

3. 刚性和柔性指标的结合

刚性指定量化，柔性指定性化。定量指标基于景观生态学方法进行科学理性分析。定性指标基于社会学方法以问题—目标导向的影响因子分析与动态互动作用分析。定量体现科学理性的同时，解决区域和城市这一复杂的运作系统需要定性的互动作用分析。

4. 源于规划，回馈规划，易于实施操作的指标因子

指标体系并没有采用完全的景观格局指标体系，而是结合规划管理实践所需，应用最为直接反映空间格局的指标因子和易于实施操作的分析要素因子。

6.2 评价指标体系

指标体系构建的出发点是确定评价目标。正确地确定评价目标是构建科学、合理、有效的评价指标体系的前提和基础。通过相关研究，分析上海市区域绿地网络现状和规划政策体系之间互动作用关系，从空间内部结构最优、空间要素间互动关联和空间体系间协作发展三个方面，建构了构建了三级指标体系：一级指标 3 个，二级指标 9 个，三级指标 27 个（表 6-1）。

绿地网络实施评价指标体系 表 6-1

一级指标	二级指标	三级指标	备　注
空间结构性	斑块	斑块的密度	斑块密度包括数量密度和面积密度，即研究区单位土地面积上的斑块个数或斑块面积与研究区面积比例
		斑块等级结构	依据斑块的面积对区域斑块绿地进行等级划分
		大斑块率	大斑块率是指面积较大的斑块占整个斑块总数量或者面积的比重，分为大斑块的数量比重和面积比重，可以反映斑块规模的结构状况，间接反映斑块体系的功能
		绿地斑块面积比例	斑块绿地面积占绿地网络总面积比例

一级指标	二级指标	三级指标	备　注
空间结构性	绿廊	廊道密度	单位面积上的生态廊道的长度，表示绿地网络连接线的通达程度
		廊道的连接度	网络中所有节点被连接的程度，即网络中实际连接的数目与该网络最大可能的连接数之比
		严格实施的面积/宽度	度量廊道绿地与规划的廊道面积/宽度之间存在的关系
		绿色廊道面积比例	绿色廊道面积占绿地网络总面积比例
		廊道绿地组成结构	廊道绿地各组成类型的面积比例
	农田	农田基质镶嵌结构	体现农田基质的空间分布特征
		农业用地面积比例	农田基质的占绿地网络总面积比例
空间关联性	结构关联性	网络整体结构的整合关系	复杂网络结构体系的完整性
		廊道与斑块的连通性	斑块绿地与线形的廊道绿色连接起来
		绿地率/绿化覆盖率	绿地网络中绿地面积构成比例
	功能关联性	河流廊道多功能协调与互补	河流绿地廊道综合功能的发挥与协调
		道路廊道多功能协调与互补	道路绿地廊道的功能多样性
		斑块多功能协调与互补	斑块绿地构成与使用的多功能性
	过程关联性	斑块演替变化	不同时间尺度的斑块绿地规模、空间的变化趋势
		生态廊道发展变化	不同时间尺度的廊道绿地规模、空间的变化趋势
空间协调性	空间层面协调	城乡绿色空间协调	城乡绿地格局的系统性、整体性
		市域绿色空间协调	上海市层面和区级层面绿地格局的衔接性与协调性
		跨行政区绿色空间协调	跨行政区绿地格局的衔接性与协调性
	土地利用协调	水网与路网	水系和路网两侧规划绿地内的其他用地类型的协调与置换
		耕地	耕地保护区内的其他用地类型的协调与置换
		棕地	棕地转变为绿化备用地范围内的其他用地类型的协调与置换
	文化景观与自然景观的多元协调	原有自然景观的保留及保护	区域范围内的自然景观区的合理保护与空间融合
		地域文化与绿色空间融合	区域范围内的地域文化特色的合理保护与空间融合
		历史文化景观的保护	区域范围内的历史保护区的合理保护与空间融合

6.3　规划实施的一致性评价方法

6.3.1　一致性评价作为方法理论基础

我国当今的区域绿地建设是在一套政策体系（张勤 2000 年提出政策群概念——既非单个政策的简单相加，又非政策数量的一般积累，它是国家、政府在一定时期之内实施的内容不同但产出理念同源、导向相近的一组政策的集合体）的作用下形成的空间格局。规划评价目前针对单一方案进行的比较多，针对多元目标的实施控制政策体系方面，政策的有效评价具有一定的难度。一致性方法通过以下两个标准中的一个或两个来判断规划成败。一个标准是"最终现场"结果与规划或规划指导政策的一致程度。另一个标准是作用于执行政策或规划的工具在促成其所期望目标上是否有效。这种评价目前在业界相当罕见。如果一个规划意味着要付诸实施并因此改变既有环境，应该采用一致性评价方法（Alexander E R，2005）。

　　结合区域绿地的实施评价这样一个复杂的体系，面对多元目标的评价方法，以一致性评价作为研究的切入点，通过前面研究形成的实施评价要素内容体系，进行区域绿地实施现状评价和实施政策体系评价两个方面的评价分析，发现问题并提出针对性方法，这是根本性的解决问题的思路。结合国际规划政策实施评价的理论与方法，通过实证区域资料的收集和专家咨询等方式，构建区域绿地空间实施评价的一套指标体系，以上海市的研究区域为例对区域绿地空间现状特征和政策体系进行评价和实证分析。一致性评价方法贯彻于整个分析评价过程。

6.3.2　评价的途径和方法

1. 空间结构一致性评价方法

　　对研究区范围内的卫星图像进行解译，将研究区绿地分类描述出来，结合实地调查情况形成研究区绿地网络骨架。运用 ArcGis 等软件统计廊道绿地和斑块绿地各类型的定量数据和空间分布形态，分析网络组成要素内部的空间格局实施的程度（图 6-1）。

　　该研究选区涉及市域层面的规划体系有《上海市城市绿地系统规划（2002—2020）》，1999 年的《上海市总体规划（1999—2020）》中的上海市绿地系统规划专题，2005 年通过《上海城市森林建设规划（2003—2020）》。2008 年通过《上海市基本绿地网络规划》。区级层面还有青浦和松江区绿地系统规划相关的

图 6-1　研究区 2011 年绿地现状分布图
来源：卫星图片解译，2011

政策文件。政策体系另一重要的内容是城市绿色空间规划运行管理政策（保障规划实施的各种政策、手段）。上海市研究选区绿地规划政策体系，包括了上述的各层面政策与规划文件。整理汇总不同规划实施政策在近中期确定的研究区绿色空间形态结构的规划既定目标蓝图，作为规划政策体系的空间格局目标体系评价最终数据。在体量范围选取中遵循几点原则：①选择精确数据，舍弃范围数据；②若不同层面数据出现出入甚至矛盾时，选取较低级行政区划主导编制规划的数据；③若不同类型规划政策数据出现出入甚至矛盾时，选取绿地系统规划政策中的数据。形成的研究区绿地网络规划目标空间分布结构如图 6-2所示。值得说明的是，整合后得出的既定目标空间格局，并不代表研究区域空间内最佳的绿地网络空间布局。

　　实施现状空间结构与既定目标的规划蓝图之间，通过定性的一系列反映空间结构形态的指标的一致性对比，分析评价空间结构实施的一致性效力。

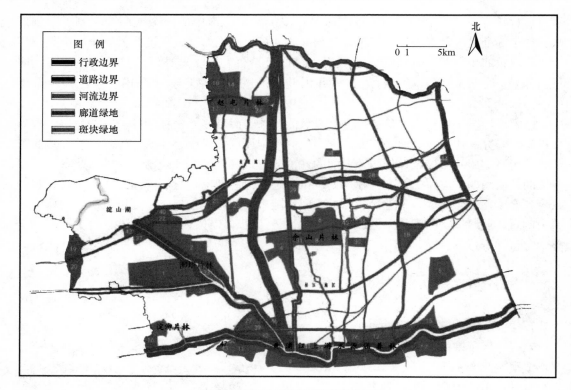

图 6-2　研究区绿地网络规划蓝图
（依据相关规划政策体系绿色空间格局抽象出来的研究区绿色空间的既定目标图，农田在绿地规划
体系中均没有作为绿地类型）

2. 空间关联一致性评价方法

关联性评价是区域绿地网络要素之间的协作程度的评价。从结构的整合关联性、多功能协调关联性和时空演变过程关联性描述区域绿地网络的要素之间的互动协作关系。

空间的连通性和整体结构的面积比，在绿地网络实施现状图和规划蓝图上能够辨识和统计获得。为了直观表达一致性关联程度，利用图形 GIS 的图形叠置分析技术，对研究区现状绿地与规划目标蓝图进行叠加，比较分析绿地网络斑块—廊道之间的整体性和连续性的不重叠部分，进行关联一致性评价。多功能关联利用实施用地现状构成特征可以清楚看出实施效果的情况。空间过程演变特征分析方面，选取 2005 年、2008 年和 2011 年三个时间节点的空间分布现状，分析研究区域绿地分布的时空动态明显变化。

3. 空间协调一致性评价方法

空间协调性评价是从区域绿地空间与其外部土地利用影响要素之间的互动作用的关系进行一致性分析。因而，影响分析的最终目的是需要规划的动态过程。规划政策体系的实施评价正是要用来修正或调整这种相互作用的过程。这个问题的核心是解决不同空间利益者的需求，空间利益者协调性评估贯穿于这一整个过程。

空间利益协调评价的分析同样采用景观生态叠置空间技术和可持续评价的目标—问题分析—分析结论的定性评估分析方法。应用空间叠置等方法从空间分布形态上分析绿地网络与历史风貌保护之间的互动作用效果。比如，区域绿地与景观环境保护的土地利用形态的协调问题，可以通过分布区域的图层叠加，分析位于该区域的青浦古镇、泗泾古镇等，与周边区域绿地空间的衔接状况。背后的影响因素是绿地规划与历史文化景观管理的权力部门不一致，不同执行部门的利益需求，导致了绿地网络规划目标体系格局与历史文化风貌区格局之间没有达到空间整合。这就提出规划如何调适这一过程，提出基于达到一定目标的新一轮规划和政策制定领域。动态发展和互动影响分析是这一阶段分析评价的主要方法。

6.3.3　研究区区域绿地网络实施一致性评价

1. 实施空间的结构一致性评价

1）斑块的空间结构实施一致性

依据青浦区和松江区相关规划政策有关数据，研究区大型斑块绿地（具有区域属性的较大尺度绿色空间）总面积约为 194.106km²。

研究区内区域性斑块绿地等级规模分布见表 6-2，大斑块数量和面积比重都占据绝对优势，中、小斑块数量和面积比重都很小（这与规划蓝图对部分较小斑块的舍弃有关）。规划蓝图中斑块绿地注重对区域性大面积绿色空间的规划指引，大斑块数量和面积比重分别为 84.0%、98.0%，由此可见，规划蓝图对绿色空间生态、环境功能的重视程度。斑块的空间结构指标的对比可结合 2011 年区域绿地斑块数据资料对绿地网络现状绿地空间评价的有关内容，结合规划政策体系相关内容的评析。

研究区斑块空间指标评价　　　　　　　　　　　　　　表 6-2

	斑块的密度		斑块等级结构	大斑块率（面积比率）	绿地斑块面积比例（＊）
	斑块总面积（km²）	面积密度			
绿地网络现状	131.049	0.108	大斑块∶中等斑块∶小斑块＝35∶37∶33	84.8%	40.7%
规划政策体系	194.106	0.160	大斑块∶中等斑块∶小斑块＝21∶3∶1	84.0%	46.2%
一致性评价	良		一般	优	优

注：斑块等级划分：大斑块面积为 [1km², +∞)，中等斑块 [0.2km², 1)，小斑块为 (0, 0.2km²)

2）生态廊道的空间结构实施一致性（表 6-3）

（1）廊道的连接度：绿地网络的廊道共有 29 条，节点数 117 各，连接度是 0.6。在规划政策体系中，对不同等级的道路、河流两侧的绿化作出了较为细致的说明。换句话说，政策中所规定的廊道数目应比绿地网络现状图中多，若将实施政策体系中规划设计的所有廊道加入到绿地网络图中，则廊道的连接度应该是在 0.6 和 1 之间；但政策中对于廊道的连接问题只是简单提到，缺少空间布局的合理论证。从这两点上我们认为绿地网络与政策体系中反映的连接度的一致性良好。

（2）绿色廊道严格实施的宽度：在生态廊道现状中，存在着包括农地、棕地等非绿色空间的用地类型，严格来说这些不能视为廊道的组成部分。将生态廊道真实的绿地表现出来，并与实施政策体系得出的蓝图进行叠加比较（图 6-3），廊道绿地（防护绿地、公园和湿地）面积有 87.917km²。图中廊道绿地与规划的廊道宽度之间存在有两种关系：一是现状的廊道宽度超出了规划的宽度，这主要是位于大型片林空间范围内，现状绿地中超出的部分实为片林的部分；另一种情况是普遍的，廊道现状绿地宽度远远没有达到规划的宽度，尤其是在城市建成区的河流、道路两侧，在外环线外侧和郊环线两侧绿地宽度与规划宽度也存在较大的差异。从量化角度看，现状中严格廊道绿地面积为 87.917km²，规划蓝图的廊道绿地总面积为 226.446km²，达标率为 38.8％。若将廊道中的包括农地在内的各种空间计算在内的话，现状廊道总面积为 191.004km²，与规划标准比约为 84.3％，说明如果将廊道现状内非严格意义上的绿色空间加以充分利用并转化为严格意义上的绿地的话，从面积总量角度讲，与规划体量较为一致。

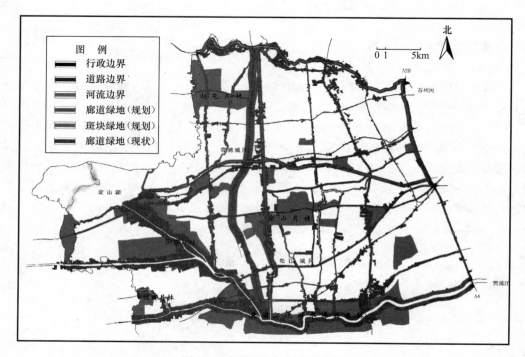

图 6-3　廊道现状与规划叠加图

根据上述分析，在廊道严格实施的宽度方面，现状与实施政策体系之间的一致性关系较差。

（3）绿色廊道面积比例：是指研究区廊道绿地面积与所有绿色空间总面积的比重。绿地网络廊道绿地现状由农地、防护绿地、公园、湿地和棕地共 5 类构成，严格来说，农地和棕地不能算是生态廊道绿地的组成部分，但其代表了现状廊道空间内绿地发展的趋势，所以在这个指标中，廊道绿地采用包括农地和棕地在内的面积（191.004km²），其比重为59.3％（廊道绿地面积 191.004km²/研究区绿色空间总面积 322.053km²）。而实施政策体系中所规定的廊道绿地构成中，对应比重为 53.8％（规划蓝图中廊道绿地面积226.446km²/规划蓝图绿地总面积 420.552km²），因此在生态廊道面积比例方面，绿地网络现状与实施政策之间的一致性方面为优。

（4）廊道绿地的组成结构：绿地廊道网络现状各绿地组成状况在前面章节已经分析。河流廊道与道路廊道综合来看，农地所占比重最大，之后依次为：防护绿地、棕地、公园和湿地。道路廊道绿地组成结构与河流廊道绿地组成结构，仅有微小的差别，大致情况是一样的，农地占据将近一半的比重，防护绿地所占比重较多，其他用地类型所占比重较小。在实施政策体系中，对部分廊道绿地的构成虽有所表述，但常是均质的防护林地，甚至对乔灌木的组合说明，或者只是定性地要求在廊道绿色空间中建立公园等提供游憩功能的空间等。综合来看，廊道绿地在组成上与政策体系的一致性较差。

研究区绿地网络廊道指标评价　　　　表6-3

	廊道密度	廊道连接度	严格实施面积/宽度	绿廊面积比例	绿廊绿地组成结构比例
绿地网络现状	0.419km/km²	0.6	87.917km²	59.30%	公园：防护绿地：湿地：农地：棕地＝ 6.93：36.26：2.83：47.54：6.44
规划政策体系	0.64km/km²	0.6～1.0	226.446km²/291米	53.80%	廊道绿地的构成体现完全的均质性
一致性评价	良	良	较差	优	较差

3）农田基质的空间结构实施一致性

农田基质的分布呈现出一定的规律性：农田集聚程度与距离城市建成区的远近存在一定的关系，具体来说，距离建成区越远农田基质的破碎程度越小，大面积农田集聚越明显。在规划政策体系中，关于农田格局缺乏相应的规定，在规划政策中仅仅提到基本农田的数量，如青浦区基本农田要达到260km²，松江区26667hm²基本农田。在空间分布格局方面，农田基质现状与规划政策的一致性差。

农业用地面积比重：综合生态廊道现状中的农田基质，道路廊道中的农业用地和河流廊道中的农业用地，研究区共有农业用地约328.323km²（由于在绿地网络现状图绘制过程中将部分的生产性绿地归之为林地，所以总体上农业用地的总面积是小于实际面积的）。综合农田面积和比重（表6-4），在农业用地比重方面，现状与政策的一致性良好。

农业用地比重一致性评价　　　　表6-4

	研究区现状	规划政策			一致性
		青浦区	松江区	总计	
农田面积（km²）	328.323	260	266.67	526.67	较好
区域总面积（km²）	1212.278	669.69	604.8	1274.49	
比重	27.1%	38.8%	44.1%	41.3%	

2. 实施空间的关联一致性评价

1）结构关联性

网络整体结构的整合关系：研究区绿地网络在道路、河流等线形空间的连接下，将许多破碎的斑块整合为一个整体，虽然个别孤立的斑块依然存在，但绿地网络骨架（道路、河流等线形地理事物，绿地网络连接度为0.6）相对完善，连接度较高。但同时密集的生态廊道也将农田基质隔离开来，使其破碎程度加深。现有的实施政策大多以"城市绿地系统规划"为名，在政策中虽提到过连接的重要性，但仅是一笔带过，关于在哪儿连接？如何连接？等重要问题没有涉及。在这一方面虽然从表象上绿地网络结构与政策体系中规划建设的绿色空间较为吻合，但事实并非如此。所以网络整体结构的关联一致性较差。

廊道与斑块的连通性：从图6-4可以看出绝大多数斑块绿地都被线形的廊道绿色连接起来，斑块绿地与线形廊道的连通使其生态、环境、经济及社会价值能够较好地发挥，斑块绿地中的"源"可以通过廊道空间实现其流动，这种"源"与"流"的互动关系使得绿地网络具有更好的活力与整体性，但也有少量斑块绿地没有纳入连通的网络体系之中，如果这种情况不加改善，斑块绿地会受到灰色空间的侵蚀，进而消失殆尽。不论哪一级的实施政策体系，都缺乏对廊道连接重要性的全面论述，更别提对建立连接的绿色空间的细致规划和实施了。总体来看，绿地网络现状资源在连接方面倒比政策规划层面要优越，这与研究区内生态资源的连续性和丰度是有一定联系的，绿地网络现状与规划政策层面的一致性差（政策中缺失对连接的重视）。

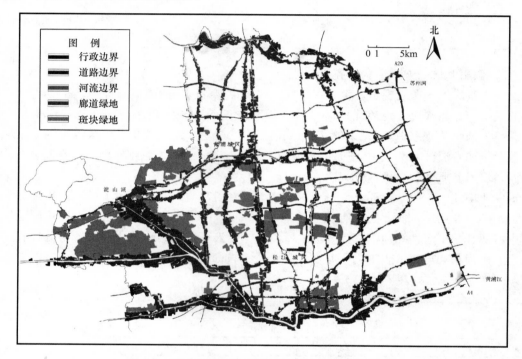

图6-4　绿地网络廊道绿地与斑块绿地空间关系图示

绿地率与绿化覆盖率：研究区地域面积1212.278km^2，其内的各种类型的绿地面积有322.053km^2（研究区内绿地主要由廊道绿地和斑块绿地两部分构成），绿地率和绿化覆盖率分别为26.6%、31.6%。蓝图数据中，总的绿地面积为420.552km^2，绿地率和绿化覆盖率分别为34.7%、39.7%。结合青浦区和松江区相关指标（表6-5），在绿地率和绿化覆盖率方面，绿地网络现状与规划政策体系的一致性良好。

政策体系在绿地率和绿化覆盖率方面的要求　　　　　　　　　　　　　　　表6-5

	规划政策			
	青浦新城	松江区（2010中期目标）		上海城市化地区
		新城规划	一般城镇	
绿地率	48.23%	44%	35%	30%
绿化覆盖率	—	45%	40%	35%

2）功能关联性

廊道的宽度和构成直接影响着廊道绿地的生态、环境等功能的发挥，廊道绿地宽度与廊道绿地支撑动植物迁移，躲避敌害，防止水土流失等有着密切的关系。严格来说，绿色空间多功能发挥依仗的绝非绿地类型的异质性，而是相对均质的绿地能够发挥综合功能。

河流廊道多功能协调与互补：本研究区河流廊道绿地主要由防护绿地、农地、游憩园林、湿地和棕地 5 种类型构成，结构反映功能，所以不同绿地构成可以从侧面反映出河流廊道绿地综合功能的发挥与协调。在构成中，农地和防护绿地所占比重较大，分别占据了 44.86%、40.02%；其后依次为棕地、公园和湿地，其比重分别为 6.92%、5.41%、2.79%。不同类型绿地发挥不同的功能，农地主要是生产功能，防护绿地以环境、生态功能为主，棕地是廊道内暂时空闲的土地，代表了河流廊道绿地发展的空间，公园主要承担游憩等社会功能，湿地主要是生态和环境功能。由此来看，河流廊道绿地的主要功能有环境、社会和一定的生态功能。在政策体系中，对于河流廊道绿地突出强调的是环境功能，其他功能的绿色空间表述较少，换句话说，政策中多为均质的防护绿地规划，缺乏对综合功能的追求。因此，在这个方面我们认为两者的一致性为较差。

道路廊道多功能协调与互补：在道路廊道绿地构成中，构成比重由大到小依次为：农地（53.67%）、防护绿地（27.78%）、公园（10.37%）、棕地（5.35%）和湿地（2.94%），依据上述分析，这样的绿地构成影射了道路廊道绿地发挥的主要功能依然是环境（防护）功能，另外道路廊道绿地也承担了相当的社会（游憩等）功能；农业用地比重超过一半，说明了道路廊道绿地仍需通过土地利用的置换以期充分地发挥廊道绿地的综合功能。在上海市不同级别绿地系统规划中，道路绿化是极其重要的组成部分，政策体系多依据道路的级别或者红线宽度在道路两侧规划设计一定宽度的且较为均质的防护绿地，突出道路两侧绿色空间的防护功能，虽然有的政策中也强调了沿道路的带状公园规划与建设，但总体来看，道路廊道绿地起到较为单一的防护功能，在政策中其构成也相对单一。所以，我们认为道路廊道绿地在多功能的发挥与互补上与政策体系的一致性较差。

斑块绿地多功能协调与互补：斑块绿地构成中林地占据 73.28% 的比重，其后依次为游憩园林（13.71%）、湿地（12.36%）和棕地（0.65%）。斑块林地主要发挥生态、环境及生产功能，游憩园林能够综合发挥生态、环境、社会等功能，湿地主要是生态、环境方面的价值。斑块绿地较廊道绿地具有较好的功能协调性和互补性，一方面是因为斑块绿地的体量和形状特征，另一方面也是由于斑块绿地中大量生态林地的存在。相关政策体系中，尤其是传统的城市绿地系统规划思想，往往存在以下不足：①多注重对建成区内部的提供游憩等社会功能的公园的规划建设；②对建成区内部较大规模的、能够较好发挥生态和环境等综合功能的绿色空间不够重视；③对建成区以外的生产性片林和生态意义明显的大型绿地虽有涉及，但不论从规模、具体位置、具体实施过程等方面都没有明确进行说明，这也导致了城市及区域绿色空间规划常注重建成区的局面。在斑块绿地方面，研究区现状和政策体系有一定的一致性，尤其是公园的规划建设一致性较好，因此其一致性综合评定为一般。

3）过程关联性

选取 2005 年、2008 年和 2011 年三个时间节点，研究区域绿地分布的时空动态变化（图 6-5～图 6-7）。2005～2011 年研究区绿地总体规模在增加，增加比较明显的区域是淀山湖周边地区和黄浦江中上游河段两岸。2005 年，斑块绿地破碎度严重，到 2011 年，斑

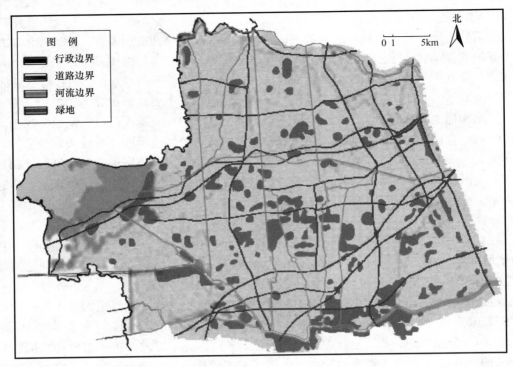

图 6-5　研究区 2005 年绿地现状分布图

来源：根据上海市城市规划设计研究院上海绿地系统规划建设后评估资料整理，2006

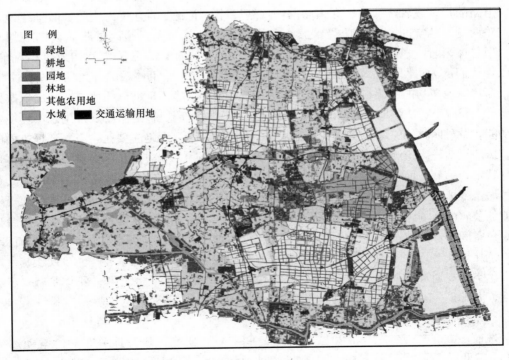

图 6-6　研究区 2008 年绿地网络现状分布图

来源：根据上海市基本绿地网络规划整理，上海市城市规划设计研究院，2011

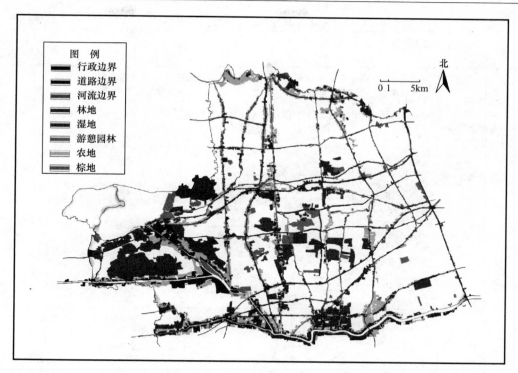

图 6-7 2011 年研究区绿地空间分布图

来源：根据 2011 航拍图绘制

块绿地不仅面积增加了，而且分布格局也由扩散转向集聚的趋势。河流两侧的绿地规模，从 2005 年的少量点状分布到 2008 年的线形绿色空间的初步形成（尤其是苏州河、淀浦河和黄浦江），再到 2011 年河流两侧绿地空间形成一定规模的生态廊道，河流廊道绿地的规模和连接状况得到了较大的改善。在道路廊道绿地方面，2005～2008 年变化不大，2011 年道路廊道绿地初具规模，但宽度和构成依然不太乐观，发展空间较大。

在相关政策体系中，对于绿地的时空动态变化常以目标的形式展现出来，如《上海市松江区绿地系统规划（2005—2020）》对松江新城和松江区一般城镇的绿化指标作出了时间轴上的发展指引，但对于达到预期目标的具体路径和途经均未作出实质性的解释和说明（表 6-6、表 6-7）。在廊道绿地发展上，外环线绿带建设分期进行，并以廊道绿地宽度为具体目标，政策中也是仅有目标的设定，缺乏对过程的控制。总之，在绿地空间的时空动态变化中，绿地网络的现状和相关的政策体系只是静止地展现了某个时间节点的或某段时间内的现象，在动态变化上均存有不足。但就其两者之间的一致性来看，不论是廊道绿地还是斑块绿地的动态变化都是较差的。

上海市松江区绿化指标　　　　　　　　　　　　　　　表 6-6

	新城规划		一般城镇规划	
	2010 年	2020 年	2010 年	2020 年
人均公共绿地（m²/人）	14.50	≥15.00	≥10.00	≥12.00
绿地率（%）	44.00	≥45.00	≥35.00	≥38.00
绿化覆盖率（%）	45.00	≥48.00	≥40.00	≥45.00

来源：上海市松江区绿地系统规划（2010—2020）

研究区绿地网络空间关联性指标评价　　　　　　　　　表 6-7

一级指标	二级指标	三级指标	比较分析	关联一致性评价
空间关联性	结构关联性	网络整体结构的整合关系	实施现状整体结构以道路绿廊构成主体，且绿廊实施宽度不够理想。河流绿廊实施缓慢，距离规划政策既定目标差距很大	较差
		廊道与斑块的连通性	实施现状的部分斑块孤立，多数斑块与道路绿廊有连接，但与河流绿廊没有形成很好的连通性	差
		绿地率/绿化覆盖率	实施现状绿地率和绿化覆盖率为 26.6% 和 31.6%。规划政策既定目标为 34.7% 和 39.7%	良好
	功能关联性	河流廊道多功能协调与互补	河流廊道用地构成中，农田和防护绿地占据 44.86% 和 40.02%，实施现状以农业生产和防护为主。在区域层面，规划政策既定目标是生态防护	较差
		道路廊道多功能协调与互补	沿路一定宽度的防护绿地得到实施，但规划控制宽度内仍存在大量农田。与规划政策既定目标宽度和面积的防护林带功能尚有很大差距	较差
		斑块多功能协调与互补	实施现状斑块绿地构成 73.28%，以林地为主，规划政策既定目标为游憩绿地和片林	一般
	过程关联性	斑块演替变化	比较 2005 年、2008 年和 2011 年实施现状演变特征。2005 年以分散斑块绿地为主；2008 年有些斑块保护区范围加大，有些斑块并入城市建设用地或消失；2011 年黄浦江上游生态涵养林面积增多。与规划政策既定目标比较，生态片林尚未实施	较差
		生态廊道发展变化	2005 年区域绿色廊道没有重视，2008 年高速路绿廊和黄浦江、苏州河绿廊形成一定规模，2011 年环城路绿廊、铁路绿廊和油墩港、东大盈港河流绿廊形成一定规模。与规划政策既定目标的差距是环路绿廊实施的宽度和河流绿廊实施严重滞后	较差

3. 实施空间协调的一致性评价

1）空间层面

城乡绿色空间协调：城乡二元结构是我国城乡关系的一大特色，这种结构也制约了我国区域整体发展，2002 年在规划等层面开始强调包括乡村地区的区域视角。但城市和乡村之间依然是有一个清晰的界线，也就是城市建成区和非建成区的边界，它分割了城市景观和乡村景观，而城市景观绝大多数是人为干预严重的灰色景观，乡村景观多为自然或半自然的景观。2011 年，研究区绿地网络现状图清晰地展现了城市与乡村的景观格局特色——建成区绿色空间的分布较为分散，一般规模较小，连接度较差；建成区外围的绿色空间一般体量较大，集中趋势明显，连接度较好。虽然从行政区划与管辖上来说，一定地域的城乡可隶属于同一行政区划，但重城市轻乡村的传统执政思维，造成了城乡之间的差异，在经济、社会等方面城市具有无可比拟的优势，但在生态、环境资源上，农村地区比城市优越。在上海市有关绿色空间规划政策中，将公园分为城市公园、近郊公园和郊区城镇公园三个空间层次；功能上，城市公园主要是满足城市居民游憩等社会功能，郊区大型片林主要承担生态、环境功能。不论是绿地网络的现状还是政策体系，城乡绿色空间协调性都朝着"因地制宜、适地适绿"的方向发展，但城乡绿地的系统性、整体性仍需强化，在绿地现状和政策体系间的一致性优越。

上海市市域绿色空间协调：本书研究区主要包括青浦区、松江区的绝大部分和闵行区的部分，政策体系的最直接政策（也就是直接影响规划实施的地方性政策）也是青浦区、松江区的绿色空间规划政策及环城绿带规划政策。从行政级别上，青浦区和松江区是隶属于上海市的二级行政单元，因此在规划政策上必须与上海市一级政府的相关规划政策一致。在上海市基本绿地网络规划中，青浦区和松江区以其具有丰富的生态资源而占据较为重要的地位。在政策体系中，上海市层面的相关规划政策突出强调了全市层面重要的斑块和廊道绿地，如上海市层面规划的16条廊道中有8条廊道在研究区，同时这8条廊道也是青浦区或松江区重要的线形绿色空间，区级层面的政策依据各区的具体情况，顺应上级规划，丰富了本区绿色空间，制定了更为翔实的实施政策。在研究区绿色空间现状上看，上海市层面和区级层面衔接性良好。从实施政策角度看，市级层面的规划政策与区级的有所出入，总的来看问题不大。在上海市域绿色空间协调方面，研究区绿色空间现状与政策体系之间一致性良好。

跨行政区绿色空间协调：主要考察的是同级行政区划间的协调，本书中重点考察青浦区和松江区之间在绿地系统规划上的协调问题。斑块绿地多整体位于同一个行政区内部，跨行政区划的大型片林几乎没有。生态廊道等线形空间多为跨行政区发展的，如油墩港、沈砖公路等，绿地系统规划的行为主体是行政区，不同行政区划内的线形空间在规划上存在矛盾——如《上海市松江区绿地系统规划（2005—2020）》规定沈砖公路松江区内环线绿带一段规划50～100m环城绿带，而按照《青浦区区域总体规划实施方案（2006—2020）》沈砖公路两侧绿化宽度为10～20m。因此在跨行政区划方面，政策体系方面存在较多问题，协调性较差。

2）土地利用协调

在廊道和斑块绿地构成中存在多种不同类型的绿色空间，如防护绿地、公园等，反映了廊道内部不同的土地利用形式和斑块的异质性。在廊道绿地组成中，严格地说，农业用地和棕地不是真正的绿色空间。而在斑块绿地中，也存在像高尔夫球场等不能称之为公共品的绿色空间，高尔夫球场具有竞争性和排他性，是消费产品。廊道中的农地和棕地代表了廊道绿地的发展空间，但农地和棕地的背后往往牵扯着不同的政府部门和利益集团，不同利益主体的博弈成为其转换为绿色空间的障碍之一。

从研究区河流、道路廊道，严格的绿色空间和农地、棕地非绿色空间的面积和比重（表6-8）来看，绿色空间比重尚未达到一半，廊道建设仍然任重道远，不同部门（城市园林绿化部门、农业部门等）之间仍需紧密合作。但城市绿色空间规划的制定及实施、管理主要是由园林绿化部门主导的，在规划政策中并未考虑规划绿色空间范围内的其他用地类型的协调与置换。因此，绿色空间规划政策体系在土地利用协调方面具有较低的力度，其与绿地网络现状的一致性差。

生态廊道绿色空间与非绿色空间对比　　　　　　　　　　　　　　　表6-8

	绿色空间		农地与棕地	
	面积（km²）	比重（%）	面积（km²）	比重（%）
河流廊道	63.831	48.2	68.554	51.8
道路廊道	24.086	41.1	34.533	58.9

农业是国民经济的基础产业，农业的安全与发展是国家经济发展的基础。在我国农业用地的管理部门主要是各级农业部门、粮食部门、国土资源部门和规划部门等，中央多次强调坚守18亿亩耕地，保障粮食安全。可见，农业并非绿色空间规划的重点，但农业用地却与绿地存在着相互作用，就如绿地网络中基质与斑块和廊道的相互作用一般，农业用地与其他用地类型是相互矛盾的统一体，绿色空间的增长不能以牺牲农地为代价。在绿地规划政策中，一般很少具体涉及农业，就如在青浦区和松江区有关绿地系统规划政策中仅

提到了基本农田的保有量，并未作过多阐述。从表面上看，这是由于不同部门的权限所致，但剖析后会发现，农业和其他形式的土地利用都是国土资源空间规划与效益博弈的对象，这也是为什么现在许多学者倡导"三规合一"或"四规合一"的原因之一。但从规划政策来看，较少地涉及了农业用地，因此我们认为研究区绿地网络现状与政策的一致性较差。

棕地一般是指城市中由于工业的搬离而暂时出现的未被作为其他用途的临时性空闲土地。研究区中统计的棕地面积有 13.146km²，其中沿河流和道路的棕地有 12.296km²，其余为片状的棕地，廊道中的棕地一般加以利用可以完善廊道绿地的连通，促使廊道绿地更好地发挥线形绿色空间的综合作用。而片状的棕地也可以改造成公园等开敞空间，较大面积的空闲土地可以依据其周边的自然背景加以合理利用。棕地的利用需要多部门、社会乃至个人的共同参与，协调各方利益，但规划政策中对如何利用棕地几乎没有涉及，绿地网络现状与规划政策的一致性差。

3）文化景观与自然景观的协调

原有自然景观的保留及保护：一般来说，大片的自然景观具有较高的生态、环境价值，对于保护生境、物种多样性有重要意义，能够改善环境、维护生态系统的稳定。与经过人为改变或加工的非自然景观相比，自然景观具有物种多样化、群落复杂化、生态系统稳定性强、抗干扰能力强等生态功能，对改变区域自然环境起着重要作用。随着人口的增加，城市化进程和城市的地域扩张，自然景观的生存空间受到挤压，在城市化地区和人类活动频繁地带，自然景观遗存很少，但一定面积的自然景观的保留，对城市容貌、城市环境也有着重要意义。本书研究区内部规模较大的自然景观"遗迹"主要有佘山片林（以自然山体和林地为主，连接天马山野生动物保护区）、淀山湖及周边绿色空间（淀山湖水域和周边林地）。在政策体系中，对这两个地域进行了较为细致的说明。从主要自然景观保留与保护方面，绿地网络现状与实施政策之间的一致性优越。

地域文化与绿色空间的融合：地域文化是在某个相对完整的地域环境背景下形成并传承下来的，反映了当地的自然与人文特色。地域文化不仅通过物质的、精神的和制度的东西体现出来，还能影响人们的世界观、价值观等，更能影响文化景观的创建，如在园林的布局与建设上，大气磅礴的北方园林与婉约奇秀的南方园林形成鲜明对比。上海市地处我国十大地域文化中的江南水乡文化区，地域文化具有纤巧柔腻等特色，上海文化（称为"海派文化"）是在吴越文化的基础上与欧美等外来文化长期接触、整合而成的，多元与开放是其特色。城市或区域绿色空间规划不仅要以区域自然生态环境为考虑的背景，还要考虑当地所处的地域文化环境，将绿色空间与地域文化充分糅合，实现"以绿载文，以文促绿"的相互关系。上海市层面主要规划政策未提及地域文化，青浦区和松江区在相关规划政策中都指出将"蓝、文、绿"三者结合，其中"文"指的是文脉，也就是地域文化的传承。在文化与绿色空间的结合中，常见的形式是绿化隔离带作为保护文化资源的屏障，而地域文化与绿化真正的糅合难以实现，因此在这方面政策体系方面具有较差的指导作用。

历史文化景观的保护：绿地系统规划相关政策大多涉及了对历史文化名城（镇）、历史文化风貌区等历史文化景观的保护，例如青浦区绿色空间相关规划政策中指出对历史文化名镇朱家角镇的保护——重点保护明清传统民居和北大街等现有街巷、河道空间格局，到 2020 年朱家角古镇规划建设绿地面积 8.03hm²，绿地率≥15%。历史文化风貌区的保护与生态网现状的关系如图 6-8、图 6-9 所示，研究区内 10 个古镇不仅有着重要的历

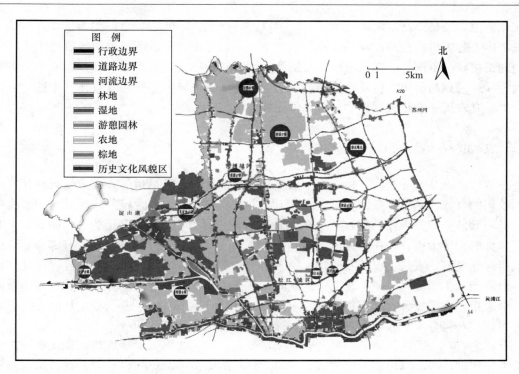

图 6-8　历史文化风貌区与绿地现状关系图示

来源：根据相关规划图与 2011 绿地网络现状分布图叠加

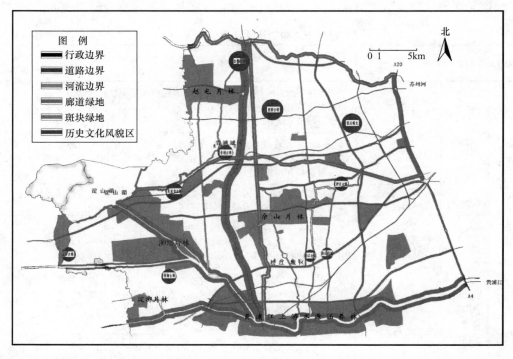

图 6-9　历史文化风貌区与规划蓝图关系示意图

资料来源：根据相关规划图与 2011 绿地网络现状分布图叠加

史文化价值，还是丰富的旅游资源，而旅游资源与绿色空间的结合显得尤为重要，但位于建成区内或是人口密集的以灰色景观为主的地区，如青浦古镇、泗泾古镇等，与周边绿色空间的衔接状况不理想。在绿地规划政策体系中，对历史文化景观的涉及非常有限，主要是因为绿地规划与历史文化景观管理的权力部门不一致，导致了规划政策体系中这一方面的缺失，其对历史文化景观保护的引导作用较差。

6.4 评价结果分析

一致性评价结果分为优、良、中、较差和差 5 个等级。定量指标方面，依据现状实施达到政策的百分比划分等级结果，即 0～20％为差，20％～40％为较差，40％～60％为中或一般，60％～80％为良，超过 80％的为优。定性指标方面，判断基准为：考察政策体系对应指标的指导价值——在政策体系中几乎没有涉及的方面评价结果为差；有部分相关内容但指导意义差，或是仅仅涉及的，评价结果为较差；政策体系中对相关内容表述基本完全，但缺乏基本实施路径或存在部分问题的，评价结果视为一般或中等；相关规划内容基本健全，指导意义较大，存有部分争议或异议的，评价结果为良好；政策中相关内容健全，目标、路径合理，科学合理的规划，评价结果为优。

整体来看，一致性优越的指标共有 5 项，分别是大斑块率、绿地斑块面积比例、绿色廊道面积比例、城乡绿色空间协调和原有自然景观的保留与保护（表 6-9）。评价结果良好的有 6 个指标，评价结果一般的指标有 1 项，评价结果较差与差的指标分别有 11 个、4 个。总体上，优良指标的比例为 40.7％，较差和差的指标比重约为 55.6％，从这个层面看，绿地网络现状与实施政策体系间的一致性较差，政策体系的效率较低（表 6-10）。

绿地网络空间协调性指标评价　　　　　　　　　　　　　　　　　　　　　　　　表 6-9

一级指标	二级指标	三级指标	动态作用分析	协调一致性评价
空间协调性	空间层面协调	城乡绿色空间协调	以近郊环路作为城乡的界定，高速路绿廊实施协调性好，城市干道和河流廊道两侧绿地在近郊环路内外具有明显差异。上海城市和水平较高，城乡统筹的绿色空间既定目标下，城乡空间协调互动发展	优
		市域绿色空间协调	实施现状在市域与区级层面衔接良好。规划政策体系在市域和区级层面局部有所出入，总体衔接尚好。两者在总体规划政策体系下，有良性互动作用	良
		跨行政区绿色空间协调	实施现状在不同行政区之间空间之间缺乏协作，规划政策目标局部也存在差距。两者协调性没有得到重视	较差
	土地利用协调	水网与路网	河流和道路两侧实施现状，强功能绿地尚未达到一半比例。不同部门之间协作需加强。规划政策体系中未涉及实施协调的保障措施。两者协作性差	差
		耕地	农业用地与区域绿地现状格局存在互动作用，共同维护区域的景观安全格局。但道路绿廊密度较高，农田基质破碎化严重。规划政策体系中对农田保护区有基本规定，但两者分属不同的管理部门，缺少协作互动研究	较差
		棕地	棕地现状多沿城市主干道分布。土地利用的置换和空闲地的临时绿化需要规划政策体系的保障。规划政策中没有关注这类土地的转换和管理，缺乏动态利用与多方参与机制的规定	差

续表

一级指标	二级指标	三级指标	动态作用分析	协调一致性评价
空间协调性	文化景观与自然景观的多元协调	原有自然景观的保留及保护	实施现状格局结合自然景观的保留与保护，规划政策目标体系也明确对自然景观的严格保护和控制	优
		地域文化与绿色空间融合	实施现状未体现地域文化的尊重。规划政策目标体系中有原则规定，但缺乏与绿地网络的融合	较差
		历史文化景观的保护	实施现状绿地网络没有紧密衔接历史文化风貌区。规划政策目标体系也没有与旅游资源整合发展。两者对于绿地网络的品质和历史文化旅游开发之间互动引导作用较差	较差

评价结果分布表　　　　表 6-10

评价结果	指标		分布
	个数	内容	
优	5	大斑块率、绿地斑块面积比例、绿色廊道面积比例、城乡绿色空间协调、原有自然景观的保留与保护	空间结构：3/10 关联性：0/8 协调性：2/9
良	6	斑块的密度、斑块等级结构、廊道的连接度、农业用地面积比例、绿地率/绿化覆盖率、市域绿色空间协调	空间结构：4/10 关联性：1/8 协调性：1/9
中	1	斑块多功能协调与互补	空间结构：0/10 关联性：1/8 协调性：0/9
较差	11	（绿廊）严格实施的宽度、廊道绿地组成结构、网络整体结构的整合关系、河流廊道多功能协调与互补、道路廊道多功能协调与互补、斑块演替变化、生态廊道发展变化、跨行政区绿色空间协调、耕地（土地利用协调）、地域文化与绿色空间融合、历史文化景观的保护	空间结构：2/10 关联性：5/8 协调性：4/9
差	4	农田基质分布格局、廊道与斑块的连通性、水网与路网（土地利用协调）、棕地（土地利用协调）	空间结构：1/10 关联性：1/8 协调性：2/9

在一级指标层面空间结构指标下设 10 个三级指标，优、良、中、较差、差分别有 3、4、0、2、1 项指标，空间结构方面优良率达 70%，政策体系在这一方面效率表现较好。关联性指标下的 8 个三级指标中，没有得分最高的优，较差和差占据了绝大部分，其比例约为 75%。协调性指标下的 9 个三级指标中，优良率为 33.3%，较差与差所占比重为 66.7%。

综合前述评价过程，绿地网络现状与政策体系一致性评价结果如表 6-11 和图 6-10 所示。

绿地网络现状与政策体系评价结果　　　　表 6-11

一级指标	二级指标	三级指标	评价结果				
			优	良	中	较差	差
空间结构	斑块	斑块的密度		√			
		斑块等级结构		√			
		大斑块率	√				
		绿地斑块面积比例	√				

续表

一级指标	二级指标	三级指标	评价结果				
			优	良	中	较差	差
空间结构	绿廊	廊道的连接度		√			
		严格实施的宽度				√	
		绿色廊道面积比例	√				
		廊道绿地组成结构				√	
	农田	农田基质分布格局					√
		农业用地面积比例		√			
关联性	结构关联性	网络整体结构的整合关系				√	
		廊道与斑块的连通性					√
		绿地率/绿化覆盖率		√			
	功能关联性	河流廊道多功能协调与互补				√	
		道路廊道多功能协调与互补				√	
		斑块多功能协调与互补			√		
	过程关联性	斑块演替变化				√	
		生态廊道发展变化				√	
协调性	权力空间协调	城乡绿色空间协调	√				
		市域绿色空间协调		√			
		跨行政区绿色空间协调				√	
	土地利用协调	水网与路网					√
		耕地				√	
		棕地					√
	文化景观与自然景观的多元协调	原有自然景观的保留及保护	√				
		地域文化与绿色空间融合				√	
		历史文化景观的保护				√	

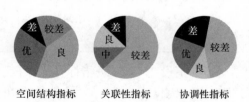

空间结构指标　　　　关联性指标　　　　协调性指标

图 6-10　研究区绿地网络空间性指标、关联性指标和协调性指标评价结果比较

6.5　结论与讨论

6.5.1　结论

通过一致性或政策效力分析评价，可以看出，空间结构因子实施效力最高。关联性和协调性因子实施效力都很差，关联性指标因子实施效力最差。上述评价结果反映了如下问题：

1. 绿地网络现状基本反映了政策体系中所规划的理想的绿色空间布局

绿地斑块比例的一致性达到优秀，斑块密度和等级结构、廊道的连接度、农业用地面积比例等方面较好。绿地网络现状中，廊道绿地的组成含有大量的农地等非绿色空间，所以在廊道绿地严格实施的面积\宽度、廊道绿地的组成结构方面评价较差；政策体系中关于农田或耕地的涉及并不是很多，主要是由于农田与绿地系统规划的主管部门不同，所以在这方面评价效力较低。

2. 关联性方面，除基本控制绿地率指标与规划蓝图有一致，其他指标评价普遍较差

在区域绿色空间布局、规划相关政策体系中，缺乏对绿色空间结构、功能和演变过程等方面的重视。结构上，政策体系仅提到连接，但对于如何优化系统结构关联性分析研究不够；功能上，政策体系规划空间功能过于单一；动态过程中，政策体系缺少区域绿色空间动态变化的分析，只是静态地反映了绿地状况，变化所导致的后果和利益相关者的影响是相互影响的。透视过程关联有利于制定相应的政策体系对策。

3. 协调性方面，总体较好，但部门协调瓶颈难以逾越

城乡之间绿色空间协调性较好，主要是因为上海早已开始重视城乡统筹的规划视角。市级层面和区级层面协调性较好，主要是因为上海市虽然在行政区划上为一个省，其实质权力主要集中在市级层面，所以在城市绿地系统规划上也体现出这一点。其他方面，如不同土地利用类型间的协调，文化景观与自然景观上，由于主管权力部门的不同，造成它们之间协调难的局面。

6.5.2　讨论

研究所用的数据是依据 2011 年上海市航拍图片。①在分类和统计过程中，其中主观因素会造成判读误差甚至错误，其反映的实施效能各指标评价结果可能因而出现误差。②在实施政策效率评价方法上，本书探讨构建了一个多维的指标体系。对于研究体系来说，重要的是一种科学的探索。评价体系采用空间技术定量分析和定性目标实施分析判断方法。然而，这一实施的目标体系与评价方法是否广而适之，有待探讨。③在政策效力评价的时空节点，本书选取的绿地网络现状数据是基于 2011 年的航拍图和以前的相关数据，而政策体系中，大部分的政策规划截止是在 2020 年前后，尽管分析采用政策体系的近期、中期规划时间节点，如 2005 年和 2010 年。这种情况仍然造成了政策效率评价结果会有出入。在仅有的资源条件下，完成这些分析评价必然造成分析研究的不够精确。

解决上述问题的关键正如文中倡导的关联与协作，理性与人文，科学空间分析与社会学的融合，走向与其他学科的协作发展，共同完善研究的科学性。

第三部分　上海市研究区区域绿色廊道规划的实施评价

7 区域绿色廊道的空间实施总体特征分析与评价

7.1 研究区域绿色廊道研究对象范围

区域绿色廊道的评价研究主要针对上海西部以青浦区和松江区为主体的典型水网密集区和对外联系主要通道区域进行。

针对这一研究区域绿廊空间格局,河流绿廊选择了苏州河、黄浦江,淀浦河、油墩港4条河流绿廊的部分区段。研究的空间尺度在 500m 范围内,包括 0~12m,12~24m,24~50m 和 50~120m 或 100m,100~200m 和 200~500m 几个宽度范围,结合不同河流绿廊规划进行不同尺度研究。道路绿廊选择三纵四横七条道路绿廊,三纵为:A20 外环—沪金高速、A30 郊环和沈海高速(近郊环城);四横为:沪宁高速、沪渝高速、沪杭高速、沪清平公路。其中外环和郊环是市域内绕城高速;沪金高速、沈海高速、沪宁高速、沪杭高速和沪渝高速则是上海与其他省市的连接通道;沪清平公路为 318 国道线,是国家主要干道线。绿色廊道用地划分为生态游憩、生态防护绿地、耕地、棕地四类进行分析。选取的绿色廊道在图 7-1 中已经用文字标注出来。这些廊道基本上构成了这个区域绿色廊道网

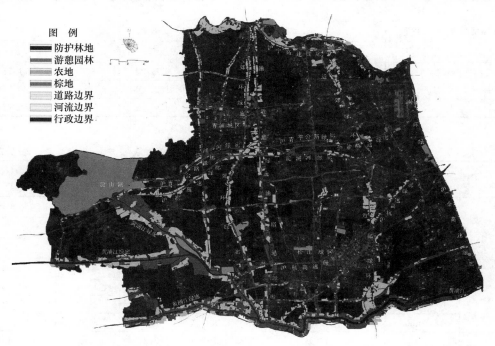

图 7-1 研究区域 2011 年绿色廊道用地现状分布图

来源:根据 2011 年航拍图自绘

络的主骨架，也是总体层面规划实施的控制主体框架。

7.2 空间分布格局特征和演变特征分析

研究采用 2011 年卫星影像图（图 7-1），结合前面提到的 2008 年已有的生态资源分布图作为分析的基础，结合 2005 年上海市绿地系统规划实施评估的部分内容，对研究选择区域的绿色廊道的用地构成和发展演变进行定量与定性相结合的分析。表 7-1 和表 7-2 是用地的现状分布情况。

研究区区域道路绿廊 2011 年绿化用地统计表　表 7-1

名称	用地构成	生态游憩绿地（hm²）	生态防护绿地（hm²）	耕地（hm²）	棕地（hm²）	绿化用地面积（hm²）	规划绿带面积（hm²）	占规划总面积的百分比（%）
沪宁高速绿廊		0	53.9	25.72	5.04	84.66	115	73.62
沪渝高速绿廊		2.89	271.48	51.42	0	325.79	380	85.73
沪杭高速绿廊		0.96	188.23	26.36	6.61	222.16	290	76.61
沪青平公路绿廊		12.12	103.62	5.04	4.2	124.98	158	79.1
沪金高速绿廊		0	82.28	1.4	9.4	93.08	130	71.6
外环绿廊（环城苏州河—沪渝高速段）	25m	0	18.38	0	0.32	18.7	29	64.48
	25—100m	2.52	41.87	0	14.98	59.47	105	56.64
	100—500m	21.64	25.4	5.85	70.2	123.09	560	21.98
近郊环城绿带	H7 段	0	64.48	221.24	15.77	301.49	756	39.88
	H8 段	0	45.77	137.57	5.48	188.82	509	37.1
	H9 段	1.84	21.32	282.37	0	305.53	599	51
郊环（松江段）绿廊	100m	7.37	176.87	109.67	5.06	298.97	420	71.18
	100—500m	82.47	122.78	801.23	14.07	1020.55	1680	60.75
合计		131.81	1216.38	1667.87	151.13	3167.29	5731	55.27

研究区区域河流绿廊 2011 年绿化用地统计表　表 7-2

名称	用地构成	生态游憩绿地（hm²）	生态防护绿地（hm²）	耕地（hm²）	棕地（hm²）	绿化用地面积（hm²）	规划绿带面积（hm²）	占规划总面积的百分比（%）
苏州河	50m	48.93	73.7	56.09	4.25	182.97	254	72.04
	50～100m	27.04	80.67	78.93	8.1	194.74	260	74.9
	100～500m	58.25	161.13	291.96	26.6	537.86	1890	28.46
黄浦江	24m	15.54	238.18	5.06	9.05	267.83	425	63.02
	24—100m	96.2	684.49	128.29	90.53	999.51	1346	74.26
	100—200m	73.46	731.34	233.26	90.53	1147.7	1292	88.83
	200—500m	83	1507.16	1131.79	90.53	2920.9	3766	77.56
淀浦河	12m	6.86	45.11	3.52	16.79	72.28	79	91.49
	12—50m	11.1	38.48	26.48	18.15	94.21	269	35.02
	50—120m	17.34	73.95	79.39	19.16	189.84	431	44.05

续表

名称	用地构成	生态游憩绿地（hm²）	生态防护绿地（hm²）	耕地（hm²）	棕地（hm²）	绿化用地面积（hm²）	规划绿带面积（hm²）	占规划总面积的百分比（%）
油墩港	12m	0	33.58	11.57	6.65	51.8	65	79.69
	25m	0	27.98	14.18	4.47	46.63	68	68.57
	50m	0	34.65	30.74	14.46	79.85	133	68.57
	200m	2.88	132.47	294.84	40.29	470.48	778	60.47
合计		440.6	3862.89	2386.1	439.56	7256.6	11056	65.63

通过数据和发展演变的分析，可以看出研究区域的道路绿廊具有如下特征：

（1）道路绿廊实施空间结构基本与规划目标一致，具有实施控制面积比例较高，绿色廊道连续性较强的特征。

（2）对外交通道路绿廊实施率高，用地构成以生态防护为主，异质性不高。

（3）环路绿廊实施效率较低，控制宽度较好。但棕地在控制范围内占有一定比例，绿化效果不好。特别是100~500m休闲与体育等多功能绿带的实施，比较困难。

（4）各区之间的道路绿廊经过建设用地地段实施宽度受到影响较大，很多地段绿廊很窄。

（5）道路绿廊绿线范围内的建设用地搬迁困难，大多数绿线宽度不足都是由于建设用地占用导致的，且经过环城绿带两次现状比较发现工矿仓储用地演变为绿廊较住宅用地更为容易。

（6）市域与区级之间道路绿廊在规划控制宽度方面存在某些不协调的方面，但各区之间互相参考，控制绿廊宽度协调一致。

（7）道路绿廊以防护功能为主，与交通功能的协调很好。

研究区域的河流绿廊具有如下特征：

（1）景观水系绿廊得到一定程度的实施。用地构成异质性高，但用地构成比例相当不足。除了黄浦江在该区域段连续性较好，其他河流连续性都较差。

（2）从绿廊实施的宽度来说，随着距离河岸线的增加实施绿地比例逐渐衰减，耕地比重逐渐增加。生态功能尚不够理想。

（3）用地构成以生态防护绿地为主，尤其是黄浦江和淀浦河靠近淀山湖区域，水源涵养林有很高的比重。

（4）上海市重点建设的苏州河和黄浦江生态游憩绿地占有一定比重。从总体而言，生态游憩绿地在研究区段沿河布局数量少，规模小，连续性差。

（5）河流绿廊和道路绿廊走向上有一定的一致性，但两者之间缺乏有效联系，网络整体功能尚需提升。

（6）部分河段远远未按照规划的标准实施绿地，被各类建设用地所占用。建成区河流沿岸土地利用以商业服务业用地、批次供地和工矿建设用地侵占为主。

（7）通过2005、2008、2011年河流绿廊实施现状的对比，有一定的增量。特别是淀浦河和油墩港增量较高。2008~2011年间河流绿廊在当今已经开始大面积的生态环境改造。

7.3 实施相关的政策体系

绿廊实施相关的政策已经形成一套体系。从国家到地方，为了确保道路绿色通道的实施，各种法律法规相继出台并运行。同时，各层面城市规划与绿地系统规划编制成果也有明确的规定和控制。各相关部门的政策与调控也产生影响作用。在研究区域绿色廊道的发展过程中，本书只是关注地方政策体系的直接影响作用。评价分析的基础是：在这些政策体系作用下形成了研究区区域绿色廊道实施的现状空间格局，因而，政策体系作用评价转换为空间格局的特征评价。通过对现行相关政策体系的归纳分析，可以得出研究区区域绿色廊道的作用影响的政策体系（表7-3）。

研究区区域绿廊相关政策体系　　　　　　　　　　　表 7-3

建设管理相关法规条例	
国家	地方
《城市绿化条例》	《上海市绿化条例》
《中华人民共和国森林法》	《上海河道绿化条例》
《城市绿化规划建设指标的规定》	《上海市河道管理条例》
《城市道路绿化规划与设计规范》	《上海市公园管理条例》
《国家园林城市标准》	《上海市黄浦江上游水源保护条例》
《关于印发《城市绿地系统规划编制纲要（试行）的通知》	《上海市公路管理条例》
实施规划体系	
省市总体性规划	区级规划
上海市"十一五"、"十二五"绿化林业发展规划	《青浦区区域总体规划（2004—2020）》
《上海市城市总体规划（1999—2020）》	
《上海市城市绿地系统规划（2002—2020）》	《上海市青浦新城绿地系统规划（2006—2020）》
《上海市城市森林规划（2003—2020）》　、	《上海市松江区区域规划纲要（2004—2020）》
《上海市城市近期建设规划（2006—2010）》	
《上海市绿化系统规划》实施意见（2008—2010）	《上海松江新城总体规划修改（2010—2020）》
《上海市基本绿地网络规划》	
《上海市环城绿带系统规划》	
《上海湿地保护和恢复规划》	《上海松江区绿地系统规划（2005—2020）》
《上海市环境保护和建设三年行动计划》	
《上海水环境功能区划》	
《上海市景观水系规划》	
实施管理相关规范文件	
国家	地方
《城市绿线管理办法》	《上海市森林管理规定》
《城市蓝线管理办法》	《上海市城市规划管理技术规定》
《关于加强城市生物多样性保护工作的通知》	《上海市环城绿带管理办法》 《环城绿带工程设计规程》（DG/TJ 08—2112—2012）

实施管理相关规范文件	
国家	地方
《关于印发创建"生态园林城市"实施意见的通知》	《上海市生态公益林建设项目实施管理办法》 《上海市生态公益林建设技术规程》
《创建国家园林城市实施方案》	《"上海市园林城区"考核管理办法》
《国家园林城市申报和评审办法》	《上海市闲置土地临时绿化管理暂行办法》
《全国绿化评比表彰实施办法》	《关于印发〈上海市区级景观道路、优美景点评定办法(试行)〉的通知》
	《上海市绿化林业科技奖励实施办法》

7.4　实施评价的要素体系与评价

7.4.1　实施评价的要素体系建立

区域绿色廊道空间实施的评价,目前国内没有相关成果。英国对区域发展政策的可持续性评价(Sustainability Assessment)方法,重要的环节是设置评价目标,形成评价内容体系,确定评价基线,形成评价结果,从而反馈到规划的编制过程和监督实施规划和法案。借鉴这一方法的目标导向型评价体系的精华,在专家经验判断法确定的基线标准评价框架下,确定上海市研究区区域绿色廊道实施评价的指标体系(表7-4)。

上海市研究区区域绿色廊道实施评价指标体系　　　　表 7-4

发展目标	大类	子类具体评价影响因子
空间发展目标	空间结构	1. 绿廊实施控制绿地面积与规划面积比例如何
		2. 绿廊的实施宽度是否达到规划标准,是否得到有效实施
		3. 绿道的实施长度占总长度比例的程度如何
		4. 不同空间格局尺度下绿廊的实施用地构成与规划目标的一致性如何
		5. 绿道的连续性如何
	空间构成	6. 绿廊的用地构成的异质性状况如何
		7. 生态防护绿地是否与规划道路防护林地分布一致
		8. 生态防护林地是否为主要的绿廊绿化用地
		9. 棕地是否有发展为绿色空间的潜力
		10. 绿廊范围内的耕地是否得到保护
关联发展目标	结构关联	11. 研究涉及的区域总体实施的空间结构是否与规划结构具有一致性
		12. 研究区域河流绿廊和道路绿廊走向是否具有一致性
		13. 河流绿廊与绿地斑块如公园、林地的连通性如何
	功能关联	14. 是否与研究区域内其他类型绿廊具有好的衔接性
		15. 是否与研究区域内其他类型绿廊功能协同发展
		16. 绿廊自身系统内部是否协同开发利用
	实施发展过程关联	17. 近年来实施绿地是否增加
		18. 绿廊内非绿带功能性用地得到调整是否可行
		19. 绿廊规划用地是否遭到其他性质用地的占用
		20. 绿廊内原有建筑用地是否演变为绿地

续表

发展目标	大　类	子类具体评价影响因子
协调发展目标	空间协调	21. 绿廊实施是否在规划指导下执行，上下位规划是否协调
		22. 不同区域段的绿廊规划与实施是否具有联动协调性
		23. 绿廊实施的时序上是否与规划时序保持一致性
	土地利用协调	24. 绿廊的实施是否得到相关职能管理部门政策法保障，如法规条例、激励等
		25. 绿廊的实施是否得到相关土地政策法规保障，如法规条例、激励等
	景观多元化协调	26. 绿廊实施是否有效地保护文化与自然景观格局特征
		27. 绿廊是否具有景观多样化利用特点

7.4.2　实施评价分析

结合上海市研究区绿廊实施格局和实施评价合理性的全面思考，研究确定其绿廊实施评价指标体系（表7-5）。表7-5同时结合研究选区，进行了该区域绿色廊道的实施评价。

研究区绿色廊道实施效果评价表　　　　　　　　　　　表7-5

发展目标	大　类	子类具体评价影响因子	河流绿廊实施效果评价	道路绿廊实施效果评价
空间发展目标	空间结构	（1）绿廊实施控制绿地面积与规划面积比例如何	苏州河 100m 以内及黄浦江实施面积比例较高，淀浦河和油墩港实施一般，苏州河 100～500m 实施较差	对外交通绿廊实施控制较好，三个环路绿廊实施比例较低
		（2）绿廊的实施宽度是否达到规划标准，是否得到有效实施	与建设用地具有互逆关系，东西向河流实施：青浦区＞松江区＞闵行区；南北向两端高中间段实施宽度较小	实施较好
		（3）绿道的实施长度占总长度比例如何	苏州河实施长度占整个研究区段河流的 77.66%，黄浦江为 67.46%，淀浦河为 64.34%，油墩港为 59.73%	基本实施较好，上海市各区之间的联系道路和环路绿廊实施程度较差
		（4）不同空间格局尺度下绿廊的实施用地构成与规划目标的一致性如何	随着距离河岸线的增加实施绿地比例逐渐衰减，其中耕地比例大幅增长。与规划林带的用地构成要求尚不够一致	基本上一致。环路绿廊与规划要求尚不够一致，随着与道路红线的距离增加实施比例衰减
		（5）绿道的连续性如何	苏州河、黄浦江郊区段连续性好，主城区段连续性较差，淀浦河、油墩港连续性不好	对外交通绿廊很好，外环 25m、郊环 100m 内较好，区际之间道路廊道局部和环城绿带、外环和郊环 100～500m 较差

发展目标	大　类	子类具体评价影响因子	河流绿廊实施效果评价	道路绿廊实施效果评价
空间发展目标	空间构成	（6）绿廊的用地构成的异质性状况如何	异质性高，用地包括湿地、游憩公园、防护林、水源涵养林、农用地等	环路绿廊异质性高，其他道路绿廊用地构成的异质性不高
		（7）生态防护绿地是否与规划道路防护林地分布一致	具有走向一致性，但油墩港比例不足	具有走向一致性，但环路随距离外延土地利用更为复杂
		（8）生态防护林地是否为主要的绿廊绿化用地	除苏州河 100～500m 内用地是农业用地为主，其他都是以生态防护林为主	除环城、郊环 100～500m 不是，其他都是以生态防护林带为主
		（9）棕地是否有发展为绿色空间的潜力	有	沪金高速和环城绿带松江建成区段用地转变为绿地略有难度，其他能够发展为绿地
		（10）绿廊范围内的耕地是否得到保护	是	得到保护
关联发展目标	结构关联	（11）研究区域总体实施空间结构是否与规划结构具有一致性	得到保护，减少的耕地转变为生态防护绿地	有较好的一致性
		（12）研究区域河流绿廊和道路绿廊走向是否具有一致性	有较好的一致性	具有一致性
		（13）绿廊与绿地斑块如公园、林地的连通性如何	局部连通	不好
	功能关联	（14）是否与研究区域内其他类型绿廊具有好的衔接性	不好，与纵向绿廊连接度较弱	不好，与纵向绿廊连接度较弱
		（15）是否与研究区域内其他类型绿廊功能协同发展	功能协同发展弱	功能协同发展弱
		（16）绿廊自身系统内部是否协同开发利用	不好	不好
	实施发展过程关联	（17）近年来实施绿地是否增加	苏州河、黄浦江增量低，淀浦河和油墩港增量较高	有，特别是外环内侧、沪金、郊环北段和环城绿带有明显增加
		（18）绿廊内非绿带功能性用地得到调整是否可行	是	部分得到调整
		（19）绿廊规划用地是否遭到其他性质用地的占用	是，工业、仓储、居民点、商业服务业用地等	是，三个环路绿廊内建设用地比例较高，其他道路绿廊被建设用地占用较少
		（20）绿廊内原有建筑用地是否演变为绿地	大部分是，有的现状显示为棕地	大部分是，有的现状显示为棕地

续表

发展目标	大　类	子类具体评价影响因子	河流绿廊实施效果评价	道路绿廊实施效果评价
协调发展目标	空间协调	（21）绿廊实施是否在规划指导下执行，上下位规划是否协调	是，但市域各轮规划以及市域与不同区之间协调性不足	是，但市域与各区之间协调性不足
		（22）不同区域段的绿廊规划与实施是否具有联动协调性	无，各区域实施差别很大	无，各区之间具有协调性
		（23）绿廊实施的时序上是否与规划时序保持一致性	慢，实施时序总体上慢于规划时序	基本同步，环路绿廊实施滞后
	土地利用协调	（24）绿廊的实施是否得到相关职能管理部门政策法规保障，如法规条例、激励等	法规有，但与绿道关联少。苏州河有发展激励政策，其他河道尚无	一定距离范围的绿廊建设与道路建设同步实施，存在部门壁垒
		（25）绿廊的实施是否得到相关土地政策法规保障，如法规条例、激励等	不足	不足
	景观多元化协调	（26）绿廊实施是否有效地保护文化与自然景观格局特征	有，实施不很理想	较好
		（27）绿廊是否具有景观多样化利用特点	不足，景观和旅游功能的使用尚需提升，与水利功能协调较好	景观多元使用方面严重不足。与交通功能协调性较好，对旅游发展协作性能不好

　　河流绿廊实施评价方面，四条代表河流绿廊实施的空间结构与研究区总体规划相一致。河流绿地的实施面积占规划用地的程度目前不是很高，黄浦江最高为78.85％，苏州河仅为38.09％。实施长度比接近60％以上，河流上游绿地宽度实施效率较高。除黄浦江绿廊，其他河流绿廊的总体连续性不是很好；用地构成的异质性高，分布有湿地、滨河休闲公园绿地、生态防护林和水源涵养林等。绿廊功能总体以生态防护为主。棕地占绿地实施总用地比例在15％以下。控制宽度内的耕地有所减少并转化为生态防护绿地。绿廊内仍存在大量工业仓储、居住、商服和公建用地。2008～2011年间这些土地演变较大，一部分非绿化用地转变为生态防护绿地和棕地；市域层面的多项规划具有一致性，但市域层面对郊区水系网络功能的关注不够，造成绿廊绿化不足，未形成水系绿廊多功能发展的格局。实施时序总体上慢于规划时序。大量的河流廊道是上海未来绿网建设的"骨架"，发展潜力巨大。

　　道路绿廊实施评价方面，实施空间结构与规划一致性高，总体实施效果较好。沪渝高速绿廊实施最好，绿廊连续性好，异质性很低，绿化实施用地面积大；沪杭高速绿廊、沪宁高速绿廊、沪金高速绿廊、318国道绿廊、外环线的25m林带以及郊环100m林带实施效果较好，但不突出；外环100m、500m及郊环500m林带实施效果较差，绿地连续性差，绿化用地面积占规划面积比例不达标，建设用地占用较多，棕地较多；近郊绿环绿地增量在逐年增加，但是增速较为缓慢。规划在市域层面基本具有一致性，市域层面与分区层面规划控制协调性不足。各分区绿廊宽度协调一致，但较市域调控减小。建设时序与规划时序基本同步，只是环路绿廊实施滞后。绿廊景观多样性功能体现不足，仍需要提升其支撑旅游发展的协调作用。

8 区域道路绿色廊道的实施评价

8.1 研究区道路绿色廊道的空间构成

根据研究区域道路两侧用地状况分析，将两侧绿化用地主要分为生态防护绿地、耕地、生态游憩绿地和棕地四类。

（1）生态防护绿地：主要指道路两侧绿线范围内的用于隔离防护等作用的土地，包括道路防护林、草地、绿化隔离带等，处于绿地内部或邻接绿地的水域（非农用）亦作为生态防护绿地处理。

（2）耕地：道路两侧绿线范围内的农用地，包括水田、旱地、池塘、苗圃等。

（3）生态游憩绿地：在道路两侧绿线范围内修建的作为自然观赏区和供公众休息游玩的开放性绿地。

（4）棕地：道路两侧绿线范围内目前未进行绿化的空置地或绿地退化引起土地裸露的土地，是绿化土地的后备资源，在本书中作为绿化用地处理。其中由于建筑物拆迁引起的空置地也归为棕地范畴。

8.2 道路绿色廊道空间实施的分析评价

根据各规划对道路绿廊的要求及实施情况，采用分析评估其与城市总体规划的契合与差异的方法对选区的 8 段道路廊道进行实施情况分析，包括外环苏州河—沪渝高速段、郊环松江段、沪金高速沪杭高速—黄浦江段以及在选区范围内的其他几条绿廊全程。其中沿沈海高速的环城绿带对 2011 年土地利用现状、2008 年现状及规划要求三方面进行比较分析，主要分析 2011 年较 2008 年绿化土地的变化以及 2011 年绿化现状与规划要求相比之间的差异；其他道路廊道对绿线范围内 2011 年绿廊绿化实施现状与规划绿廊进行叠加，比较两者之间的差异并找出其中比较明显的地方进行分析，其中沪青平公路由于长度过长，为了进行更为清晰的分析，采取分段方法。其中，书中各绿廊绿化用地统计的是规划范围内的土地面积，分析图中显示的土地利用现状则是各绿化用地的完整面积（图 8-1）。

8.2.1 沪宁高速绿廊实施效果分析

沪宁高速，上海高速公路网编号 A11 公路，全国高速公路网编号 G42，属沪蓉高速的一部分，起自上海真如，终于南京东郊的马群，全长 274km，是国家重点建设工程。研究区域内沪宁高速段为始于苏州河往西至安亭镇（沪苏交界），道路绿廊长约 11.5km，道路两侧绿线宽度各 50m（图 8-2）。

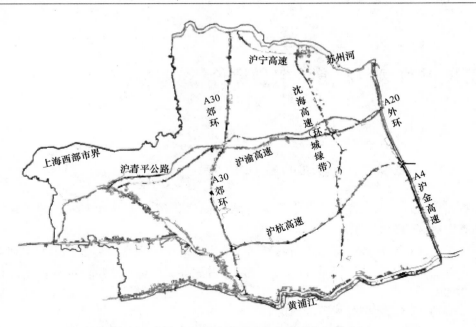

图 8-1　研究区域选取的道路绿色廊道位置分布图

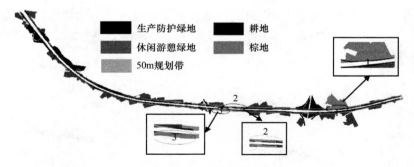

图 8-2　沪宁高速绿廊实施情况评估图

　　根据沪宁高速绿廊各绿化用地数据（表 8-1）可以看出所有绿化土地占总规划面积的 73.62％。其中生态防护用地占整个绿化用地的 63.67％，同时占整个绿廊面积的 46.87％，不仅是绿化用地的主要绿地类型，同时也是绿廊的主要土地利用类型；棕地面积 5.04hm²，是重要的潜在绿化用地；沪宁高速绿廊实施情况评估图显示部分段建筑用地导致绿廊出现明显空缺。针对棕地和建筑用地，分析图（图 8-3）用椭圆和 1、2、3 数字标出了需要加强注意的地段：1 段绿廊范围狭窄，上部建设用地占据约 650m 绿廊，在实施上难度较大；2、3 段绿廊土地利用类型为棕地，据航拍图显示土地应该是耕地由于荒废而演变成的棕地，此处地块容易进一步实施绿化（表 8-2、图 8-3）。

沪宁高速绿廊绿化用地统计表　　　　　　　　　　　　　　　　　　　　表 8-1

土地利用类型	各类型绿地面积（hm²）	各类绿地占绿化用地面积的百分比（％）	占规划总面积的百分比（％）
生态游憩绿地	0	0	0
生态防护绿地	53.9	63.67	46.87

续表

土地利用类型	各类型绿地面积（hm²）	各类绿地占绿化用地面积的百分比（%）	占规划总面积的百分比（%）
耕地	25.72	30.38	22.37
棕地	5.04	5.95	4.38
绿化用地面积	84.66	100	73.62
规划绿带面积	115	—	100

沪宁高速待实施段廊道明细　　　　　　　　　　　　　　　表8-2

土地编号		非绿地土地利用类型	规划绿线内宽度（m）	长度（m）
1	上部	建设用地	40	650
	下部	建设用地	40	350
2	上部	棕地	38	700
3	下部	棕地	50	510
合计		—	168	2210

图8-3　沪宁高速1、2段绿廊航拍图

8.2.2　沪渝高速绿廊实施效果分析

沪渝高速，上海高速公路网编号A9公路，又称沪青平高速公路，国家高速公路网编号G50，上海—重庆高速公路，全长1768km²，研究区域内东起外环线，西至黄浦江，横穿青浦区，评估绿廊约38km²，道路两侧绿廊规划绿线宽各50m（图8-4）。

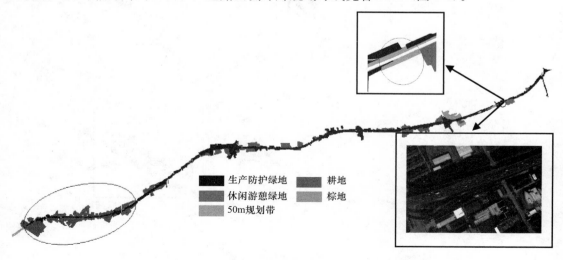

图8-4　沪渝高速绿廊实施分析图

沪渝高速绿廊绿化面积为 325.79hm²，占整个绿廊面积的 85.73%，处于高绿化水平状态（表 8-3）。在沪渝高速绿廊各绿化用地中，生态防护用地为 271.48hm²，占全部绿化用地的 83.33%，同时占整条绿廊面积的 71.44%，是绿廊以及绿化用地的主要组成部分；绿廊全程除极个别地方由于建筑无法实施规定宽度绿廊外绿化范围基本与规划宽度相重合，分析图中显示仅东部一处绿带狭窄段，绿带长约 300m，土地利用类型为建筑用地；绿廊由油墩港分为东、西两段，东部主要途经城镇区域，主要以道路绿地为绿带组成物，含有少量的耕地，向西耕地逐渐增加，特别是在最西部圆圈圈定区域，耕地几乎紧靠道路红线，而且面积广。

沪渝高速绿廊绿化用地统计表

表 8-3

土地利用类型	各类型绿地面积（hm²）	各类绿地占绿化用地面积的百分比（%）	占规划总面积的百分比（%）
生态游憩绿地	2.89	0.89	0.76
生态防护绿地	271.48	83.33	71.44
耕地	51.42	15.78	13.53
棕地	0	0	0
绿化用地面积	325.79	100	85.73
规划绿带面积	380	—	100

8.2.3 沪杭高速绿廊实施效果分析

沪杭高速，上海高速公路网编号 A8 公路，国家高速公路网编号为 G60，是沪昆高速的组成部分，起于上海莘庄，终于杭州，全长 151km。研究区域内的胡汉高速东起外环线（上海莘庄），西至黄浦江，途经闵行、松江两区，评估绿廊长约 29km，两侧绿线各宽 50m（图 8-5）。

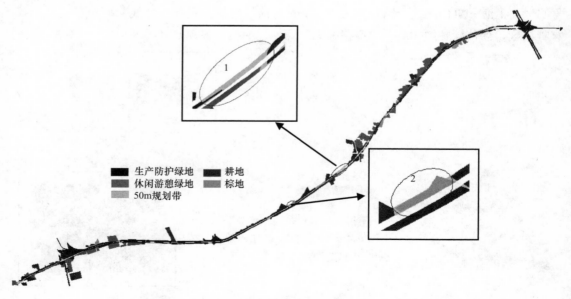

图 8-5　沪杭高速绿廊实施分析图

在沪杭高速绿廊中绿化用地 222.16hm²，占绿廊规划面积的 76.61%（表 8-4）。其中生态防护用地面积 188.23hm²，占绿化用地的 84.73%，是绿化用地最主要的土地利用类型，同时绿化用地占绿廊规划面积的 76.61%，形成绿廊的支柱型用地；棕地面积 6.61hm²，绿化实施潜力较大。沪杭高速途经闵行和松江两大城镇建设区，其腹地主要表现为建设用地，在评估分析图中则显示为绿廊沿道路呈现光滑曲线状，沿高速路分布形成连续性较好的绿色廊道。该段绿廊大概以沈海高速为界，东部廊道部分段绿化宽度还是显示出明显不足，道路绿廊和河流绿廊在这段友好地结合形成"道路绿廊＋河流绿廊"的形式，局部土地以建筑用地为主，出现绿化量缺口问题；西部绿线宽度充足，但部分地区实施效果欠佳形成棕地。分析图中 1 段廊道即为"绿地＋河流"形式的绿带，宽 35m，但绿化效果很差，几乎呈荒地状态，建筑物临河而建，绿带未起到绿廊的隔离作用；2 段廊道为绿地退化，土地裸露范围宽 50m，占据此段整个绿廊宽度（表 8-5、图 8-6）。总体上讲，沪杭高度廊道东部段实施情况低，西部段实施情况良好。

沪杭高速绿廊绿化用地统计表　　　　　　　　　　　　　　　　　表 8-4

土地利用类型	各类型绿地面积（hm²）	各类绿地占绿化用地面积的百分比（%）	占规划总面积的百分比（%）
生态游憩绿地	0.96	0.43	0.33
生态防护绿地	188.23	84.73	64.91
耕地	26.36	11.87	9.09
棕地	6.61	2.98	2.28
绿化用地面积	222.16	100	76.61
规划绿带面积	290	—	100

沪杭高速待实施段明细　　　　　　　　　　　　　　　　　　　　表 8-5

土地编号		土地利用类型	规划范围内宽度（m）	长度（m）
1	上部	建设用地	15	900
		河流	15	900
		棕地	20	900
2	上部	棕地	50	450

图 8-6　沪杭高速 1、2 段廊道航拍图

8.2.4　318 国道（沪青平公路）绿廊实施效果分析

318 国道连接上海与西藏，上海段东起 A20 外环，西至青浦区金泽镇，又称沪青平公

路，全长 51.5km。研究区域内沪青平公路东起外环线，西达黄浦江，横穿闵行、青浦两区，其中大部位于青浦区境内。本研究按照绿线宽 20m 进行评估，评估绿廊长约长约 39.5km。

沪青平公路绿廊绿化用地 124.98hm²，占规划总面积的 79.1%。生态防护绿地 103.62hm²，占绿化用地的 82.91%，是绿化用地的主要土地利用类型（表8-6）。由于该段道路较长，因此沪青平绿廊实施情况评估图以油墩港为界分为东段和西段分别进行评估分析。

沪青平公路绿廊绿化用地统计表　　表8-6

土地利用类型	各类型绿地面积（hm²）	各类绿地占绿化用地面积的百分比（%）	占规划总面积的百分比（%）
生态游憩绿地	12.12	9.7	7.67
生态防护绿地	103.62	82.91	65.58
耕地	5.04	4.03	3.19
棕地	4.2	3.36	2.66
绿化用地面积	124.98	100	79.1
规划绿带面积	158	—	100

东段沪青平道路绿廊长约 20km，主要途经建筑物集中区域，因此整条廊道在评估分析图中表现出光滑曲线状，全线以路旁绿地为主，少耕地及公园，部分地区绿化效果较差形成大片棕地。东段实施情况明显不高的地方可划分为 6 段，分别在途中以 1、2、3、4、5、6 标注（图8-7）。1、4、6 三段以建筑用地占用为主，绿廊几乎呈现真空状。1 段左侧缺失约 700m 绿廊；4 段绿廊上部缺失约 500m，下部绿化范围多棕地；6 段也主要表现为上部缺失，约 400m 长。2、3、5 三段绿廊以棕地为主，虽有留有足够绿线宽度的土地但是未得到有效绿化，土地裸露严重。2 段棕地主要集中在廊道左侧，长约 600m；3 段棕地集中于廊道上部，长约 300m；5 段棕地占据廊道两侧，主要为建筑拆除形成的荒地，长约 250m（图8-8）。

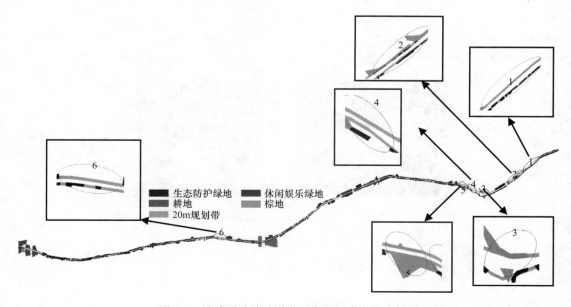

图 8-7　沪清平公路油墩港以东段绿廊实施分析图

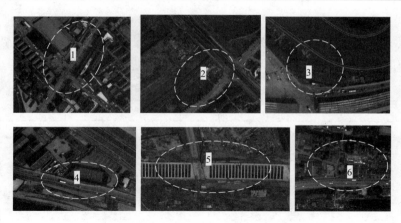

图 8-8 沪青平公路东部待实施段航拍图

西段绿廊长约 19.5km，大部分处于郊环以西，廊道土地利用主要由绿地和耕地组成，由于各居民点多位于道路北部，形成绿地主要处于道路上侧，耕地主要位于下侧的绿化格局，因此道路廊道呈现北部顺滑、南部粗糙的状态（图 8-9）。7 段廊道土地利用类型为棕地，长约 650m；8 段廊道主要为工矿仓储用地，建筑紧靠红线，除行道树外为留有绿线宽度，长约 350m（图 8-10）。

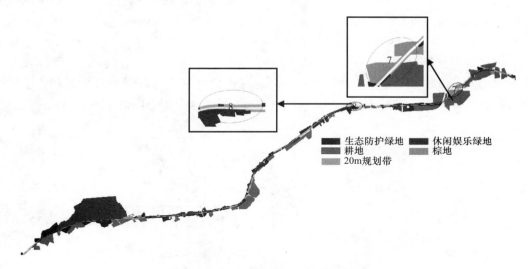

图 8-9 沪青平公路西段绿廊实施分析图

图 8-10 沪青平公路西段待实施段航拍图

总体而言，待实施段总长 3750m，占全段绿廊的 18.75％，其中，建筑用地部分 1950m，进一步实施绿化难度较大外，棕地部分 1800m，发展潜力大，沪青平公路 20m 绿廊实施状况有待进一步加强（表 8-7）。

沪青平公路绿廊待实施段明细 表 8-7

土地编号	土地利用类型	规划范围内宽度（m）	长度（m）
1	建设用地	20	700
2	棕地	15	600
3	棕地	20	300
4	建设用地	20	500
5	棕地	20	250
6	建设用地	20	400
7	棕地	20	650
8	建设用地	20	350
合计	—	—	3750

8.2.5 郊环绿廊实施效果分析

上海绕城高速公路，上海高速公路网编号 A30，原名上海郊环高速公路，国家高速公路网编号 G1501，环绕中国上海市区，全长约 189km。研究区域内北起苏州河（沪苏边界），南至黄浦江，纵贯青浦和松江两区。根据"《上海市绿化系统规划》实施意见（2008—2010）"规定，在 2011 年前实施郊环松江段（沪渝高速—黄浦江）。郊环规划分 100m 林带和 500m 绿带两次实施，因此对郊环绿带的评估主要针对松江段进行，全段绿廊总长约 21km，重点考察 100m 林带，并对 500m 绿带进行相关评估（图 8-11）。

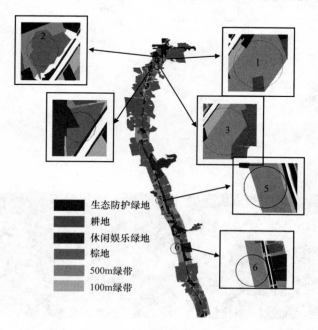

图 8-11 郊环绿廊实施分析图

在100m绿廊内绿化用地共298.97hm²，占总用地的71.18%。绿化用地中生态防护绿地176.87hm²，占总绿化用地的59.16%，虽然仍是其主要成分，但优势不突出。棕地总面积为5.06hm²，仍有一定的绿化发展潜力（表8-8）。

郊环（松江段）100m绿廊绿化用地统计表　　　　　　　表8-8

土地利用类型	各类型绿地面积（hm²）	各类绿地占绿化用地面积的百分比（%）	占规划总面积的百分比（%）
生态游憩绿地	7.37	2.47	1.75
生态防护绿地	176.87	59.16	42.11
耕地	109.67	36.68	26.11
棕地	5.06	1.69	1.2
绿化用地面积	298.97	100	71.18
规划绿带面积	420	—	100

在100～500m绿廊中，绿化用地1020.55hm²，占该范围内规划总用地的60.75%。其中耕地面积801.23hm²，占绿化用地的78.51%，是该范围的主要用地形式；棕地面积14.07hm²，在绿化用地中比例较小但从用地规模上还是面积较大的一类用地，应加快实施绿化；休闲娱乐绿地面积较其他廊道面积和比例均大（表8-9）。

郊环（松江段）100～500m绿廊绿化用地统计表　　　　　　表8-9

土地利用类型	各类型绿地面积（hm²）	各类绿地占绿化用地面积的百分比（%）	占规划总面积的百分比（%）
生态游憩绿地	82.47	8.08	4.91
生态防护绿地	122.78	12.03	7.31
耕地	801.23	78.51	47.69
棕地	14.07	1.38	0.84
绿化用地面积	1020.55	100	60.75
规划绿带面积	1680	—	100

在郊环绿廊实施情况评估图上明显存在6段问题区域。100m绿带上2、4两段部分绿廊为棕地；500m绿带主要存在1、3、5、6四段较为明显的非绿廊用地，土地利用类型为建筑用地，总长约5.5km（图8-12、表8-10）。此外，本段绿廊中耕地实际范围超过规划宽度，这从数量上对部分廊道的建筑用地起到一定的补偿作用。

图8-12　郊环绿带1、3、5、6段航拍图

郊环绿廊（松江段）待实施段明细　　　　　　表8-10

土地编号	土地利用类型	规划范围内宽度（m）	长度（m）
1	建设用地	320	700
2	棕地	220	330
3	建设用地	290	610

土地编号	土地利用类型	规划范围内宽度（m）	长度（m）
4	棕地	75	320
5	设用地	430	1300
6	建设用地	410	2000
合计	—	—	5260

8.2.6 外环绿廊实施效果分析

上海外环高速公路，中国国家高速公路编号为"沪高速 S20"，上海城市高速上海外环高速公路（沪高速 S20）公路编号为"上海高速 A20"。是环绕上海市的一条环形城市高速公路，全长 99km。研究区域内外环绿带范围北起苏州河，南到沪杭高速，长约 15km。外环路是界定中心城区和市域的分界。规划确定这一绿色环状廊道对上海市的城市发展格局意义重大。一方面，在一定时期某种意义上控制中心城的过度蔓延增长；另一方面，它起到与其他新城或郊区建设的隔离作用。

《上海市外环线绿带实施性规划》在外环绿带实施宽度上作了如下规定：①外环线外侧 500m 作为外环绿带用地的基本宽度，结合现状情况，尽可能以自然地形成规划绿带的边界。②在外环线外侧无法实施 500m 绿带时，可根据现状情况允许将绿带调整至外环线内侧。③在外环线两侧均无法实施 500m 绿带的地区，考虑加大邻近地区外环绿带的宽度和面积，以维持总量基本平衡。④外环线经过城市建成区的部分地段，无法实施 100m 纯林地时，则可适当减小绿带宽度，但近期至少保证 25m 以上的林带宽度。以上各种调整中，100m 绿带仍应尽可能保留。⑤有条件的地段，绿带宽度可适当放大，按规划实施块状绿地。⑥重要地段的绿带用地严格控制，如外环线与高速公路、铁路等相交处，徐浦大桥两侧等。⑦结合城市结构绿地（楔形绿地、防护林带等），形成大面积绿地，完善城市绿地系统。同时《上海市城市绿地系统规划》对外环绿带的规划形态进行了如下描述：外环绿带从规划形态上看是"长藤结瓜"，藤指的是沿外环道路外侧的宽 500m 长约 96km 的环形绿带，其中沿道路外侧 100m 宽区域为纯林带，100m 林带以外 400m 宽的区域为结合防护和休憩功能的绿化带；同时在沿线有条件的区域适度放宽，规划布置 10 个以植物造景为主，以深林公园、文化旅游、体育休闲等为主题的大型公园，成为"瓜"。此外"《上海市绿化系统规划》实施意见（2008—2010）"中指出了在 2010 年前需要实施的外环绿带为苏州河——沪渝高速段约 7km。根据这些规划的相关实施规定，对绿廊进行 25m、100m、500m 绿带实施情况评估（图 8-13）。

外环 25m 绿廊绿化用地 17.74hm²，覆盖规划面积的 64.48%。其中生态防护绿地 18.38hm²，占绿化用地总量

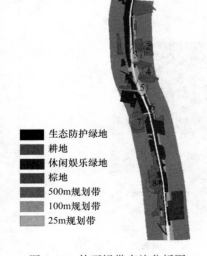

生态防护绿地
耕地
休闲娱乐绿地
棕地
500m 规划带
100m 规划带
25m 规划带

图 8-13 外环绿带实施分析图

的98.29％（表8-11）。在25m宽绿廊实施情况评估图中主要存在3、5两段明显绿地真空，约有1200m长的绿带缺失，占总长度的9％，这两段道路航拍图显示土地利用类型为建设用地，要进一步实施绿化难度大。

外环（苏州河—沪渝高速段）25m绿廊绿化用地统计表　　　　表8-11

土地利用类型	各类型绿地面积（hm²）	各类绿地占绿化用地面积的百分比（％）	占规划总面积的百分比（％）
生态游憩绿地	0	0	0
生态防护绿地	18.38	98.29	63.38
耕地	0	0	0
棕地	0.32	1.71	1.1
绿化用地面积	18.7	100	64.48
规划绿带面积	29	—	100

外环25～100m绿廊绿化面积仅为59.47hm²，占规划面积的56.64％。值得关注的是棕地面积为14.98hm²，占绿化用地面积的25.19％，不论从绝对数量还是相对比例来讲都具有巨大的绿化潜力（表8-12）。在外化绿廊实施情况评估图中，1、3、5和第6段由于建筑用地原因出现绿廊真空状况，共计缺失绿廊约3km，占总长的23％。缺失部分土地利用类型以建筑用地为主，包含部分棕地，在进一步实施中能够适当缓解绿地真空状态，但是要完成规划要求难度很大（图8-14）。

外环（苏州河—沪渝高速段）25～100m绿廊绿化用地统计表　　　　表8-12

土地利用类型	各类型绿地面积（hm²）	各类绿地占绿化用地面积的百分比（％）	占规划总面积的百分比（％）
生态游憩绿地	2.52	4.24	2.4
生态防护绿地	41.87	70.41	39.88
耕地	0	0	0
棕地	14.98	25.19	14.27
绿化用地面积	59.47	100	56.64
规划绿带面积	105	—	100

图8-14　外环绿带第1、3、5、6段外环绿廊航拍图

外环100～500m绿廊绿化用地面积123.09hm²，占该范围规划面积的21.98％。绿化用地中棕地面积70.2hm²，占绿化用地面积的57.03，绿化在实施上面效果不好，土地裸露严重（表8-13）。绿廊中其他用途的土地在规划绿带用地范围内占比78.02％，以建筑

用地为主。整个绿廊仅存在少量生态型绿地，耕地更是缺乏。在实施情况评估图上显示2、4、7、8段棕地较多，具有发展绿廊的潜力，其他段绿廊绿化用地几乎真空，被建筑用地占据。总而言之，规划所确定的隔离环带作用没有真正实现。

外环（苏州河—沪渝高速段）100～500m 绿廊绿化用地统计表　　　表 8-13

土地利用类型	各类型绿地面积（hm²）	各类绿地占绿化用地面积的百分比（%）	占规划总面积的百分比（%）
生态游憩绿地	21.64	17.58	3.86
生态防护绿地	25.4	20.64	4.54
耕地	5.85	4.75	1.04
棕地	70.2	57.03	12.54
绿化用地面积	123.09	100	21.98
规划绿带面积	560	—	100

8.2.7　A4 沪金高速道路绿廊实施效果分析

沪金高速，原莘奉金高速公路，编号 A4，连接上海市区、奉贤区和金山区。研究区域内为纵向贯穿闵行区，北起 S20 上海外环高速公路莘庄枢纽，向南到达黄浦江，长约 13km，规划绿线宽度为 50m（图 8-15）。

沪金高速绿廊绿化用地 93.08hm²，占规划面积的 71.6%。在绿化用地中，生态防护绿地面积 82.28hm²，占所有绿化用地的 88.4%，是绿化用地的主要土地利用类型；沪金高速绿廊绿化实施情况较高，但是实施效果欠佳，在绿线范围内由于绿化效果不好引起土地裸露而形成的棕地面积 9.4hm²，占绿化用地面积的 10.01%，在绝对面积和相对比例上都较高（表 8-14）。根据沪金高速绿廊实施情况评估图显示，明显有 4 段道路绿廊共计约 3.2km 廊道明显未达到规划要求，约占总长度的 23.08%，有待进一步实施。1 段包含了生态防护绿地、棕地和建设用地三种类型，长约 800m；2 段处于立交桥段，主要表现为防护绿地实施效果

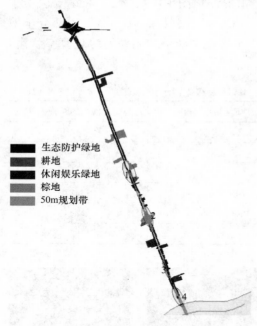

图 8-15　沪金高速绿廊实施分析图

生态防护绿地
耕地
休闲娱乐绿地
棕地
50m规划带

差，主要土地利用类型为棕地，长约 850m；3、4 段主要表现为建筑紧靠红线修建，绿线宽度不足导致绿廊狭窄，共约 1550m（表 8-15、图 8-16）。

沪金高速绿廊绿化用地统计表　　　表 8-14

土地利用类型	各类型绿地面积（hm²）	各类绿地占绿化用地面积的百分比（%）	占规划总面积的百分比（%）
生态游憩绿地	0	0	0
生态防护绿地	82.28	88.4	63.29
耕地	1.4	1.5	1.08

续表

土地利用类型	各类型绿地面积（hm²）	各类绿地占绿化用地面积的百分比（%）	占规划总面积的百分比（%）
棕地	9.4	10.1	7.23
绿化用地面积	93.08	100	71.6
规划绿带面积	130	—	100

沪金高速绿廊待实施段明细　　　　　表8-15

土地编号	土地利用类型	规划范围内宽度（m）	长度（m）
1	建设用地	35	800
1	棕地	40	500
2	棕地	50	850
3	建设用地	30	800
4	棕地	50	750
合计	—	—	3700

图8-16　沪金高速绿廊实施段航拍图

8.2.8　近郊环城绿带实施效果分析

这一绿化环带在前面的若干轮规划中并没有作为环路绿化进行建设，只是作为重要的绿色廊道进行规划。因而，这一环路的设置应该是上海市区与市域的划分界线，串联起上海重要的郊区新城。根据2010年《上海市年基本绿地网络空间规划》文本，研究区域内的近郊环城绿带指沿沈海高速公路实施的绿带。根据"上海市年基本绿地网络空间规划图集"中生态功能区块编号索引图（图8-17），研究区域内环城绿带主要包括H7、H8、H9三个部分，评估依据为2011年和2008年土地使用状况的对比分析（图8-18）。

1. H7段环城绿带

本段绿带位于青浦区、松江区和闵行区的交界处。西到沈海高速公路（G15），东接联友路—金光路—虬江港，北到京沪高速公路（G2），南到沪渝高速公路（G50），规划面积7.56km²，环城绿带H7位于规划虹桥商务区与徐泾新市镇之间，限制城市无序蔓延，优化城市结构。规划要求土地利用以林地和绿地为主，兼容小型体育用地及少量的公共服务设施用地等，原则上禁止其他用地性质的规划建设。

环城绿带H7段绿廊绿化用地共301.49hm²，仅占规划面积的39.88%，绿化实施较差。在绿化用地中，耕地面积221.24hm²，占所有绿化用地的73.38%，是绿化用地的主要土地利用类型；生态防护用地64.48hm²，仅占绿化用地的29.26%；同时该段绿廊绿化

图 8-17　生态功能区块编号索引图

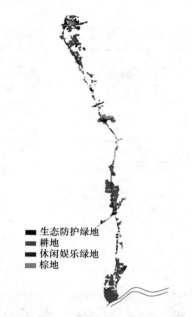

■ 生态防护绿地
■ 耕地
■ 休闲娱乐绿地
■ 棕地

图 8-18　环城绿带 2011 年土地利用现状

实施效果欠佳，在规划范围内由于绿化效果不好引起土地裸露而形成的棕地面积 15.77hm²，占绿化用地面积的 5.23%，在绝对面积和相对比例上都较高（表 8-16）。

环城绿带 H7 段绿化用地统计表　　　　　　　　　　　　　　　　　表 8-16

土地利用类型	各类型绿地面积（hm²）	各类绿地占绿化用地面积的百分比（%）	占规划总面积的百分比（%）
生态游憩绿地	0	0	0
生态防护绿地	64.48	21.39	8.53
耕地	221.24	73.38	29.26
棕地	15.77	5.23	2.09
绿化用地面积	301.49	100	39.88
规划绿带面积	756	—	100

　　从图 8-19 可以看出，需要实施绿化的土地共 36 块，其中已实施土地 10 块，待实施土地 26 块，从数量上讲，规划实施情况不佳；在已实施土地中，其中 8 块土地演变为绿地用地，演变面积约 23hm²，2 块演变为棕地，演变面积约 10hm²，从演变成的土地类型上讲，虽然演变为绿地的地块占大多数，但在面积上不具有优势，并且在规划面积中占极少比例，可见实施效果亟待进一步提高；在原演变土地中，4 块为规定批次供地，4 块为仓储工矿用地，2 块为农村居民点用地，实际演变用地为 6 块（表 8-17）。在待实施地块中，土地利用类型主要是工矿仓储用地和农村居民点用地，还包括少量的商服用地、城镇住宅用地及其他特殊用地，从土地使用类型可以看出要将这些地块演变为绿地用地困难较大。

　　2. H8 段环城绿带

　　本段绿带位于松江区。北至沪渝高速公路（G50），南到沪杭铁路，西到沈海高速公路（G15），规划向东 500m 左右，规划面积 5.09km²。主城区环城绿带 H8 位于规划虹桥商务区与徐泾新市镇之间，限制城市无序蔓延，优化城市结构。绿带内以林地和绿地为主，兼

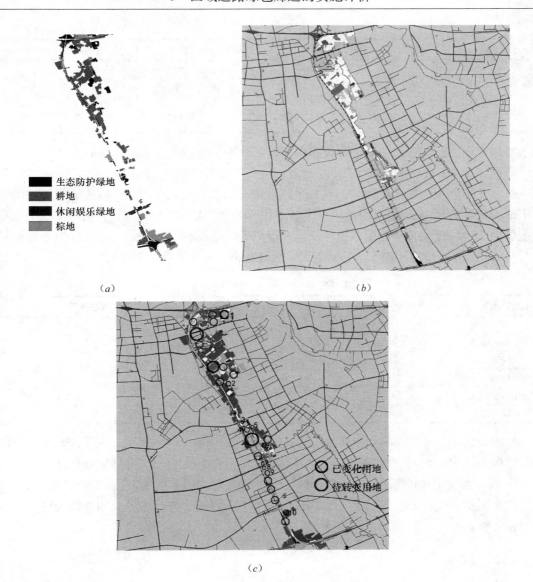

图 8-19 H7 段实施分析图

(a) H7 段 2011 年土地利用现状；(b) H7 段 2008 年土地利用现状；(c) H7 段对比分析图

环城绿带 H7 段 2008～2011 年土地演变状况 表 8-17

地块编号	原土地利用类型	现土地利用类型	演变面积（hm²）
1	批次供地	生态防护绿地	10.76
2	工矿仓储用地	生态防护绿地	1.4
3	工矿仓储用地	生态防护绿地	0.95
4	工矿仓储用地	生态防护绿地	0.89
5	批次供地	生态防护绿地	1.13
6	批次供地	棕地	2.57
7	工矿仓储用地	生态防护绿地	1.82

续表

地块编号	原土地利用类型	现土地利用类型	演变面积（hm²）
8	工矿仓储用地	生态防护绿地	2.66
9	工矿仓储用地	生态防护绿地	3.68
10	批次供地	棕地	8.37
合计	—	—	34.23

容小型体育用地及少量的公共服务设施用地等，原则上禁止其他用地性质的规划建设。

环城绿带 H8 段绿廊绿化用地共 188.82hm²，仅占规划面积的 37.1％，绿化实施很差。在绿化用地中，耕地面积 137.57hm²，占所有绿化用地的 72.86％，是绿化用地的主要土地利用类型；生态防护用地 45.77hm²，仅占绿化用地的 24.24％；同时该段绿廊在规划范围内由于绿化效果不好引起土地裸露而形成的棕地面积 5.48hm²，占绿化用地面积的 2.9％，需要加大实施力度，进一步提高绿化用地的实施效果（表 8-18）。

环城绿带 H8 段绿化用地统计表 表 8-18

土地利用类型	各类型绿地面积（hm²）	各类绿地占绿化用地面积的百分比（％）	占规划总面积的百分比（％）
生态游憩绿地	0	0	0
生态防护绿地	45.77	24.24	9
耕地	137.57	72.86	27.03
棕地	5.48	2.9	1.08
绿化用地面积	188.82	100	37.1
规划绿带面积	509	—	100

从图 8-20 可以看出，H8 段环城绿带有 4 处明显变化地块，共计 25.17hm²，其中 2、4 两处实施绿化，一块由分批次供地转变为农业用地，另一块由农村居民用地转换成绿地；另外红色标注 1、3 两块土地均为分批次供应地转换成建设用地，目前已完成建设施工；该段绿带其他地方无明显实施变化，多由工矿仓储用地、城镇住宅用地、农村居民点用地等建设用地占用，实施难度较大（表 8-19、图 8-21）。从评估结果可以看出，该段绿带实施情况很差。

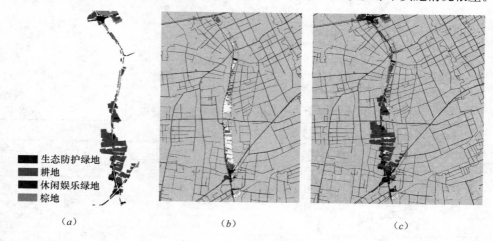

生态防护绿地
耕地
休闲娱乐绿地
棕地

（a） （b） （c）

图 8-20　H8 段实施分析图

（a）H8 段 2011 年土地利用现状；（b）H8 段 2008 年土地利用现状；（c）H8 段对比分析图

H8 段土地演变状况　　　　　　　　　　　　　　　表 8-19

地块编号	原土地利用类型	现土地利用类型	演变面积（hm²）
1	批次供地	建设用地	8.48
2	批次供地	耕地	10.76
3	批次供地	建设用地	2.9
4	公共建筑及农村居民点用地	生态防护绿地	3.03
合计	—	—	25.17

图 8-21　H8 段两块批次供地中建设现状航拍图

3. H9 段环城绿带

本段绿带位于松江区。北到沪杭铁路，南到黄浦江，西到沈海高速公路（G15），东接车亭公路—江川路，规划面积 5.99km²。由于评估只针对道路绿廊，因此黄浦江段不在本书研究范围内。主城区环城绿带 H9 位于沈海高速公路两侧，主要为嘉金高速公路的防护绿地，发挥林地和绿地的水源涵养功能。绿带内以林地和绿地为主，兼容小型体育用地及少量的公共服务设施用地等。原则上禁止其他用地性质的规划建设。

环城绿带 H9 段绿廊绿化用地共 305.53hm²，占规划面积的 51%，绿化实施较差。在绿化用地中，耕地面积 282.37hm²，占所有绿化用地的 92.42%，是绿化用地的主要土地利用类型；生态防护用地 21.32hm²，仅占绿化用地的 6.98%，实施力度很小；同时该段绿廊在规划范围内无棕地出现，说明绿化实施效果好（表 8-20）。

环城绿带 H9 段 2011 年绿化用地统计表　　　　　　表 8-20

土地利用类型	各类型绿地面积（hm²）	各类绿地占绿化用地面积的百分比（%）	占规划总面积的百分比（%）
生态游憩绿地	1.84	0.6	0.31
生态防护绿地	21.32	6.98	3.56
耕地	282.37	92.42	47.14
棕地	0	0	0
绿化用地面积	305.53	100	51
规划绿带面积	599	—	100

H9 段环城绿带共有 6 处土地明显改变，总面积约 21hm²，其中 5 块为工矿仓储用地转变为道路公园、道路绿地用地，1 块由分批次供地演变成农用地，实施效果良好；待实施土地主要集中于规划范围北部，多为工矿仓储用地和农村居民点用地，实施难度较大（表 8-21）。从评估图上可见，该区域靠近黄浦江，其南部规划范围广且多为农用耕地，北部规划范围狭窄，虽多建设用地，但所占总比例不大（图 8-22）。

H9 段土地演变状况			表 8-21
地块编号	原土地利用类型	现土地利用类型	演变面积（hm²）
1	工矿仓储用地	生态游憩绿地	1.84
2	工矿仓储用地	耕地	0.98
3	工矿仓储用地	耕地	2.99
4	工矿仓储用地	生态防护绿地	2.11
5	批次供地	生态防护绿地	11.86
6	工矿仓储用地	耕地	1.24
合计	—	—	21.02

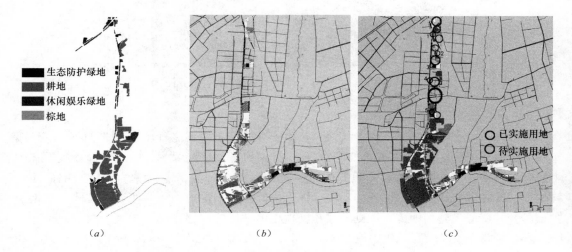

图 8-22　H9 段实施分析图

（a）H9 段 2011 年土地利用现状；（b）H9 段 2008 年土地利用现状；（c）H9 段实施分析图

8.2.9　小结

对选取的规划道路绿廊的实施情况评价进行分析，可以看出，影响道路绿廊实施的客观问题主要有以下几个方面：①绿线范围内的建设用地搬迁困难，大多数绿线宽度不足都是由于建设用地占用导致的，且经过环城绿带两次现状比较发现工矿仓储用地演变为绿廊较住宅用地更为容易。②实施的绿廊部分效果欠佳，主要表现在本该绿化的土地依然呈现裸露状况。③绿线内土地管理力度不够，在规划区内仍然继续修建建筑导致部分土地未完成向绿地的演变。④以河流补足绿廊宽度时未对河岸进行绿化处理，因此绿线宽度虽够但是绿化量不足。⑤耕地是一种重要的道路绿廊实施手段，如何合理结合这一要素的多样化开发形成复合功能的绿色廊道组成空间，是需要相应的政策方法的。合理管控这一要素，既协调土地利用保护和开发的矛盾，对于绿色廊道的实施建设，又是省事省力省钱的方法。⑥绿化用地中多生态防护绿地，开放性的休闲娱乐绿地少，没有实现绿廊的多样化功能。

8.3 政策体系

8.3.1 规划实施体系

1. 影响绿廊实施的相关政策

道路绿化一直以来都受到国家、省市及社会各界的高度关注，为了确保道路绿化的实施以及保护道路绿地，各种法律法规相继出台，同时各级规划部门也专门进行了城市道路、城市绿地规划，为了确保政策及规划的有力实施，各种激励政策也应运而生。这一小节对部分相关法律法规、规划和激励政策进行分析和总结（表8-22）。

上海市道路绿廊实施相关政策　　　　　　表8-22

建设法律法规	
国家级	省市级
《中华人民共和国森林法》	《上海市森林管理规定》（2009）
《城市绿化条例》	《上海市绿化条例》
《城市绿线管理办法》	《上海市城市规划管理技术规定》
《城市道路绿化规划与设计规范》	《上海市公园管理条例》
规划体系	
省市总体性规划	区级规划
《上海市城市总体规划（1999—2020）》	《青浦区区域总体规划实施方案（2006—2020）》
《上海市城市绿地系统规划（2002—2020）》	《上海市青浦新城绿地系统规划》
《上海市绿化系统规划》实施意见（2008—2010）	
《上海市环城绿带系统规划》	《上海市松江区绿地系统规划》
实施管理与激励政策	
《上海市环城绿带管理办法》	
《城市绿线管理办法》	
《上海市闲置土地临时绿化管理暂行办法》	
"上海市园林城区"考核管理办法	
上海市绿化管理局投诉规定	
《上海市绿化专管员管理试行办法》	
《上海市生态公益林建设项目实施管理办法》	

2. 法律法规相关政策内容

1）国家层面法律法规

在国家层面上的法律法规主要有《中华人民共和国森林法》《城市绿化条例》《城市绿线管理办法》《城市道路绿化规划与设计规范》等。

《森林法》中将护路林划分为防护林森林一类，并规定"铁路公路两旁由各有关主管单位因地制宜地组织造林，在采伐上规定铁路、公路的护路林只准进行抚育和更新性质的采伐，并需要由有关主管部门依照有关规定审核发放采伐许可证"。《森林法》对护路林的规定不但促进道路两侧绿地的实施，还对林地用地性质的延续进行了保护。

《城市绿化条例》在规划建设章节中规定"干道绿化带的设计方案必须按照规定报城市人民政府城市绿化行政主管部门或者其上级行政主管部门审批，建设单位必须按照批准的设计方案进行施工，设计方案确需改变时，须经原批准机关审批"。同时还规定应当"因地制宜地规划不同类型的防护绿地，各有关单位应当依照国家有关规定，负责本单位管界内防护绿地的绿化建设"。《条例》在第三章中对各种绿化的管理部门进行了规定，其中"防护绿地、行道树及干道绿化带的绿化由城市人民政府城市绿化行政主管部门管理"。同时指出"各单位不能擅自改变绿化用地性质以及占用绿化用地"。

《城市绿线管理办法》第四条对绿线管理部门进行了规定，"国务院建设行政主管部门负责全国城市绿线管理工作；省、自治区人民政府建设行政主管部门负责本行政区域内的城市绿线管理工作；城市人民政府规划、园林绿化行政主管部门，按照职责分工负责城市绿线的监督和管理工作"。第十条指出"城市绿线范围内的防护绿地、生产绿地、道路绿地必须按照《城市用地分类与规划建设用地标准》、《公园设计规范》等标准，进行绿地建设"。并在第十一条规定"城市绿线内的用地，不得改作他用，不得违反法律法规、强制性标准以及批准的规划进行开发建设"。

《城市道路绿化规划与设计规范（1998）》对道路绿地的建设的规定，"路侧绿带应根据相邻用地性质、防护和景观要求进行设计，并应保持在路段内的连续与完整的景观效果；路侧绿带宽度大于 8m 时，可设计成开放式绿地；开放式绿地中，绿化用地面积不得小于该段绿带总面积的 70％"。

2）市域层面法律法规

上海市的法律法规主要包括《上海市公园管理条例》《上海市环城绿带管理办法》《上海市森林管理规定》（2009）、《上海市城市规划管理技术规定》《上海市绿化条例》等。

《上海市公园管理条例》第十二章规定"本市公园发展规划确定的公园建设用地，任何单位和个人不得擅自改变或者侵占"，"城市规划确需改变公园建设用地性质的，市城市规划管理部门应当征得市园林管理部门同意后，报市人民政府批准，并就近补偿相应的规划公园建设用地"。

《上海市环城绿带管理办法》是为了加强本市环城绿带的管理，保护和改善生态环境而制定。《办法》中明确指出"环城绿带是指沿外环线道路两侧一定宽度的绿化用地，上海市绿化管理局是本市绿化行政主管部门，负责环城绿带的管理；上海市环城绿带建设管理处负责环城绿带的具体管理"。第九条规定"环城绿带建设用地通过征用集体所有土地的方式取得，在土地未征用之前可用以下三个办法解决：①通过集体所有土地使用权合作等方式进行建设；②原土地使用性质符合环城绿带功能的，使用者可以继续使用土地；③原土地使用性质不符合环城绿带功能的，应当根据农业产业结构调整计划进行调整，并由市或者区政府给予适当的补偿"。在对规划用地原建设项目的处理上"主要分为四种类型：①环城绿带规划批准前，经规划、土地管理部门批准的已建项目可予以保留；确需拆除的，应当按照有关规定给予相应补偿；②环城绿带规划批准前，经规划、土地管理部门批准的在建项目，可采取调整规划设计等办法进行处理；调整规划设计或者拆除在建项目造成损失的，应当给予相应补偿；③环城绿带规划批准前，经规划、土地管理部门批准的未建项目，应当予以退地或者换地；退地或者换地造成损失的，应当给予相应补偿，但土地闲置超过两年，经市或者区政府批准后，土地管理部门可以依法无偿收回；④未经规划批准，或者在环城绿带规划批准后未经市规划局批准的违章建筑，按照《上海市城市规划条例》的有关规定处理"。通过"对已建成的环城绿带，任何单位和个人不得擅自占用、借用或者移作他用"的规定确保环城绿带面积的稳定。在资金支持上，《办法》第十一条对环城绿带建设和养护经费进行了相关规定。认为"环城绿带建设经费来源包括三个方面，首先是市、区政府安排的资金；其次是国家政策性贷款或者国内外金融机构贷款；最后是国家允许的其他方式筹集的资金。而环城绿带养护经费由区财政部门按照绿化量和绿化养护定额予以核拨，其中，单位、个人等投资的绿地开发项目，由投资者负责落实养护经费"。同时还鼓励单位和个人以投资、捐资、认养等形式参与环城绿带的建设和养护。

《上海市森林管理规定》中规定"市和区、县规划国土资源行政管理部门应当会同同级林业主管部门根据市林业发展规划，划定公益林控制线且铁路、公路用地范围内的防护林，由铁路、公路行政管理部门负责建设；经审批后可以调整公益林控制线但是不得减少公益林用地总量；在公益林规划控制范围内，禁止新建除林地管理和养护设施、救护站以及其他应急避难设施以外的永久性建筑物"。

《上海市城市规划管理技术规定（2003）》第三十九条对道路两侧隔离带的宽度作了明确规定，认为"在村镇、城镇范围以外的公路规划红线两侧应划定隔离带，除规划另有规定外，隔离带宽度具体规定如下：①国道、快速公路两侧各50m；②主要公路两侧各20m；③次要公路及以下等级公路两侧各10m。同时公路红线和隔离带内不得新建、改建、扩建建筑物，但可以耕种或绿化等"。并在第八章第五十九条将外环绿带作为特定区域对待，在该区域道路红线后退需作特殊规定。

《上海市绿化条例》中规定"市、各区规划管理部门应当会同同级绿化管理部门根据控制性编制单元规划、市绿化系统规划、区县绿化规划，确定各类绿地的控制线（以下简称绿线），并向社会公布"。并强调"绿线不得任意调整，因城市建设确需调整的，规划管理部门应当征求市绿化管理部门的意见，调整绿线不得减少规划绿地的总量"，"因调整绿线减少规划绿地的，应当落实新的规划绿地"。同时在第十二条规定"重要地区和主要景观道路两侧新建建设项目，应当在建设项目沿道路一侧设置一定比例和宽度的集中绿地"。

3. 道路绿色廊道规划体系相关内容

1）上海市规划

1999年《上海市城市总体规划（1999—2020）》中对各级道路两侧绿化隔离带宽度作了详细规定："（1）高速公路，两侧各50m绿化隔离带；（2）主要公路，两侧各20m绿化隔离带；（3）次要公路，两侧各10m绿化隔离带"。此外还对沪宁高速、沪杭高速等部分公路进行了更为细致的描述（表8-23）。

1999 年规划部分公路明细表　　　　　　　　　　　　　　　　表 8-23

路 名	起讫点		市域内长度（km）	红线宽度（m）	绿带宽度（m）
	全程	市域内			
沪宁高速公路	上海 南京	真北路—安亭	23.5	60	50
沪杭高速公路	上海 杭州	莘庄—枫泾	46.9	60	50

续表

路　名	起讫点		市域内长度（km）	红线宽度（m）	绿带宽度（m）
	全程	市域内			
沪宁高速公路	同江	安亭		60	50
郊区环线（西环）	三亚	安亭—亭枫公路	30	60	50
沪青平公路	上海拉萨	环西一大道—金泽	51.5	40	20
沪青平高速公路		环西一大道—金泽	49.5	60	50
沪宁高速公路		环西一大道—安亭	22	60	50
沪青平高速公路		环西一大道—金泽	48	70	50
沪杭高速公路		环西一大道—枫泾	47	60	50

来源：上海市城市总体规划（1999—2020）

　　上海市《城市绿地系统规划（2002—2020）》指出应"以沿'江、河、湖、海、路、岛、城'地区的绿化为网络和连接，形成'主体'通过'网络'与'核心'相互作用的城市绿化大循环"。在该规划中将道路廊道分别放入环、廊体系规划中："（1）郊区环郊区环线长 180km，规划两侧各约 500m 的森林带，面积约 180km²；沿外环线外侧建设500m 环城林带，外环线内侧建设 25m 宽绿带，形成全长 98.9km，总用地面积约62km² 的环城林带规划"。并作了如下说明："环城林带以 500m 为基本宽度，局部地区可以扩大规模，建设大型公园、苗圃、观光农业、休疗养院等各具特色的主题公园"。（2）"沿城市道路、河道、高压线、铁路线、轨道线以及重要市政管线等按专业系统要求纵横布置总面积约 320km² 的防护绿廊"。对道路两侧的绿化宽度作了硬性规定："高速公路两侧林带宽各 100m，主要公路两侧各 50m，次要公路两侧各 25m；中心城区道路绿化应与郊区高速公路、主要公路、次要公路绿带连接，结合城市快速干道和主要干道，构成景观道路绿色廊道；建设连接城市中心、副中心，以及区级中心的林荫步道系统，单侧种植 2～3 排行道树"。此外，《上海市绿化系统规划》也提出了相应的实施对策。首先要划示绿化控制线（绿线），严格控制绿化用地；其次要拓宽投资渠道，加大绿化投资、检核力度；再次要采用多种方式，加强绿化实施建设，特别是郊区林业建设，鼓励以林养林，以综合开发带动林业建设以及林业产业化的发展；最后要尽快形成促进林业发展的财政金融优惠政策。

　　"《上海市绿化系统规划》实施意见（2008—2010）"是 2008 年上海市以"按照成功举办 2010 世博会、建设'四个中心'和现代化国际大都市的要求，构建网络完善、系统高效、结构合理、生态效益良好的市域绿化网络系统"为目标，对上海市城市绿地系统进行的新一轮建设指导。《意见》在原有绿化系统规划基础上将湿地纳入，形成"环、楔、廊、园、林、湿"的绿化系统结构，至 2010 年初步构建"三环、三带、两片、三区、四楔、多廊、多园"的绿化系统布局结构（图 8-23）。

　　《上海市环城绿带系统规划》提出"外环绿带要因地制宜，内外结合，环楔结合，能宽则宽，保证总绿量；控制规划范围内现状宅基地，并结合城镇规划布局，对宅基地上的住宅采取逐步动迁、保留、限制发展等措施；已征居住用地中，未动工的原则上改为绿化用地，已动工的视具体情况确定其使用终止期限"。此外，在具体的地方也有相关规定：

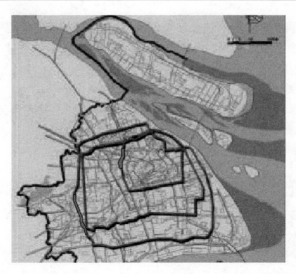

图 8-23　"实施意见"中规定应在 2010 年前实施建设的道路绿带

"虹桥机场、地铁用地的绿地率大于 30%，沿外环线绿带宽不小于 100m；外高桥港区、电厂、污水厂、修造船基地等处由于其腹地较浅，绿带实施因地制宜；绿带范围内的吴淞工业区和吴淞镇，尚未建设的用地应调整为绿地，已建建筑物的应控制其发展并确定使用终止期限，待有条件时改为绿地；外环线浦东段内侧是高压线、运河、铁路，绿化带总宽度已有 500 多米，外侧仍要规划保留绿化带，使内外呼应"。

　　2）区级规划

　　《青浦区区域总体规划实施方案（2006—2020）》在第五章综合交通规划中指出"青浦区高速公路网呈现'5 横 3 纵'状，'5 横'分别为 A11 公路（沪宁高速公路）、A16 公路（沪苏高速公路）、崧泽高架路、A9 公路（沪青平高速公路）、A15 公路（机场高速公路），形成 5 个市域对外主要通道接口；'3 纵'分别为辅助快速路、A30 公路（同三国道）和 A5 公路（嘉金高速公路）"。"高速公路两侧各规划 50m 绿化隔离带；主要干线由北青公路、沪青平公路、嘉松公路、崧泽大道构成，两侧各 20m 隔离带；次要干线由白石—纪白公路、诸光路、山周公路、外青松公路、沈砖公路、松蒸公路、文翔路、朱枫公路、太浦河北路、金商公路、商周公路等构成，两侧各 10～20m 隔离带"。其绿地系统规划中"拟进行三轴线（318 国道、同三国道、沪青平高速）"的生态绿化建设，形成 318 国道和沪青平高速为主的城镇发展景观轴和由中央林荫大道、城中西路、城中东路、公园路以及 A30 公路构成的新城景观轴。

　　以总体规划方案为依据，青浦区编制了《上海市青浦新城绿地系统规划》，形成"北隔南导，东西建廊，南北穿插；水绿相依，人绿相随，绿映古韵——绿带连珠"的绿地系统布局结构。"北隔南导，东西建廊，南北穿插"中主要包括了沪青平高速和 318 国道沿线绿带、淀山湖大道—公园路绿廊、沪青平高速沿线绿带、同三国道两侧绿带以及外青松公路、漕盈路、规划西一路、西三路、西九路等道路沿线绿带。在道路防护绿地规划中规定应结合城市快速道路、主要交通干道沿线设置道路防护绿地，城市道路的防护绿地依据道路等级加以控制。城市干道（漕盈路、外青松路）道路防护绿地平均宽度控制在 15～20m，过境交通（318 国道（改线后）、沪青平高速公路）可以控制在 25～100m，同三国道防护绿地单侧宽度控制在 50m 以上。青浦低速磁悬浮线东西向段与华盈路—盈港路同线，规划建设 15m 宽的防护绿地，并种植枝叶茂盛的高大常绿乔木；南北向段两侧规划宽度合计大于 40m 的带状公园。

《上海市松江区绿地系统规划》首先对松江区的绿化现状进行了总结，据上海市公路管理处"上海公路绿化各类报表"，至 2004 年 10 月，松江共有区管道路及县级道路197.43km。其中可绿化长度约 188.09km，已绿化长度为 185.8km，绿化普及率为98.78%（表 8-24、表 8-25）。据上海市绿化管理局"绿化统计资料汇编"统计，至 2005年末松江建成区共有行道树 1.854 万株，行道树覆盖面积 19.05hm^2。在原有绿化现状上实现"一城、二环、四区、多园、多廊"的绿地系统格局。环包括内环和外环：①外环：同三国道—泗陈公路—嘉金高速—叶新公路，规划 50～100m 环城绿带。充分利用规划绿环内河网，蓝绿相映，在城镇接壤处设置带状绿地及街道绿地。环城绿带中规划专类公园5 处，综合性文化公园 3 处，均可供市民进入游憩。②内环：沈砖公路—油墩港—闵塔公路—沪松公路，规划 50～100m 环城绿带。大学城段，以风景林为主，既有防护作用又与大学城景观相融。多廊是指境内河道网、公路网、绿化隔离带、轻轨绿化隔离带及高压走廊隔离带。其中公路网绿化主要公路呈"四横五纵"布局，并分别对其防护林带宽度、主要组成树种等进行了规定。其他主干道路两侧各控制 20m 绿化隔离带，次要公路两侧各设 10～15m 隔离带。

《上海市松江区绿地系统规划》横向道路绿化规划表 表 8-24

路名及路别	规划红线宽度（m）	长度（km）	防护林带宽（m）	规划骨干树种
沈砖—砖莘公路	35	29.64	40	香樟
沪杭高速	60	43.56	100	香樟
机场高速	60	41.00	100	意杨、中山柏
泖新—叶大公路	35～50	34.10	40	香樟

《上海市松江区绿地系统规划》纵向道路绿化规划表 表 8-25

路名及路别	规划红线宽度（m）	长度（km）	防护林带宽（m）	规划骨干树种
嘉金高速	60	27.94	100	香樟
沪松—松金公路	35	22.88	40	香樟
嘉松公路	50	10.53	100	香樟、杜英、紫薇
辰塔公路	40	14.53	40	枫杨、香樟

8.3.2 实施管理政策

为了保证各种法律法规以及规划方案中的道路绿廊得到有效的实施，各级部门还相继出台了一系列的激励、监督政策。《上海市环城绿带管理办法》第十二条指出"环城绿带投资、建设、养护的单位和个人，可以按照有关规定享受相应的优惠政策"。《城市绿线管理办法》第九条规定"批准的城市绿线要向社会公布，接受公众监督"。"任何单位和个人都有保护城市绿地、服从城市绿线管理的义务，有监督城市绿线管理、对违反城市绿线管理行为进行检举的权利"。为了更好地利用闲置土地，获得更多的绿化量，《上海市闲置土地临时绿化管理暂行办法》第十条规定"临时绿地存续期间超过1年（含1年）的，建设临时绿地的建设用地单位可以向市或者区、县土地管理部门申请享受以下优惠：（1）临时绿地存续期间免缴土地闲置费；（2）临时绿地存续期不计入土地使用期限；（3）法律、法规、规章和市人民政府规定的其他优惠"。

除了法律法规上的激励外，上海是还采取了其他的一些促进措施。"上海市园林城区"考核管理办法中对各种绿化指标进行了量化处理，以自各区县在城区绿化上起到督促作用，其中在道路绿化中规定"街道绿化普及率95％以上，达标率80％以上，市区干道绿地率25％以上"。2004上海市绿化管理局特制定《上海市绿化专管员管理试行办法》。《办法》规定"绿化专管员的主要职责之一是对工作范围内的公共道路两侧的所有绿化进行日常检查、监督和信息反馈"。为了更好地实现管理绿化的目的，《办法》对管理员制定了四个工作制度：①巡查制度，即专管员应按照市、区绿化管理部门的要求，实行定期巡查，建立巡查、反馈工作台账；②督察制度，专管员对巡查反馈的问题，有义务和责任对相关单位的处理进行督查；③工作例会制度，由区（县）绿化管理部门、街道（镇）相关部门和绿化专管员之间建立每月一次的工作例会制度，主要用于管理员汇报工作、与其他部门进行信息沟通、接受指导建议等；④业务考核制度，绿化专管员考核由区（县）绿化管理部门组织，以暗查工作实效为主，定期考核业务能力，同时充分听取街道（镇）和当地居民的意见，注重工作实效，绩效与奖惩挂钩，如月抽查制度、季评价制度、满意度测评制等。《上海市生态公益林建设项目实施管理办法》中规定"市级资金实行定额标准基础上的差别化补贴，定额标准为沿海防护林1.2万元/亩，水源涵养林0.8万元/亩，通道防护林1.0万元/亩，防污染隔离林1.2万元/亩"。按上述定额标准，闵行区市补贴40％，松江区、青浦区市补贴50％。这一办法不但激励了各区对生态公益林的建设热情，还一定程度上解决了建设资金问题。

8.4 实施的评价要素体系与评价

8.4.1 道路绿色廊道实施评价因子的确定

从绿廊实施情况及实施要求入手，列举出了针对绿廊实施的政策性评价发展目标因子，包括绿廊空间要素构成，空间内部的关联和绿廊空间与其他土地利用空间之间的协调方面的发展目标与基线标准。以区域绿色廊道的评价因子为基本准则，结合道路绿色廊道自身特点，评价考虑的基线信息如下：

1. 空间性指标

（1）绿廊内绿化用地比例是否达到70％；

（2）道路绿廊内的绿化用地是否得到有效实施；

（3）绿廊实施宽度是否得到有效实施；

（4）道路绿色廊道的连续性如何；

（5）道路绿色廊道的用地构成的异质性状况如何；

（6）生态防护绿地是否与规划道路防护林地分布一致；

（7）生态防护林地是否为主要的绿廊绿化用地。

（8）生态游憩绿地在道路绿廊的用地构成中是否具有功能性和分布上的合理性；

（9）道路绿廊范围内的耕地是否得到保护，有无增加或减少，增加和减少的数量是否转换为其他绿色空间用地；

（10）棕地是否有发展为绿色空间的潜力。

2. 关联性指标

（11）是否与研究选择区域内其他绿色廊道网络具有好的衔接性和总体协调性；

（12）研究涉及的区域总体实施的空间结构是否与规划结构具有一致性；

（13）实施的阶段是否与规划发展目标一致，空间（25m、100m、500m）构成上是否与规划目标一致；

（14）研究涉及的区域总体规划的规模目标是否得到有效实施；

（15）绿廊规划区域内绿化用地量是否增加；

（16）绿廊内非绿带功能性用地是否得到调整；

（17）绿廊内是否新增除管理设施、养护设施、救护站以及其他应急避难设施以外的永久性建筑物；

（18）绿廊内原有建筑用地是否得到迁移；

（19）绿廊规划用地是否遭到其他性质用地的占用。

3. 协调性指标

（20）跨区域是否协调；

（21）是否与交通功能具有协调性，是否对旅游功能提供保障性；

（22）是否起到有效的保护自然景观和地貌等地域景观格局特征。

8.4.2　道路绿色廊道实施评价因子的评估

根据上海市总体规划对道路绿线的要求，对上海部分道路绿廊进行了实施情况分析，得到道路绿廊实施现状的数据及图像资料，对上海的绿廊情况有了一个比较清晰的描述。在上述评价的基线信息分析基础上，确定主要的评价影响因子内容。根据各政策的要求规定以及各绿廊在上述评价因子中的实施情况进行政策的实施效率评价。首先对各条绿廊的实施目标进行总结描述，再分别评价在各因子上的实施情况（表 8-26～表 8-33）。

沪宁高速绿廊实施评价　　　　　　　　　　　　　　　表 8-26

发展目标	主要评价的影响因子	实施效果评价
形成两侧各 50m 绿化廊道，绿化用地以生态防护林为主	1. 绿廊实施控制绿地面积与规划面积比例如何	占总规划面积的 73.62%
	2. 绿廊的实施宽度是否达到规划标准，是否得到有效实施	仅存在 1000m 建设用地占据绿廊宽度，总体实施较好，得到较为有效的实施，但是棕地面积 5.04hm²，可进一步实施
	3. 绿道的长度方向实施程度如何	部分段建筑用地和棕地导致绿廊出现明显空缺
	4. 绿道的连续性如何	存在 4 段共 2100m 的明显不连续，总体连续性较好

续表

发展目标	主要评价的影响因子	实施效果评价
形成两侧各50m绿化廊道，绿化用地以生态防护林为主	5. 绿廊的用地构成的异质性状况如何	绿廊中非绿化用地较少，异质不明显
	6. 生态防护绿地是否与规划道路防护林地分布一致	生态防护用地占46.87%，一致性很差
	7. 生态防护林地是否为主要的绿廊绿化用地	生态防护用地占绿化用地63.67%，是主要的绿化用地
	8. 棕地是否有发展为绿色空间的潜力	潜力很大
	9. 绿廊范围内的耕地是否得到保护	耕地得到有效保护
	10. 研究涉及的区域总体实施的空间结构是否与规划结构具有一致性	50m规划绿廊基本实施完成，实施较好
	11. 道路绿廊是否起到连接绿地斑块如公园、林地的作用	连接作用较好
	12. 是否与研究区域内其他类型绿廊具有好的衔接性	衔接性和总体协调性较好
	13. 绿廊自身系统内部是否协同开发利用	不好
	14. 近年来实施绿地是否增加	有较大增长
	15. 绿廊内非绿带功能性用地得到调整是否可行	—
	16. 绿廊规划用地是否遭到其他性质用地的占用	各种建设用地占规划面积的26.38%，在合理范围内
	17. 绿廊内原有建筑用地是否演变为绿地	—
	18. 绿廊实施是否在规划指导下执行，上下位规划是否协调	是，协调
	19. 不同区域段的绿廊规划与实施是否具有联动协调性	无，各区之间具有协调性
	20. 绿廊实施的时序上是否与规划时序保持一致性	同步
	21. 绿廊的实施是否得到相关职能管理部门政策法规保障，如法规条例、激励等	有，道路建设主管部门负责一定范围内的绿地廊道的建设
	22. 绿廊是否具有景观多样化利用特点	与交通协调性较好，与旅游相关性不大，对景观保护性较好

沪渝高速绿廊实施评价　　　　　　　　　　表 8-27

发展目标	主要评价的影响因子	实施效果评价
形成两侧各50m绿化廊道，绿化用地以生态防护林为主	1. 绿廊实施控制绿地面积与规划面积比例如何	绿化用地占规划面积的85.73%
	2. 绿廊的实施宽度是否达到规划标准，是否得到有效实施	50m规划绿廊基本实施完成很好，仅存在300m绿廊宽度不达标，整体宽度实施很好。绿廊内能绿化的土地占总规划面积的85.73%，实施力度很高
	3. 绿道的长度方向实施程度如何	除极少段由于建筑用地无法实施，东部道路绿廊含有少量的耕地，向西耕地逐渐增加
	4. 绿道的连续性如何	中间存在300m绿化用地狭窄段，但未断裂，连续性非常好
	5. 绿廊的用地构成的异质性状况如何	绿廊中非绿化用地量少，异质性很低
	6. 生态防护绿地是否与规划道路防护林地分布一致	生态防护用地占规划防护绿地的71.44%，一致性较好

续表

发展目标	主要评价的影响因子	实施效果评价
形成两侧各50m绿化廊道，绿化用地以生态防护林为主	7. 生态防护林地是否为主要的绿廊绿化用地	生态防护用地占绿化用地83.33%，是主要的绿化用地
	8. 棕地是否有发展为绿色空间的潜力	无棕地
	9. 绿廊范围内的耕地是否得到保护	耕地得到有效保护
	10. 研究涉及的区域总体实施的空间结构是否与规划结构具有一致性	一致性高
	11. 道路绿廊是否起到连接绿地斑块如公园、林地的作用	有一定的作用
	12. 是否与研究区域内其他类型绿廊具有好的衔接性	衔接性和总体协调性较好
	13. 绿廊自身系统内部是否协同开发利用	有，但实施效果不好
	14. 近年来实施绿地是否增加	有增加
	15. 绿廊内非绿带功能性用地得到调整是否可行	—
	16. 绿廊规划用地是否遭到其他性质用地的占用	各种建设用地占规划面积的14.27%，在合理范围内
	17. 绿廊内原有建筑用地是否演变为绿地	—
	18. 绿廊实施是否在规划指导下执行，上下位规划是否协调	是，协调
	19. 不同区域段的绿廊规划与实施是否具有联动协调性	无，各区之间具有协调性
	20. 绿廊实施的时序上是否与规划时序保持一致性	同步
	21. 绿廊的实施是否得到相关职能管理部门政策法规保障，如法规条例、激励等	有，道路建设主管部门负责一定范围内的绿地廊道的建设
	22. 绿廊是否具有景观多样化利用特点	与交通协调性较好，绿廊左段靠近淀山湖，在交通上对旅游起到了保障作用，对景观保护性较好

沪杭高速绿廊实施评价　　　　　　　　　　　　　　　　　表 8-28

发展目标	主要评价的影响因子	实施效果评价
形成两侧各50m绿化廊道，绿化用地以生态防护林为主	1. 绿廊实施控制绿地面积与规划面积比例如何	绿化用地占规划面积的76.61%
	2. 绿廊的实施宽度是否达到规划标准，是否得到有效实施	50m规划绿廊基本实施完成较好。绿廊内能绿化的土地基本得到绿化，存在6.61hm² 棕地，应进一步绿化
	3. 绿道的长度方向实施程度如何	绿廊沿道路呈现光滑曲线状。以沈海高速为界，东部廊道绿化宽度部分段明显不足，其他土地以建筑用地为主，出现绿化量缺口问题
	4. 绿道的连续性如何	中间存在1350m绿化用地狭窄或断裂段，连续性非常好
	5. 绿廊的用地构成的异质性状况如何	绿廊中非绿化用地量少，异质性不明显
	6. 生态防护绿地是否与规划道路防护林地分布一致	生态防护用地占规划绿廊64.91%，一致性一般

续表

发展目标	主要评价的影响因子	实施效果评价
	7. 生态防护林地是否为主要的绿廊绿化用地	生态防护用地占绿化用地84.73%，是主要的绿化用地
	8. 棕地是否有发展为绿色空间的潜力	棕地为绿化实施不力形成，潜力大
	9. 绿廊范围内的耕地是否得到保护	耕地得到有效保护
	10. 研究涉及的区域总体实施的空间结构是否与规划结构具有一致性	一致性较高
	11. 道路绿廊是否起到连接绿地斑块如公园、林地的作用	起到一定的连接作用
	12. 是否与研究区域内其他类型绿廊具有好的衔接性	衔接性和总体协调性较好
形成两侧各50m绿化廊道，绿化用地以生态防护林为主	13. 绿廊自身系统内部是否协同开发利用	不好
	14. 近年来实施绿地是否增加	—
	15. 绿廊内非绿带功能性用地得到调整是否可行	—
	16. 绿廊规划用地是否遭到其他性质用地的占用	各种建设用地占规划面积的23.39%，在合理范围内
	17. 绿廊内原有建筑用地是否演变为绿地	—
	18. 绿廊实施是否在规划指导下执行，上下位规划是否协调	是，上下位规划不完全一致
	19. 不同区域段的绿廊规划与实施是否具有联动协调性	在同一个行政区内
	20. 绿廊实施的时序上是否与规划时序保持一致性	基本同步
	21. 绿廊的实施是否得到相关职能管理部门政策法规保障，如法规条例、激励等	有，道路建设主管部门负责一定范围内的绿地廊道的建设
	22. 绿廊是否具有景观多样化利用特点	与交通协调性较好，与旅游相关性不大，对景观保护性较好

318国道绿廊实施评价   表8-29

发展目标	主要评价的影响因子	实施效果评价
	1. 绿廊实施控制绿地面积与规划面积比例如何	绿化用地占规划面积的79.1%
	2. 绿廊的实施宽度是否达到规划标准，是否得到有效实施	整体宽度实施较差。20m规划绿廊基本实施完成较好。绿廊内能绿化的土地基本得到绿化，存在4.2hm²棕地，应进一步绿化
形成两侧各50m绿化廊道，绿化用地以生态防护林为主	3. 绿道的长度方向实施程度如何	整条绿廊光滑曲线状，部分地区绿化效果较差形成大片棕地。郊环以西，居民点多位于道路北部，形成绿地主要处于道路上侧，耕地主要位于南侧的绿化格局
	4. 绿道的连续性如何	存在6处共3750m断裂段，连续性较差
	5. 绿廊的用地构成的异质性状况如何	绿廊中非绿化用地量少，异质性不明显
	6. 生态防护绿地是否与规划道路防护林地分布一致	生态防护用地占规划绿廊65.58%，一致性一般
	7. 生态防护林地是否为主要的绿廊绿化用地	生态防护用地占绿化用地82.91%，是主要的绿化用地

发展目标	主要评价的影响因子	实施效果评价
形成两侧各50m绿化廊道，绿化用地以生态防护林为主	8. 棕地是否有发展为绿色空间的潜力	棕地为绿化实施不力形成，潜力大
	9. 绿廊范围内的耕地是否得到保护	耕地得到有效保护
	10. 研究涉及的区域总体实施的空间结构是否与规划结构具有一致性	一致性较高
	11. 道路绿廊是否起到连接绿地斑块如公园、林地的作用	很好的作用
	12. 是否与研究区域内其他类型绿廊具有好的衔接性	衔接性和总体协调性较好
	13. 绿廊自身系统内部是否协同开发利用	有一定程度的协作开发利用
	14. 近年来实施绿地是否增加	有明显增加
	15. 绿廊内非绿带功能性用地得到调整是否可行	—
	16. 绿廊规划用地是否遭到其他性质用地的占用	各种建设用地占规划面积的20.9%，在合理范围内
	17. 绿廊内原有建筑用地是否演变为绿地	—
	18. 绿廊实施是否在规划指导下执行，上下位规划是否协调	是，上下位规划不完全一致
	19. 不同区域段的绿廊规划与实施是否具有联动协调性	无，各区之间具有协调性
	20. 绿廊实施的时序上是否与规划时序保持一致性	同步
	21. 绿廊的实施是否得到相关职能管理部门政策法规保障，如法规条例、激励等	有，道路建设主管部门负责一定范围内的绿地廊道的建设
	22. 绿廊是否具有景观多样化利用特点	与交通协调性较好。右段濒临淀山湖旅游区，与旅游协调作用。对景观保护性较好

沪金高速绿廊实施评价　　　　　　　　　　　　　　　　表8-30

发展目标	主要评价的影响因子	实施效果评价
形成两侧各50m绿化廊道，绿化用地以生态防护林为主	1. 绿廊实施控制绿地面积与规划面积比例如何	绿化用地占规划面积的71.6%
	2. 绿廊的实施宽度是否达到规划标准，是否得到有效实施	整体宽度实施较差。50m规划绿廊基本实施完成，但绿廊内存在9.4hm²棕地，比例及绝对数量均较高，实施有效性略低
	3. 绿道的长度方向实施程度如何	实施效果欠佳，在绿线范围内由于绿化效果不好引起土地裸露而形成一定面积的棕地
	4. 绿道的连续性如何	存在4处共3700m断裂段，连续性较差
	5. 绿廊的用地构成的异质性状况如何	绿廊中非绿化用地量少，异质性不明显
	6. 生态防护绿地是否与规划道路防护林地分布一致	生态防护用地占规划绿廊63.29%，一致性一般
	7. 生态防护林地是否为主要的绿廊绿化用地	生态防护用地占绿化用地88.4%，是主要的绿化用地
	8. 棕地是否有发展为绿色空间的潜力	部分地段棕地绿化实施潜力小
	9. 绿廊范围内的耕地是否得到保护	耕地得到有效保护
	10. 研究涉及的区域总体实施的空间结构是否与规划结构具有一致性	一致性较高

续表

发展目标	主要评价的影响因子	实施效果评价
形成两侧各50m绿化廊道，绿化用地以生态防护林为主	11. 道路绿廊是否起到连接绿地斑块如公园、林地的作用	不明显
	12. 是否与研究区域内其他类型绿廊具有好的衔接性	衔接性和总体协调性较好
	13. 绿廊自身系统内部是否协同开发利用	无
	14. 近年来实施绿地是否增加	有显著增加
	15. 绿廊内非绿带功能性用地得到调整是否可行	—
	16. 绿廊规划用地是否遭到其他性质用地的占用	各种建设用地占规划面积的 28.4%，在合理范围内
	17. 绿廊内原有建筑用地是否演变为绿地	—
	18. 绿廊实施是否在规划指导下执行，上下位规划是否协调	是，协调
	19. 不同区域段的绿廊规划与实施是否具有联动协调性	无，各区之间具有协调性
	20. 绿廊实施的时序上是否与规划时序保持一致性	同步
	21. 绿廊的实施是否得到相关职能管理部门政策法规保障，如法规条例、激励等	有，道路建设主管部门负责一定范围内的绿地廊道的建设
	22. 绿廊是否具有景观多样化利用特点	与交通协调性较好，与旅游相关性不大，对景观保护性较好

郊环绿廊实施评价 表 8-31

发展目标	主要评价的影响因子	实施效果评价	
		100m 林带	500m 林带
道路两侧实施 100m 及 500m 宽林带，以生态防护林地为主要绿化用地类型	1. 绿廊实施控制绿地面积与规划面积比例如何	达到 71.18%	实现 60.75%，未达到 70%
	2. 绿廊的实施宽度是否达到规划标准，是否得到有效实施	100m 林带实施完成较好，得到有效实施。绿化土地占总规划面积的 71.18%，实施力度较高	500m 林带实施完成较差，整体宽度实施较差。绿化土地占总规划面积的 60.75%，实施力度一般。存在 14.07hm² 棕地，虽绝对量大但比例小
	3. 绿道的长度方向实施程度如何	实施效果较好，建设用地占据绿廊一定面积，进一步实施难度较大	存在 4210m 绿化断裂段。绿化在实施上面效果不好，土地裸露严重；绿廊中缺失部分土地利用类型以建筑用地为主
	4. 绿道的连续性如何	存在 2 处共 650m 棕地，连续性较好	存在 4 处共 4210m 断裂段，连续性较差
	5. 绿廊的用地构成的异质性状况如何	绿廊中非绿化用地量少，异质性不明显	异质性较明显

发展目标	主要评价的影响因子	实施效果评价	
		100m 林带	500m 林带
道路两侧实施 100m 及 500m 宽林带，以生态防护林地为主要绿化用地类型	6. 生态防护绿地是否与规划道路防护林地分布一致	生态防护用地占规划绿廊 42.11%，一致性很差	生态防护用地占规划绿廊 7.31%，以耕地为主。一致性很差
	7. 生态防护林地是否为主要的绿廊绿化用地	占绿化用地 42.11%，虽是主要绿化用地但比例不高	占绿化用地 7.31%，不是主要的绿化用地
	8. 棕地是否有发展为绿色空间的潜力	潜力大	—
	9. 绿廊范围内的耕地是否得到保护	耕地得到有效保护	耕地得到有效保护
	10. 研究涉及的区域总体实施的空间结构是否与规划结构具有一致性	一致性较高	一致性较差
	11. 道路绿廊是否起到连接绿地斑块如公园、林地的作用	有一定的作用	有一定的作用
	12. 是否与研究区域内其他类型绿廊具有好的衔接性	衔接性和总体协调性较好	衔接性和总体协调性较好
	13. 绿廊自身系统内部是否协同开发利用	不理性	有协同开发利用
	14. 近年来实施绿地是否增加	增加明显	有增加
	15. 绿廊内非绿带功能性用地得到调整是否可行	—	—
	16. 绿廊规划用地是否遭到其他性质用地的占用	各种建设用地面积在合理范围内	各种建设用地面积较大，占用了绿化用地
	17. 绿廊内原有建筑用地是否演变为绿地	—	—
	18. 绿廊实施是否在规划指导下执行，上下位规划是否协调	是，协调	是，协调
	19. 不同区域段的绿廊规划与实施是否具有联动协调性	有，各区之间具有协调性	有，各区之间具有协调性
	20. 绿廊实施的时序上是否与规划时序保持一致性	实施滞后	实施滞后
	21. 绿廊的实施是否得到相关职能管理部门政策法规保障，如法规条例、激励等	有，存在部门壁垒	有，存在部门壁垒
	22. 绿廊是否具有景观多样化利用特点	与交通协调性较好，与旅游相关性不大，对景观保护性较好	与交通协调性较好，与旅游相关性不大，对景观保护性较好
	23. 空间（25m、100m、500m）构成上是否与规划目标一致	较为一致	一致性一般

外环（环城）绿廊实施评价   表 8-32

发展目标	主要评价的影响因子	实施效果评价		
		25m 林带	100m 林带	500m 林带
形成两侧25m、100m和500m绿带，其中25m为纯林带，100m尽量保证纯林带，500m为绿带，包括各种绿化功能性用地	1. 绿廊实施控制绿地面积与规划面积比例如何	64.48%	56.64%	21.98%
	2. 绿廊的实施宽度是否达到规划标准，是否得到有效实施	25m规划绿廊实施完成一般。得到较为有效的实施，棕地面积小。部分绿廊林地形成但是宽度不够	100m绿廊完成较差。棕地面积14.98hm²，实施有效性不高。右侧绿廊缺失较多，左侧棕地较多	500m绿带完成很差。棕地面积70.2hm²，有效性很差。绿廊实施宽度未得到有效保护
	3. 绿道的长度方向实施程度如何	25m实施较好，仍有局部段绿廊中断	实施效果较好，建设用地占据绿廊一定面积，进一步实施难度较大	实施效果不好，土地裸露严重；绿廊中缺失部分土地利用类型以建筑用地为主
	4. 绿道的连续性如何	连续性较好	连续性较差	连续性很差
	5. 绿廊的用地构成的异质性状况如何	异质较明显	异质性强	异质性很强
	6. 生态防护绿地是否与规划道路防护林地分布一致	生态防护用地占63.38%，一致性一般	生态防护用地占39.88%，一致性很差	绿化地占规划面积的21.98%，不一致
	7. 生态防护林地是否为主要的绿廊绿化用地	生态防护用地占绿化用地98.29%，是主要的绿化用地	生态防护用地占绿化用地70.41%，是主要的绿化用地	—
	8. 棕地是否有发展为绿色空间的潜力	面积小但具有较大的绿化潜力	潜力很大	潜力很大
	9. 绿廊范围内的耕地是否得到保护	—	—	耕地得到有效保护
	10. 研究涉及的区域总体实施的空间结构是否与规划结构具有一致性	一般	较差	很差
	11. 道路绿廊是否起到连接绿地斑块如公园、林地的作用	很好	很好	很好
	12. 是否与研究区域内其他类型绿廊具有好的衔接性	衔接性和协调性较好	衔接性和协调性较好	衔接性和协调性较好
	13. 绿廊自身系统内部是否协同开发利用	是	是	是
	14. 近年来实施绿地是否增加	—	—	—
	15. 绿廊内非绿带功能性用地得到调整是否可行	—	—	—
	16. 绿廊规划用地是否遭到其他性质用地的占用	各种建设用地比例较高	各类建设用地比例很高	各类建设用地比例非常高
	17. 绿廊内原有建筑用地是否演变为绿地	实施较好	部分实施，不好	不好
	18. 绿廊实施是否在规划指导下执行，上下位规划是否协调	是，协调	是，协调	—

续表

发展目标	主要评价的影响因子	实施效果评价		
		25m 林带	100m 林带	500m 林带
形成两侧25m、100m和500m绿带，其中25m为纯林带，100m尽量保证纯林带，500m为绿带，包括各种绿化功能性用地	19. 不同区域段的绿廊规划与实施是否具有联动协调性	有，各区之间具有协调性	有，各区之间具有协调性	有，各区之间具有协调性
	20. 绿廊实施的时序上是否与规划时序保持一致性	一致性较好	一致性较好	一致性较好
	21. 绿廊的实施是否得到相关职能管理部门政策法规保障，如法规条例、激励等	是，存在部门壁垒	是，存在部门壁垒	是，存在部门壁垒
	22. 绿廊是否具有景观多样化利用特点	与交通协调性较好，与旅游相关性不大，对景观保护性较好	与交通协调性较好，与旅游相关性不大，对景观保护性较好	与交通协调性较好，与旅游相关性不大，对景观保护性较好
	23. 空间（25m、100m、500m）构成上是否与规划目标一致	一致性一般	一致性较差	一致性很差

近郊环城绿带实施评价 表 8-33

发展目标	主要评价的影响因子	实施效果评价		
		H7	H8	H9
H7 段规划面积 7.56km²；H8 规划向东 500m 左右，规划面积 5.09km²；H9 规划面积 8.19km²。三段环城绿带规划要求土地利用以林地和绿地为主，兼容小型体育用地及少量的公共服务设施用地等，原则上禁止其他用地性质的规划建设	1. 绿廊实施控制绿地面积与规划面积比例如何	仅为 39.88%	仅为 37.1%	仅 51%
	2. 绿廊的实施宽度是否达到规划标准，是否得到有效实施	实施宽度未得到保障，建筑用地多，少量棕地存在，规划要求未得到有效实施	上半部未保障，下半部多耕地，符合规划宽度。建筑用地多，少量棕地存在，规划要求未得到有效实施	上半部为保障，下半部多耕地，符合规划宽度。建筑用地多，少量棕地存在，规划要求未得到有效实施
	3. 绿道的长度方向实施程度如何	效果不好，在规划范围内由于绿化效果不好引起土地裸露而形成大面积棕地。尚有一些工矿仓储用地、农村居民点用地以及少量的商服用地、城镇住宅用地	效果不好，在规划范围内有一些工矿仓储用地、农村居民点用地以及少量的商服用地、城镇住宅用地及其他特殊用地	效果很差，在规划范围内有一些工矿仓储用地、农村居民点用地以及少量的商服用地、城镇住宅用地及其他特殊用地
	4. 绿道的连续性如何	绿带内建设面积多，连续性很差	绿带内建设面积多，连续性很差	绿带内建设面积多，连续性很差
	5. 绿廊的用地构成的异质性状况如何	异质性很明显	异质性很明显	异质性很明显
	6. 生态防护绿地是否与规划道路防护林地分布一致	以耕地为主，一致性很差	以耕地为主，一致性很差	以耕地为主，一致性很差

续表

发展目标	主要评价的影响因子	实施效果评价		
		H7	H8	H9
H7 段规划面积 7.56km²；H8 规划向东 500m 左右，规划面积 5.09km²；H9 规划面积 8.19km²。三段环城绿带规划要求土地利用以林地和绿地为主，兼容小型体育用地及少量的公共服务设施用地等，原则上禁止其他用地性质的规划建设	7. 生态防护林地是否为主要的绿廊绿化用地	否	否	否
	8. 棕地是否有发展为绿色空间的潜力	最末端棕地已出现向建设用地转变趋势	因绿化实施不力引起，潜力大	—
	9. 绿廊范围内的耕地是否得到保护	耕地得到保护，但是数量上未增加	耕地得到保护，增加 10.76hm²	耕地得到保护，增加 5.21hm²
	10. 研究涉及的区域总体实施的空间结构是否与规划结构具有一致性	较为一致	较为一致	较为一致
	11. 道路绿廊是否起到连接绿地斑块如公园、林地的作用	不好	不好	不好
	12. 是否与研究区域内其他类型绿廊具有好的衔接性	衔接性和总体协调性较好	衔接性和总体协调性较好	衔接性和总体协调性较好
	13. 绿廊自身系统内部是否协同开发利用	无	一般	较好
	14. 近年来实施绿地是否增加	增加情况很好	有增加但增量较少	增加情况很好
	15. 绿廊内非绿带功能性用地得到调整是否可行	部分得到调整	部分得到调整但仍存在建设用地增加	部分得到调整
	16. 绿廊规划用地是否遭到其他性质用地的占用	建设用占地较多	建设用占地较多	建设用占地较多
	17. 绿廊内原有建筑用地是否演变为绿地	是	是	是
	18. 绿廊实施是否在规划指导下执行，上下位规划是否协调	是，不一致	是，不一致	是，不一致
	19. 不同区域段的绿廊规划与实施是否具有联动协调性	实效短，一致性不明显	实效短，一致性不明显	实效短，一致性不明显
	20. 绿廊实施的时序上是否与规划时序保持一致性	实效短，一致性不明显	没有一致性	没有一致性
	21. 绿廊的实施是否得到相关职能管理部门政策法规保障，如法规条例、激励等	是，存在部门壁垒	是，存在部门壁垒	是，存在部门壁垒
	22. 绿廊是否具有景观多样化利用特点	与交通协调性较好，与旅游相关性不大，对景观保护性较好	与交通协调性较好，与旅游相关性不大，对景观保护性较好	与交通协调性较好，与旅游相关性不大，对景观保护性较好

8.4.3 小结

实施空间发展目标上，道路绿廊实施较好。沪渝高速绿廊实施效果最好，主要表现在绿廊连续性好，异质性很低，绿化实施用地面积大，与规划一致性高等方面；沪杭高速绿廊、沪宁高速绿廊、沪金高速绿廊、318 国道绿廊、外环线的 25m 林带以及郊环 100m 林带实施效果较好，但不突出；外环 100m、500m 林带及郊环 500m 林带实施效果较差，主要表现为绿化用地中断较多，连续性差，绿化用地面积占规划面积比例不达标，绿廊内建设用地占用面积较多，绿廊实施宽度不足，绿化用地实施效果偏差，棕地较多等方面；环城绿带的实施主要根据 2008 年与 2011 年用地现状的对比所得数据进行评价，可以看出环城绿带规划范围内绿化用地在逐年增加，但是增加速度较为缓慢，绿廊内建设用地多，在各因子下的实施效果均不太好。从实施的空间协调上，道路绿廊规划在市域层面规划基本具有一致性，但市域层面与分区层面规划控制协调性不足。规划控制明显存在各分区绿廊宽度减小，各分区基本控制协调一致。道路绿廊在上海市该区片建设时序与规划时序基本同步，只是环路绿廊实施宽度较大，实施滞后。道路绿廊也能够结合自然景观格局和文化保护进行合理规划与实施。景观多元功能严重不足，需要提升其作为旅游发展功能区的协调作用。

9 区域河流绿色廊道的实施评价

9.1 研究区河流绿色廊道的选择和空间组成

　　研究区域范围内的河网众多，是典型的自然地形地貌具有江南特征的区域。主要水系为黄埔江以及黄埔江支流。黄浦江发源于太湖，流经上海市区后于吴淞口注入了长江，全长114km，支流包括太浦河、蕴藻浜、苏州河和淀浦河等。由于地形等原因，境内的东部河流多南北走向，西部河流多东西走向。苏州河源自太湖，经江苏向东流入上海，横贯上海市，最终注入黄浦江。苏州河流经上海市中心城区约20km。20世纪70年代，由于上海工业和人口的迅速发展，苏州河污染状况日渐严重，1998～2002年苏州河综合整治一期工程实施，河岸绿地面积增加，但是河流廊道仍未达到完全畅通。2003～2005年，苏州河综合整治二期工程实施，河岸公共空间的利用、河岸植被的合理分布和河岸高层建筑的控制开始日益受到关注。2006年，苏州河综合整治开始进入三期工程，通过开发河岸景点和文化遗址将其建成城市景观水系绿色廊道。除了特殊的城市景观河道地段，上海市河流水网作为区域绿色空间的重要绿色载体在20世纪基本上没有得到应有的重视，相对于建设成效较好的道路绿色廊道来说，规划实施相对来说起步较晚。因而，选择规划确定的市级景观水系的实施评价是比较理想的研究对象。

　　上海市各层面的规划政策对河流绿色廊道有严格的实施规定。2002年《上海市城市绿地系统规划》市管的河道两侧林带长8km，宽约200m，其他河道两侧林带宽25～250m。沿海防护林带在主风向为1000～1500m，次要风向为200～500m。2003年《上海城市森林建设规划》市管一级河道两侧的林宽24～32m，区县级河道两侧的林宽12～24m，次要的河道6～12m。在迎台风主风向林带应为1500m，次风向为500m宽，其他地段约为300m。淀山湖周围的林带宽度应为1000m以上，黄浦江的中上游及其干流水源涵养林的两侧应各为500m。2003年《上海市青浦区绿地系统规划》市管河道、湖荡两侧林带宽200m，区管河道、湖荡两侧林带最小宽度25m。2008年《上海绿地系统规划实施意见》有淀浦河绿廊规划宽度120m，要求实施规模为50m和379hm²。

　　根据各层面规划体系确定的河流和滨水空间的实施控制要求，针对这一研究区域选择了苏州河绿道、黄浦江绿道、淀浦河绿道、油墩港绿道等4条河流绿道的部分区段进行分析（图9-1）。研究的空间尺度在500m范围内，主要包括0～12m，12～24m，24～50m和50～120或100m，100～200m和200～500m等几个宽度范围，并且依据不同河流绿道不同的规划要求而进行不同尺度研究。按照河流生态防护绿地、休闲游憩绿地、棕地等进行分析研究。

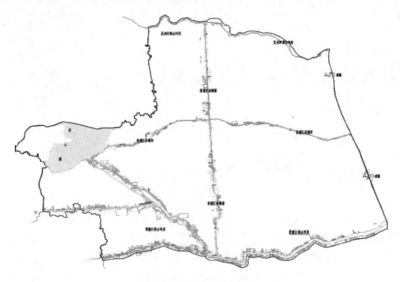

图 9-1　研究区域所选河流绿道的分布图

9.2　河流绿色廊道的实施分析

通过上海市及其各区的总体规划、绿地系统规划、景观水系和水环境等规划和政策法规体系制定，以及 2000 年后开展的上海森林和绿地网络的影响下，上海河流绿道的建设也发生了较大的变化。因此水体生态廊道的规划依据不同的区域、不同的水体功能进行不同的规划，在水源保护地区，河道两侧、环湖地区以规划水源涵养林为主。基于以上分析与数据获取的可行性，分析 2011 年上海苏州河、黄浦江部分河段、淀浦河和油墩港绿道实施情况，并同 2008 年比较，最终探讨河流绿道实施与规划、政策法规的关联性。

9.2.1　苏州河绿色廊道实施效果分析

苏州河又名吴淞江，源自太湖，流经上海的青浦区、嘉定区、闵行区和普陀区等最后注入黄浦江，境内长达 53.1km。苏州河一直被称为上海第二大水系，是上海土地利用、总体规划和绿地系统及景观水系等规划实施的主要内容。本书研究的苏州河为西至上海边界，东至 A20 外环，全长 32.49km，涉及上海市郊和中心两部分，主要占据青浦区地段。另外，根据上文相关规划与实施政策中要求的河流绿道宽度，以下对苏州河主要从 50m、50～100m 和 100～500m 等 3 个范围进行实施效果分析。而且从现状图中明显发现苏州河迎风向和次风向绿道面积相差较大，因此先从苏州河南北两岸分析，再进行综合（图 9-2）。

通过对 2011 年苏州河绿道分别在主、次风向的统计，得出苏州河总体实施的绿道面积占规划比为 38.09%。在 50m 内实施绿地 182.9hm²，占规划面积 72.04%，实施效率较高，各类用地中生态防护绿地比例最大 40.3%，耕地次之，棕地的可发展性较小，为 2.32%，绿地功能以生态保护为主。在 50～100m 范围内，苏州河实施绿地面积为 194.74hm²，占规划面积 36.4%，实施效率很低。各类绿地中，生态防护绿地比例

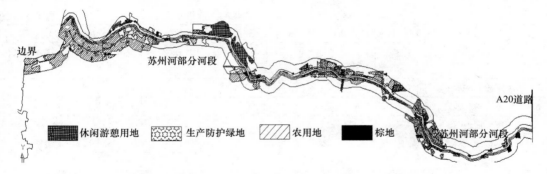

图 9-2 2011 年苏州河 50m、100m 和 500m 范围内各类绿地实施现状图

最大 41.42%，棕地的潜在发展性增强 4.16%。在 500m 范围内，苏州河实施绿地面积为 537.86hm²，占规划面积 28.34%，实施效率最低。其中耕地比例最大 54.28%，棕地的潜在发展较小。可见，苏州河绿地从 50～500m 向外扩展中，绿地的总体实施所占规划的效率逐渐降低，在全部实施用地中，生态防护绿地面积向外逐渐减少，耕地相对增加，待开发的棕地比例接近。再从苏州河的主次风向得出，苏州河在主风向比次风向实施效率高，而且次风向大部分被建设用地所占用（表 9-1～表 9-3）。

2011 年研究区苏州河河流绿道各类绿地面积构成　　表 9-1

土地利用类型	50m			50～100m			100～500m		
	面积（hm²）	占绿化用地面积的百分比（%）	占规划总面积的百分比（%）	面积（hm²）	占绿化用地面积的百分比（%）	占规划总面积的百分比（%）	面积（hm²）	占绿化用地面积的百分比（%）	占规划总面积的百分比（%）
休闲游憩绿地	48.93	26.74	10.53	27.04	13.89	7.43	58.25	10.83	3.08
生态防护绿地	73.7	40.3	22.02	80.67	41.42	22.16	161.13	29.96	8.53
农田用地	56.09	30.66	30.66	78.93	40.53	21.68	291.96	54.28	15.45
棕地	4.25	2.32	1.7	8.1	4.16	2.23	26.6	4.95	1.41
绿化用地面积	182.97	100	72.04	194.74	100	36.40	537.86	100	28.46
规划绿带面积	254	—	100	364	—	100	1890	—	100
总用地占规划比	36.51%（915.57）								
未规划实施土地利用现状	被工业仓储用地、居民住宅用地、商服用地和公共建筑用地等所利用								

2011 年研究区苏州河南岸河流绿道各类绿地面积构成　　表 9-2

用地构成	50m		50～100m		100～500m	
	面积（hm²）	占绿化用地面积的百分比（%）	面积（hm²）	占绿化用地面积的百分比（%）	面积（hm²）	占绿化用地面积的百分比（%）
休闲游憩绿地	31.22	28.38	16.76	20.31	1.71	0.48
生态防护绿地	42.95	39.05	30.01	36.37	91.93	25.6
农田用地	32.18	29.25	31.47	38.14	249.35	69.43
棕地	3.65	3.32	4.27	5.18	16.17	4.5
绿地面积	110	100	82.51	100	359.16	100
规划绿地面积	150	—	150	—	1050	—
实施面积占规划比例（%）	—	73.33	—	55.01	—	34.21

用地构成	50m		50~100m		100~500m	
	面积（hm²）	占绿化用地面积的百分比（％）	面积（hm²）	占绿化用地面积的百分比（％）	面积（hm²）	占绿化用地面积的百分比（％）
休闲游憩绿地	17.71	24.27	10.28	9.16	56.54	31.64
生态防护绿地	30.75	42.14	50.66	45.14	69.12	38.68
农田用地	23.91	32.77	47.46	42.29	42.61	23.84
棕地	0.6	0.82	3.83	3.41	10.43	5.84
绿地面积	72.97	100	112.23	100	178.70	100
规划绿地面积	104	—	214	—	840	—
实施面积占规划比例（％）	—	70.16	—	52.44	—	21.27

2011 年研究区苏州河北岸河流绿道各类绿地面积构成　　　表 9-3

另外，在本次分析的 500m 范围内，苏州河未按照规划标准的土地主要被工业仓储用地、居民住宅用地、商服用地和公共建筑用地等所利用，尤其是苏州河中下游上海市内环以内的第 1、2、3 和 4 河流段共长 7224m，占所研究长度的 25.8%，这几条河流段两侧用地基本都被开发成建设用地，绿地所见无几。其中 1、2 河流段绿地效果最差，河两边只有少量的不超过 50m 宽的绿化植被带，其他绿地呈现零散点状分布，面积最大不超过 7.2hm²；3 河段南岸的绿化植被带基本达到 50m 宽，有极少的耕地和林地，但是北岸几乎没有绿化；4 河段南岸在 500m 范围内基本没有绿地，潜在实施绿地为棕地，约为 1.6hm²（图 9-3）。

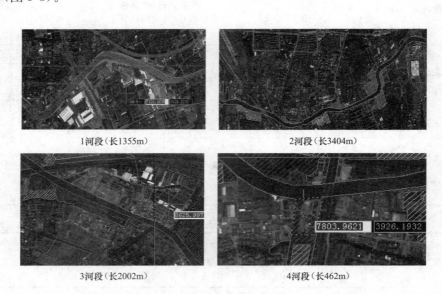

图 9-3　2011 年苏州河绿道被其他用地类型占用的现状图

比较 2008 年和 2011 年苏州河两岸绿道现状图，通过统计 50m、50~100m 和 100~500m 范围内，几年来苏州河共增加 28.1hm²，其中生态防护绿地增多了 18.2hm²，棕地变化为 16.1hm²，主要由商服用地、批次供地和工矿建设用地演变而来，批次供地变化最多。然而地段 7（耕地）被开发成建设用地，减少了 6.2hm²。另外，两岸绿地宽度和长度都有增加，各个地段增加幅度不同，尤其是 100m 范围内的宽度增加最明显，在 5～20m 不等（图 9-4、表 9-4）

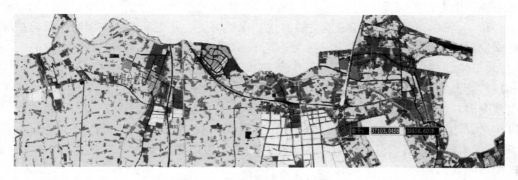

图 9-4　2008 年苏州河绿地现状图

<table>
<tr><td colspan="4">**2008～2011 年研究区苏州河河流绿道土地利用变化情况**</td><td>表 9-4</td></tr>
</table>

地块编号	2008 年绿地利用类型	2011 年绿地利用类型	演变面积（hm²）
9	商服用地	河流生态绿地	1.1
5	批次供地	河流棕地	11.2
6	批次供地	河流生态用地	4.6
7	工矿仓储用地	棕地	4.9
8	其他未利用土地	河流生态绿地	3.9
3	耕地	建设用地	−6.2
1、2、4	工矿仓储用地	生态绿地	8.6
合计	—	—	51

9.2.2　黄浦江绿道实施效果分析

黄浦江源自淀山湖，流经青浦、松江、奉贤、闵行、徐汇、卢湾、黄浦、虹口、杨浦、浦东新区、宝山等 11 个区，至吴淞口注入长江。长 113.4km，河宽 300～700m。黄浦江被认为是上海除了长江以外的最大滨河水系，也是上海土地利用、总体规划和绿地系统及景观水系等规划实施的主要内容。本书研究的黄浦江为西至青浦区淀山湖，东达 A20 外环，约为 52.92km，涉及上海青浦区、松江区和闵行区几个区的市郊和中心部分，黄浦江的两大分支水系主要分布在青浦区地段。另外根据上文相关规划与实施政策中要求的河流绿道宽度，黄浦江主要从 24m、24～100m 和 100～200m 和 200～500m 等 4 个范围进行效率分析。而且为了下文政策实施影响的评价，本研究对黄浦江设定为青浦区河段，在松江区的河段，在闵行区段，将这 3 区段分别按 4 个范围的宽度进行统计，最后综合分析黄浦江实施效率。

通过对 2011 年黄浦江青浦段绿道、松江段绿道和闵行段绿道的实施情况进行统计并综合后，黄浦江绿道总体实施用地 5335.94hm²，占规划比为 78.14％，效率最高。在 24m 内，黄浦江实施总绿地 267.83hm²，占规划面积 63％，实施效果最低。在 24～100m 内，黄浦江完成绿地 999.51hm²，占规划面积 74.26%。在 100～200m 范围内，黄浦江完成绿地 1147.7hm²，占规划面积 77.56%。另外，从 24～500m 宽度内，相对已经实施的全部绿地来说，生态保护绿地所占面积最多，占所实施绿地的比例分别为 88.93%、68.46%、63.7% 和 51.6%，可见黄浦江绿地主要以生产保护为主，并逐渐向外扩展时生态防护绿地相对减少，耕地逐渐增加。而休闲游憩地增长不稳定，其中在 24～100m 比例最大，为 9.62%，500m 内 2.84%，最低。棕地所占实施绿地面积比例主要集中在 3.38%～9.06%，潜力最大的在 24～100m 内。从黄浦江三段比较分析发现，在 24～500m 的 4 个宽度范围内，青浦区段绿地的总体实施效率一直保持最高，为 69.61%～97.73% 之间。松江段次之，为 66.43%～76.56%，并与青浦段保持接近。而进入市区内，为 30.85～53.13%，实施效果最差。总体上，黄浦江的绿地实施效果较高，未按规划利用的土地比例较少（图 9-5，表 9-5～表 9-8）。

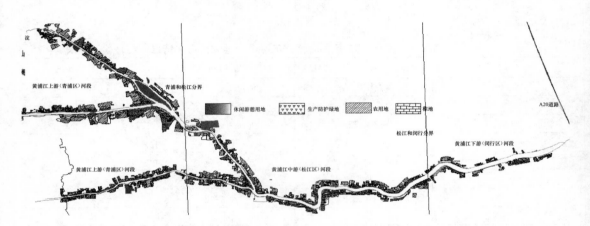

图 9-5　2011 年黄浦江各区段河流绿地实施现状图

2011 年研究区黄浦江河流绿道各类绿地面积构成　　　　　表 9-5

土地利用类型	24m			24～100m			100～200m			200～500m		
	面积 (hm²)	占绿化用地面积的百分比 (%)	占规划总面积的百分比 (%)	面积 (hm²)	占绿化用地面积的百分比 (%)	占规划总面积的百分比 (%)	面积 (hm²)	占绿化用地面积的百分比 (%)	占规划总面积的百分比 (%)	面积 (hm²)	占绿化用地面积的百分比 (%)	占规划总面积的百分比 (%)
休闲游憩绿地	15.54	5.8	3.7	96.2	9.62	7.15	73.46	6.4	5.69	83	2.84	2.2
生态防护绿地	238.18	88.93	56	684.49	68.48	50.85	731.34	63.7	56.61	1507.16	51.6	40.02
农田用地	5.06	1.89	1.2	128.29	12.84	9.53	233.26	20.32	18.05	1131.79	38.75	30.05
棕地	9.05	3.38	2.1	90.53	9.06	6.73	109.65	9.55	8.5	198.95	6.82	5.28
绿化用地面积	267.83	—	63	999.51	—	74.26	1147.7	—	88.83	2920.9	—	77.56
规划绿带面积	425	—	—	1346	—	—	1292	—	—	3766	—	100
总用地占规划比	78.14%（5335.94）											
注未规划实施土地利用现状	基本被工业仓储用地、居民住宅用地、商服用地和公共建筑用地等所利用											

2011 年研究区黄浦江青浦区段河流绿道各类绿地面积构成　　　　表 9-6

用地构成	24m 宽		100m 宽		200m 宽		500m 宽	
	面积（hm²）	占绿化用地面积的百分比（%）	面积（hm²）	占绿化用地面积的百分比（%）	面积（hm²）	占绿化用地面积的百分比（%）	面积（hm²）	占绿化用地面积的百分比（%）
休闲游憩绿地	0	0	74.12	12.55	46.57	7.73	39.41	2.59
生态防护绿地	141.84	94.77	398.24	67.42	355.92	59.06	794.54	52.05
农田用地	2.54	1.7	65.58	11.1	134.51	22.32	550.38	36.06
棕地	5.29	3.53	52.71	8.92	65.64	10.89	142.11	9.31
绿地面积	149.67	100	590.65	100	525	100	1526.44	100
规划绿地面积	215	—	680	—	556.07	—	1578	—
实施占规划比	—	69.61	—	86.86	—	93	—	96.73

2011 年研究区黄浦江松江区段河流绿道各类绿地面积构成　　　　表 9-7

用地构成	24m 宽		24～100m 宽		100～200m 宽		200～500m 宽	
	面积（hm²）	占绿化用地面积的百分比（%）	面积（hm²）	占绿化用地面积的百分比（%）	面积（hm²）	占绿化用地面积的百分比（%）	面积（hm²）	占绿化用地面积的百分比（%）
休闲游憩绿地	15.54	15.59	15.55	4.75	22.08	4.91	43.59	3.82
生态防护绿地	81.16	81.45	235.46	71.92	304.38	67.73	515.93	45.19
农田用地	0.5	0.5	45.66	13.94	86.84	19.32	541.58	47.44
棕地	2.45	2.46	30.72	9.38	36.12	8.04	40.63	3.56
绿地面积	99.65	100	327.39	100	449.42	100	1141.73	100
规划绿地面积	150	—	480	—	587	—	1693	—
实施面积占规划比	—	66.43	—	68.21	—	76.56	—	67.43

2011 年研究区黄浦江闵行区段河流绿道各类绿地面积构成　　　　表 9-8

用地构成	24m 宽		24～100m 宽		100～200m 宽		200～500m 宽	
	面积（hm²）	占绿化用地面积的百分比（%）	面积（hm²）	占绿化用地面积的百分比（%）	面积（hm²）	占绿化用地面积的百分比（%）	面积（hm²）	占绿化用地面积的百分比（%）
休闲游憩绿地	0	0	6.53	8.01	4.81	5.03	0	0
生态防护绿地	15.18	82.01	50.79	62.34	71.04	74.28	196.69	77.83
农田用地	2.02	10.91	17.05	20.93	11.91	12.45	39.83	15.76
棕地	1.31	7.02	7.1	8.71	7.89	8.25	16.21	6.41
绿地面积	18.51	100	81.47	100	95.64	100	252.73	100
规划绿地面积	60	—	186	—	180	—	495	—
实施占规划比	—	30.85	—	43.8	—	53.13	—	51.06

另外，在本次分析的 500m 范围内 4 个区段宽度内，黄浦江绿地未按照规划要求实施的土地基本被工业仓储用地、居民住宅用地、商服用地和公共建筑用地等所利用。其中在黄浦江青浦段记为 1 河段，长度 1681m，面积约为 42.32hm²，在松江段记为 2 段，长为 756m，面积为 41.01hm²，在闵行段记为 3、4、5、6 段，长度分别为 2307m、4457m、2455m 和 5564m，面积为 144.56hm²，222.3hm²、122.8hm² 和 278.2hm² 等。得出闵行段的河流绿道实施效率最低，只有极少的绿地点，绿地被市中心开发建设占用，青浦段实

施效率最高，松江段次之，未实施的绿地主要处于棕地阶段，即将形成绿地。

通过对比 2008 年和 2011 年的黄浦江绿道在 24m、24～100m、100～200m 和 200～500m 等 4 个范围内的绿地增长趋势，黄浦江绿地量共增加 168.83hm²，其中青浦区段的生态防护绿地增多了 141.63hm²，占总增量的 83.89%，尤其是青浦段的水源林地增长幅度最大，占生态防护绿地总增量的 83.34%，可见生态保护绿地已成为河流绿地增长的主要目标。棕地变化了 27.14hm²，占绿地总增量的 16.08%，未来几年即将转化为河流绿地。同时演变绿地增加量主要由商服用地、批次供地、工矿仓储和建设用地演变而来，青浦段由于位于郊区，商服用地变化最多，松江段批次用地变化最多，闵行段的工矿仓储变为绿地。另外，黄浦江两岸的绿化植被带长度增加不太明显，尤其闵行段还有减少的趋势，宽度上在部分区段呈现略微增长。综合以上分析得出这几年黄浦江绿道实施效率有明显的增长（图 9-6～图 9-9，表 9-9～表 9-11）。

图 9-6　2011 年黄浦江绿道被其他用地类型占用的编号图

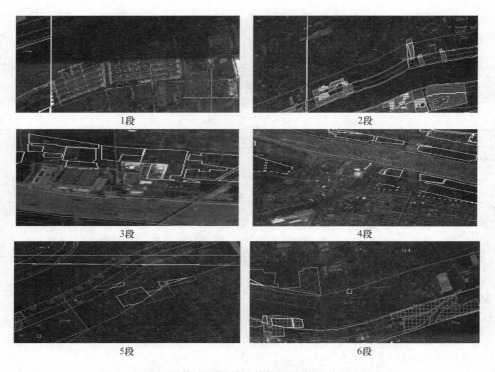

图 9-7　2011 年黄浦江绿道被其他用地类型占用的现状图

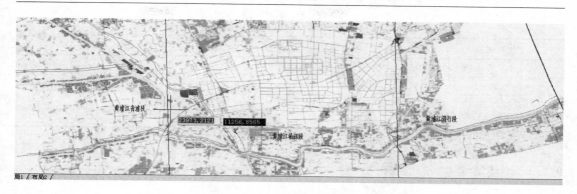

图 9-8　2008 年黄浦江河流绿道现状图

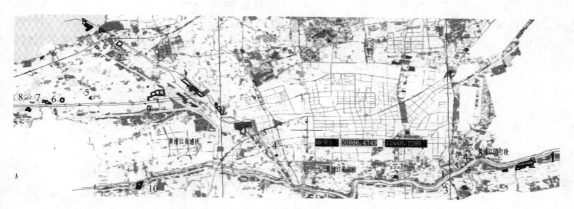

图 9-9　2008～2011 年黄浦江绿道实施变化评估图

2008～2011 年黄浦江青浦区段土地利用变化情况　　　　表 9-9

地块编号	2008 年土地利用类型	2011 年土地利用类型	演变面积（hm²）
10	园地	林地	13.6
1	城镇住宅用地	河流生态绿地	5.5
2、4、6	其他耕地	河流生态防护绿地	43.08
3	商服用地	河流生态用地	55.85
5、7、8、9	工矿仓储用地	棕地	8.8
合计	—		126.83

2008～2011 年黄浦江松江区段土地利用变化情况　　　　表 9-10

地块编号	2008 年土地利用类型	2011 年土地利用类型	演变面积（hm²）
2	其他耕地	河流生态防护绿地	7.2
4、5	公共建设用地	河流绿地	1.8
1、3	批次供地	河流棕地	11.14
6	工矿仓储用地	生态绿地	6.2
合计	—		26.34

2008～2011 年黄浦江闵行区段土地利用变化情况　　　　　　　表 9-11

地块编号	2008 年土地利用类型	2011 年土地利用类型	演变面积（hm²）
1、5、4	工矿仓储用地	河流棕地	7.2
3	批次供地	河流绿地	4.8
2、	工矿仓储用地	生态绿地	3.6
合计	—	—	15.6

9.2.3　淀浦河绿道实施效果分析

淀浦河起源于淀山湖，注入黄浦江，本研究范围淀浦河全长 39786m，河流的约 4/5 段位于青浦区，剩下属于松江区段。本书利用上海市航拍影像图，通过 CAD 矢量化后，根据淀浦河级别和历年规划实施标准，将淀浦河的分析宽度确定为 12m、12～50m 和 50～120m 3 个区间，利用 GIS 进行分析自规划实施以来，至 2011 年淀浦河绿地实施效果（图 9-10）。

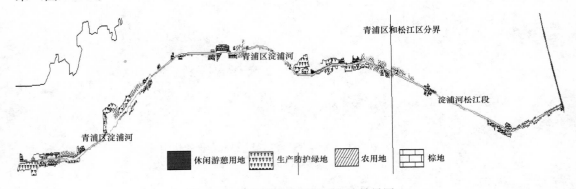

图 9-10　2011 年淀浦河绿道实施效果图

通过对 2011 年淀浦河的青浦段绿道、松江段绿道的实施情况进行分析并综合后，总体上淀浦河的实施绿地率达到 45.74%，其他被各种建设用地所占用。在 12m 内，淀浦河实施总绿地 72.28hm²，占规划面积 91.94%，实施效果最高。在 12～50m 内，淀浦河完成绿地 94.21hm²，占规划面积 35.02%，实施效率第三，未实施用地被各种建设用地占用。在 50～120m 范围内，淀浦河开发绿地 189.14hm²，占规划面积 44.05%，未实施用地被各种建设用地占用，实施效率第二。可见总体上淀浦河绿地的实施效果较低，尤其是在 50～120m 范围内，绿地总体实施效果低于 50%，急需加强实施力度。另外，从 0～120m 宽度向外扩展中，相对已经实施的全部绿地来说，各类绿地的实施比例分布均匀，其中生态保护绿地所占面积最多，基本都在 40% 以上，可见淀浦河绿地的生态保护功能已为主要作用，并逐渐向外扩展时生态防护绿地比例相对减少，耕地比例逐渐增加。而休闲游憩地增长不稳定，其中在 12～50m 比例最大，为 9.62%，说明该区间重视开发游憩用地。棕地所占实施绿地比例在 12m 内达到 23.23%，50～120m 最低，达到了 10.9%，未来这一部分将很快转换为绿地。分别在 120m 的 3 个宽度区间中比较淀浦河青浦段和松江段实施情况，发现 2 个区段的总体实施效率接近，且后 2 个宽度范围实施程度都不高（表 9-12～表 9-14）。

2011 年研究区淀浦河河流绿道绿地面积构成　　　　表 9-12

土地利用类型	12m			12~50m			50~120m		
	面积 (hm²)	占绿化用地面积的百分比 (%)	占规划总面积的百分比 (%)	面积 (hm²)	占绿化用地面积的百分比 (%)	占规划总面积的百分比 (%)	面积 (hm²)	占绿化用地面积的百分比 (%)	占规划总面积的百分比 (%)
休闲游憩绿地	6.86	9.49	8.68	11.1	11.78	4.13	17.34	9.13	4.02
生态防护绿地	45.11	62.4	57.1	38.48	40.84	14.3	73.95	38.95	17.16
农田用地	3.52	4.87	4.46	26.48	28.11	9.84	79.39	41.82	18.42
棕地	16.79	23.23	21.25	18.15	19.27	6.7	19.16	10.09	4.45
绿化用地面积	72.28	—	91.49	94.21	—	35.02	189.84	—	44.05
规划绿带面积	79			269			431		
总用地占规划比	45.74% (356.33)								
未按规划土地实施利现状	工业仓储用地、居民住宅用地、商服用地和公共建筑用地等所利用								

2011 年研究区淀浦河青浦区段河流绿道绿地面积构成　　　　表 9-13

用地构成	12m		50m		120m	
	面积 (hm²)	占绿化用地面积的百分比 (%)	面积 (hm²)	占绿化用地面积的百分比 (%)	面积 (hm²)	占绿化用地面积的百分比 (%)
休闲游憩绿地	6.86	14.22	11.1	15.42	17.34	10.63
生态防护绿地	29.58	61.32	25.68	35.67	68.49	41.98
农田用地	1.76	3.65	19.62	27.25	67.38	41.30
棕地	10.04	20.81	15.59	21.66	9.83	6.03
绿地面积	48.24	100	74.59	100	171.13	100
规划绿地面积	62	—	217	—	349	—
实施占规划比例	—	77.81	—	34.37	—	49.03

2011 年研究区淀浦河松江区段河流绿道绿地面积构成　　　　表 9-14

用地构成	12m		50m		120m	
	面积 (hm²)	占绿化用地面积的百分比 (%)	面积 (hm²)	占绿化用地面积的百分比 (%)	面积 (hm²)	占绿化用地面积的百分比 (%)
休闲游憩绿地	0	0	0	—	0	—
生态防护绿地	15.53	64.60	12.8	57.61	5.46	45.46
农田用地	1.76	7.32	6.86	30.87	12.01	44.81
棕地	6.75	28.08	2.56	11.52	9.33	34.81
绿地面积	24.04	100	22.22	100	26.8	100
规划绿地面积	31	—	52	—	54	—
实施面积占规划比例	—	77.54	—	42.73	—	51.54

另外，在本次分析的 120m 范围内 3 个区段宽度内，淀浦河绿地未按照规划要求实施的土地基本被工业仓储用地、居民住宅用地、商服用地和公共建筑用地等所利用。其中在

淀浦河未实施部分共长达14188m，占总长度的比例35.66%，未实施比例程度相当大。青浦区1河段长4225m，2河段长1469m、3河段5086m，前三段中河流两侧都基本被各类建设用地占用，4河段长3408m，主要在河流的北岸效果较差，南岸相对较理想，分布着水田和各类绿地。在淀浦河松江区，由于进入市区，绿地实施效果更差，记为5河段长10194m，占总规划长度的25.62%，该段河流两侧的实施效果都低，只有约32hm²的棕地将会演变为绿地，另外在50m宽度内有长达3502m的绿化植被带，其他地段几乎没有绿地。得出闵行段的河流绿道实施效率最低，只有极少的绿地点，绿地被市中心开发建设占用，青浦段实施效率最高，松江段次之，未实施的绿地主要处于棕地阶段，即将形成绿地（图9-11、图9-12）。

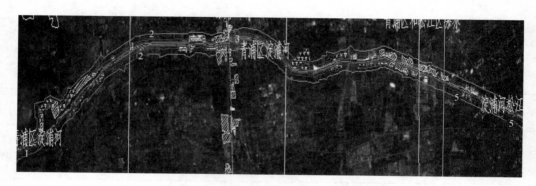

图9-11　2011年淀浦河绿道被其他用地类型占用的编号图

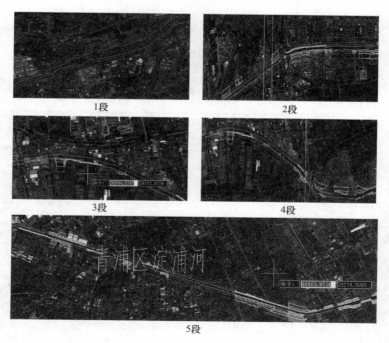

图9-12　2011年淀浦河绿道被其他用地类型占用的现状图

通过对比2008年和2011年的淀浦河绿道在12m、12~50m、50~120m等3个范围内的绿地量变化，淀浦河绿地量共增加 72.72hm²，其中青浦段的生态防护绿地增多了 39.8hm²，占总增量的 57.29%，尤其是靠近淀山湖的水源林地增长幅度占主要部分，占生态防护绿地总增量的 95.33%，可见水源生态保护绿地。棕地增加了 33.36hm²，占绿地总增量的 45.87%，未来几年即将转化为河流绿地。同时淀浦河演变绿地增加量主要由特殊用地、批次供地、工矿仓储和建筑用地演变而来，然而青浦区地段 3 和 10 的绿地（耕地）被开发成建设用地，减少了 3.1hm²。青浦区段由于位于郊区，特殊用地变化最多，批次用地次之。松江区段主要由工矿仓储和批次用地转换而成，而且变化量接近。总之，这几年淀浦河绿道实施效率有明显的增长（图 9-13，表 9-15、表 9-16）。

图 9-13　2008～2011 年淀浦河绿地实施变化评估图（包括青浦区和松江段）

研究区淀浦河青浦区段河流绿道 2008～2011 年土地变化情况　　　　表 9-15

地块编号	2008 年土地类型	2011 年土地类型	演变面积（hm²）
2、13、11	建筑用地	河流棕地	6.5
1、12	批次供地	河流棕地	6.3
4	批次供地	河流耕地	0.8
9	批次供地	河流生态绿地	6.2
5	工矿仓储用地	游憩休闲地	0.8
6	特殊用地	河流生态绿地	33.6
3、10	河流绿地	建设用地	−3.1
合计	—	—	50.3

研究区淀浦河松江区段河流绿道 2008～2011 年土地变化情况　　　　表 9-16

地块编号	2008 年土地类型	2011 年土地类型	演变面积（hm²）
1	工矿仓储用地	河流生态绿地	1.86
2、3、6	工矿仓储用地	河流棕地	7.98
4、7	批次供地	河流棕地	8.48
5、10	特殊用地	河流棕地	4.1
合计	—	—	22.42

9.2.4　油墩港绿道具体实施效果分析

　　油墩港作为南北直向贯通青浦区和松江区的河流廊道，全长 36911m。该河流绿地是青浦区的核心命脉，而且为了统计完整性，将统计范围宽度定为 12m、12～25m、25～50m 和 50～200m 4 个区间。

利用 GIS 工具将油墩港绿道矢量图进行分析，得出 2011 年油墩港的总体绿地实施效果达 62.14%，未按规划利用的土地比例较少。在 12m 内，黄浦江实施总绿地 51.8hm²，占规划面积 79.69%，完成率最高。在 12～25m 内，油墩港建成绿地 46.63hm²，占规划面积 68.57%，实施效率次之，接近最高，主要是该范围是河流的绿化带，实施一直比较重视。在 25～50m 和 50～200m 范围内，油墩港两侧的实施绿地各是 79.85hm² 和 470.48hm²，占规划面积 60.4% 和 60.47%，两者接近，所以油墩港绿地总体实施效率较高，都达到 60% 以上。另外，从 12～200m 宽度逐渐向外延伸中，相对已经实施的绿地来说，生态防护绿地逐渐减少，耕地逐渐增加。在 25m 范围内，生态保护绿地所占面积最多，占所实施绿地的比例大于 60% 以上，绿地功能以生产保护为主。在 25～200m 内，耕地大于生态防护绿地。而休闲游憩地极少，约为 2.88hm²。棕地所占实施绿地面积比例主要集中在 8.56%～18.11%，潜力最大的在 25～50m 内。因此，如果从规划与实施方面，如果按照数量指标判断，油墩港的实施建设与规划标准相差甚远（图 9-14、表 9-17）。

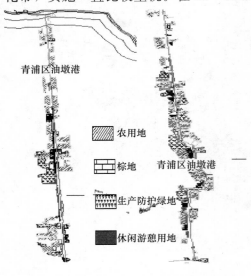

图 9-14 2011 年油墩港绿地实施现状图
（左边是靠近苏州河段，右边靠近黄浦江段）

2011 年研究区油墩港河流绿道绿地面积构成　　　　　表 9-17

用地构成	12m		25m		50m		200m	
	面积（hm²）	占绿化用地面积的百分比（%）	面积（hm²）	占绿化用地面积的百分比（%）	面积（hm²）	占绿化用地面积的百分比（%）	面积（hm²）	占绿化用地面积的百分比（%）
休闲游憩绿地	0	0	0		0		2.88	0.61
生态防护绿地	33.58	64.83	27.98	60	34.65	43.39	132.47	28.16
农田用地	11.57	22.34	14.18	30.41	30.74	38.5	294.84	62.67
棕地	6.65	12.84	4.47	9.59	14.46	18.11	40.29	8.56
绿地面积	51.8	100	46.63	100	79.85	100	470.48	100
规划绿地面积	65	—	68	—	133	—	778	—
实施占规划比	79.69		68.57		60.04		60.47	
总实施占规划比	62.14%（648.76/1044）							
未利用土地现状	主要被建筑用地、工矿仓储用地和批次供地等所占用，以及部分土地裸露							

在 200m 规划与分析范围内，油墩港未按规划指标开发的绿地，主要被建筑用地、工矿仓储用地和批次供地等所占用。未实施绿地总长度达到 14864m，占规划长度的

40.27%，标记为 1、2、3、4 段和 5 段，分别长 1745m、2521m、2253m、4655m 和 2663m 和 3548m。其中 1 段左侧实施较差，2、6 段两侧都实施不好，3、4 和 5 段的右侧被各种建设用地占用，绿地基本无几。

比较 2008 年和 2011 年油墩港两岸绿道现状图，通过统计为 12m、12~25m、25~50m 和 50~200m 范围内，油墩港共增加 21.4hm²，其中生态防护绿地增多了 7.1hm²，棕地变化为 14.3hm²。增加绿地量主要由批次供地、建筑用地和工矿仓储用地演变而来，工矿仓储用地变化最多，批次供地次之。另外，两岸绿地宽度和长度都有增加，各个地段增加幅度不同，尤其是 100m 范围内的宽度增加最明显，在 5~20m 不等（图 9-15~图 9-17，表 9-18）。

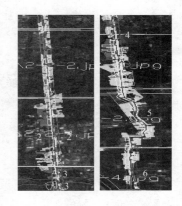

图 9-15　2011 年油墩港绿色廊道被其他用地类型占用（左边是靠近苏州河段，右边靠近黄浦江段）

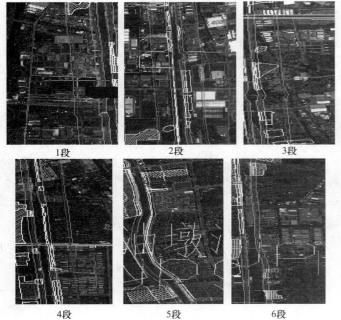

1段　　2段　　3段

4段　　5段　　6段

图 9-16　2011 年油墩港绿色廊道被其他用地类型占用的现状图

图 9-17　2008~2011 年油墩港绿色廊道实施变化评估图（左是靠近苏州河段，右靠近黄浦江段）

研究区油墩港 2008~2011 年河流绿道土地变化情况　　　表 9-18

地块编号	2008 年土地类型	2011 年土地类型	演变面积（hm²）
1	建筑用地	河流生态绿地	2.3
2、3、6	工矿仓储用地	河流生态绿地	4.8
4、5、9、10、11	批次供地	河流棕地	8.9
7、8	工矿仓储用地	棕地	5.4
合计	—	—	21.4

9.2.5 小结

通过以上分析和相关专家的访谈，发现上海市绿道实施在不断的发展过程中，还存在着一些明显需要关注的问题。

1. 实施完成的指标低于规划政策规定

部分河段未按照规划的标准实施绿地，被各类建设用地所占用。如上文分析中苏州河两侧 500m 范围内，绿地实施占规划比约为 38.09%，远远不符合上海市将苏州河绿地作为城市主要绿地景观的标准。黄浦江经过近几年的建设，尽管有些指标如 2011 年城市黄浦江规划宽度已经超过了 2020 年的规划指标，实施绿地面积占规划指标的 78.85%，效果较好。但其林地覆盖率 2011 年现状还远远低于 2020 年规划指标。另外淀浦河和油墩港的实施效率都不超过 70%，完全体现不出作为上海景观廊道主要组成的作用。

2. 水系绿道与总体绿地的相关性有待提高

通过叠加对比上海景观水系规划图和城郊森林规划图，研究区域的淀浦河和油墩港在上海景观水系规划的"一纵、一横、四环、五廊、六湖"空间结构中作为"五廊"之二，然而在城郊森林的"十六廊"中却不包含景观水系的"五廊"。现有水系绿地与规划绿地的关系结合性程度不高，有些地方设置有相互冲突的情况。

3. 河流绿道与建设用地的发展不合理

根据统计，上海比较重视市区级等河流廊道规划，如黄浦江和苏州河郊区段的生态防护绿地和游憩地的建设速度，达标程度较高，甚至超额完成，然而进入市区河段的绿地很多被各类建设用地占用，尤其是市中心的河流两侧几乎看不到绿地建设。同时油墩港、太浦河等很少有针对性的具体规划指标，更没有专门的环境建设要求。而对县、村级廊道的发展要求也较少。

4. 河流绿道实施的规划体系缺少，内容不够明确

目前上海相关河流绿道规划指标不够明确，只是在宽度和长度上作一个范围的大致描述，这样导致很多部门会投机取巧，不能按照要求实施。另外，在研究区域对河流绿道实施的政策主要是相关部门该如何落实各种规划要求，相关部分的责任分工有待更加明确。

9.3 规划及实施政策体系

9.3.1 河流绿色廊道的相关规划体系内容

城市空间结构是不同层次水平，或者相同层次水平的景观生态系统在空间上的更替和组合，直观地显示景观生态系统纵向、横向的镶嵌组合规划。城市绿道系统是一个体系、一个整体，本书尝试评价上海市河流绿道规划与政策实施的效率，选择从上海市总体规划、城市绿地系统规划及水系规划——各相关区总体规划与绿地系统规划、水系规划——各河流水系的规划三个层面分别来论述近年来上海市与河流绿道相关的规划

情况。

1. 总体规划体系中涉及的河流绿道内容

1）上海市总体规划（1999—2020年）

按照城市与自然和谐共存的原则，调整绿地布局，完善绿地类型，以中心城"环、楔、廊、园"和郊区大面积人造森林的建设为重点，其中重点发展滩涂造林、建设主要河道两侧的防护绿地，建成南浦—杨浦大桥之间黄浦江两侧的滨江绿地，结合苏州河综合整治建成滨河绿地；保护和修复湿地，加大崇明东滩自然保护区保护力度，九段沙湿地自然保护区。到2008年，全市人均公共绿地达到13m²，绿化覆盖率达到38%；中心城内消除500m公共绿地服务盲区。全市森林覆盖率达到22%以上。基本形成"环、楔、廊、园、林"相结合的绿化系统和中心城沿黄浦江、苏州河、延安路的景观生态走廊。郊区形成"二环十六廊、三带十九片"的城市森林生态格局。到2011年，基本达到国际化大都市绿化发展水平，全市人均公共绿地达到15m²，绿化覆盖率达到40%，全市森林覆盖率达到25%。

2）上海市城市近期建设规划（2006—2011年）

到2011年，上海以天蓝、水清和地绿的城市面貌迎接来自八方的世博会宾客。绿化系统根据"环、楔、廊、园、林"总体结构，进一步优化绿地、林地、湿地布局，提升生态质量和社会服务功能。城市景观方面重点建设黄浦江、苏州河等城市景观廊道沿江河线的绿化景观，并加强水系治理和建设，初步形成都市景观水系的构架。

2. 绿地系统规划中对河流绿道的规定控制

1）上海市城市绿地系统规划（2002—2020年）

市域绿化总体布局为"环、楔、廊、园、林"。其中廊是沿城市道路、河道、高压线、铁路线、轨道线以及重要市政管线等纵横布置的防护绿廊，宽度满足专业系统要求，规划总面积约320km²。规划大型生态斑块林地为宝山罗泾、陈行、宝钢水库水源涵养林和淀山湖滨水风景区；规划大型林带在吴淞口至杭州湾大陆岸线及崇明、长兴、横沙三岛长约470km的海岸线一带，建设沿海防护林。中心城区公共绿地规划的结构以"一纵两横三环"为骨架，"多片多园"为基础，"绿道"为网络，一纵为黄浦江，一横为苏州河，一环为水环，水系绿网是以黄浦江、苏州河和张家浜为十字形骨架。市管河道两侧绿化8km，林带宽约200m；其他河道两侧绿化20km，林带宽度25～250m不等，合计总面积约185km²。黄浦江上游主干河流水源涵养林分为两段：一段为拦路港—泖河—斜塘—横潦泾，设计为近自然生态林，两侧宽度为500m；一段为横潦泾—黄浦江转弯口闸港，设计生态林与经济林相结合，两侧宽度各500m，面积70.6km²。沿海防护林带在吴淞口至杭州湾大陆岸线及崇明、长兴、横沙三岛长约470km的海岸线（一弧三圈），建设沿海防护林。考虑台风或风潮主风向及冬季寒潮等影响，在主风向设计林带宽度为1000～1500m，次要风向宽度为200～500m，建设总面积56km²。

2）上海市绿化系统规划实施意见（2008—2011年）

在"三环、三带、两片、三区、四楔、多廊、多园"的绿化系统布局结构中，其中水环绿带由黄浦江、油墩港、蕴藻浜、赵家沟、浦东运河、大治河6条河流组成，全长约188km。规划实施蕴藻浜段、黄浦江（赵家沟—蕴藻浜段）和黄浦江（横潦泾—黄浦江转弯闸港段）两侧绿带，总面积约为1710hm²。三带是崇明东南沿海防护林带、长兴—横沙岛沿海防护林带和南汇沿海防护林带，规划与实施宽度为 200m，总面积约为 1293hm²。三区中实施西郊淀山湖湿地修复工程示范区，多廊中包括黄浦江与金汇港绿廊、吴淞江绿廊、淀浦河绿廊，这几条的规划宽度 120m，最小实施宽度 50m，实施规模分别为 203hm²、358hm² 和 379hm²。建成并开放青西湿地公园和浦东金海湿地公园，总面积约 150hm²。

3）上海城市森林建设规划（2003—2020 年）

上海城市森林结构布局为"一环十六廊、三带十九片"，包括 5 条河流廊道，沿崇明岛、横沙长兴岛和杭州湾的宽为 1000～1500m 的 3 条江海防护林带。重点规划建设"三网、一区、多核"的城市森林生态系统结构布局，数量指标上水系林网市管一级河道每侧 24～32m，区县级河道每侧 12～24m，次要河道每侧 6～12m，乡村河道每侧 4～6m。沿海防护林带的建设主要根据登陆台风的频率不同，设置林带宽度，在迎台风主风向地段建设范围一般为 1500m 的海岸带；迎台风次方向地段建设范围一般为 500m 的海岸带；其他地段一般为 300m 的海岸带。防护林带之间的间距宽度为 100m，林带的宽度为 6m。农田林网以乡村道路、沟渠为骨架建设农田林网，包括四旁树和庭院绿化，主林带宽度 6m，副林带宽度 4m。重点生态建设区为佘山森林公园、淀山湖周围及其湖泊，控制林带宽度 1000m 以上，黄浦江中上游及其干流水源涵养林，规划设计其林带宽度为两侧各 500m。核心林地依据城市功能分区和城市的自然地理特点，以及城市生态环境现状，布局具有不同功能，面积相对合理。

4）上海市基本绿地网络规划

各类生态空间整合成绿地、园林地、耕地和湿地四大类并进行合理布局，以主要干道和河流为界，划分了 1 个近郊绿环，16 个生态间隔带，9 条生态走廊，10 片生态保育区。据统计截至 2009 年底，上海市域森林覆盖率已达 11.6%，建成区绿化覆盖率达到 38.1%，公共绿地达到人均 12.8m²。到 2015 年，全市新建绿地 5000hm²，其中公共绿地 2500hm²；实现城市绿化覆盖率 38.5%，城市绿地率 34%，人均公共绿地 13.5m²/人。

3. 水系规划体系对河流绿道的规定

1）上海市沿海防护林体系建设工程规划

规划形成"一弧、三圈、三区一体系、环廊结合、多点配套"。一弧北起宝山的宝钢陈行水库，南至金山石化，占沿海基干林带建设的 36%；三圈分别由崇明、横沙、长兴三岛的海岸线形成，占沿海基干林带建设的 64%；三区一体系是海岸带的生态安全调控区，湿地生态系统保护区，人工湿地修复、重建区和湿地生态系统检测体系；环廊结合是环镇林、护路护岸林结合。

2）上海湿地保护和恢复规划

以长江口与东海形成的"T"形结合部、南汇庙港地区为重点建立自然保护区；结合经济社会发展，以南汇芦潮港海港新域、浦东国际机场、浦东外高桥港区、宝山长兴和横沙两岛造船基地、沪崇苏越江大通道周边地区湿地为基础建设湿地公园，发展滨江滨海生态旅游区；以修复和重建南汇东滩、淀山湖、黄浦江上游饮用水源区增加城市湿地景观和改善城市生态系统。

3）上海水环境功能区划

研究区域包括在长江片水功能区划、太湖流域片水功能区划范围内，主干河网水系水功能区划列出的 61 处河流水域，有 45 处明确主导功能为景观娱乐用水，占 73.8%。

4）上海市景观水系规划

总体布局构想为"一纵、一横、四环、五廊、六湖"。一纵为黄浦江结合两岸用地调整和功能开发，开辟活跃的公共活动岸线，构建具有都市繁华特征的滨江景观带和休闲旅游带；一横为苏州河挖掘其两岸自然与人文历史景观。四环为西环、东环、外环、崇明环岛河：西环由苏州河、外环西河、新泾港、淀浦河和黄浦江构成，东环由白莲泾、三八河、洋泾港和黄浦江构成，外环由外环西河、新槎浦、蕴藻浜、高浦港、外环运河、浦东运河、川杨河、淀浦河构成。崇明环岛河由北、南横引河组成。五廊重点打造大治河（西起黄浦江东至长江口）、金汇港（北起黄浦江南至杭州湾）、淀浦河（东起黄浦江西至淀山湖）、油墩港（北起吴淞江，南至黄浦江上游）、川杨河（西起黄浦江，东至长江口）等 5 条景观走廊。六湖为在现有淀山湖、滴水湖、明珠湖、北湖的基础上，规划新建 2 个大中型人工湖泊，分别为东滩湖、金山湖，开发湖泊的防汛调蓄、生态景观、休闲度假等功能。

4. 青浦及松江区总体规划、绿地系统和景观水系规划中河流绿道规定

1）青浦区绿地系统规划（2003—2020 年）

市管河道、湖荡两侧林带宽度各为 200m，在城镇建成区段控制为 100m。区管河道、湖荡两侧林带最小宽度各为 25m。在青浦试点工业园区内东、西大盈港两侧林带各为 50m。

2）青浦区区域总体规划（2004—2020 年）

以"林、廊、园、环"的人与自然和谐的绿化格局，体现出青浦区"水网之城"、"绿网之城"，使青浦区成为上海市的生态型城区的组成部分。绿地系统结构要以沿"港、河、湖、路、城"形成绿化网络，以大型生态林地为主体，以区、镇公园为核心，形成"一廊、三区、六脉、八园、多点"的绿化结构体系。林地上以河道水源涵养林、防护林带和生态片林为屏障，经济林为主体，大型苗木基地为基础的林业发展格局，2002 年全区林地面积 76km²。规划至 2020 年，在西岑镇拦路港、练塘镇太浦河、泖河两侧，分别建立 500m 宽水源涵养林带；在拦路港与泖河交汇处建设泖塔区景观片林；依托太浦河，建设大型生态旅游度假区；在淀山湖沿湖纵深地带和沪青平高速公路与 318 国道之间，规划宽度 700m 生态林带。景观结构上将淀浦河沿线规划为青浦区重要的滨水景观轴，油墩港、淀浦河—黄浦江轴线都作为旅游景观线。

3）松江区绿地系统规划

规划河道绿化廊呈"一横，四纵"。"一横"为圆泄泾—横潦泾—竖潦泾—黄浦江廊道，沿河两侧规划 50～100m 宽绿化带。"四纵"之一油墩港廊道：沿油墩港蓝线规划 50～100m 风景林带，作为滨河的开放绿带。根据实际用地状况调整绿化带的位置及宽度，但最小地段不得小于 10m。

5. 黄浦江、苏州河两岸地区规划的规定

近年来，上海对黄浦江的规划力度进一步加强。目前在研究区域内的《黄浦江岸线利用布局规划纲要》已经编制完成，按照岸线分段与土地分层相结合的方式控制，"岸线分段"将市域范围内黄浦江分为上游、松江段和下游三段：上游根据水源保护要求，岸线主要以生态养护为主；松江段岸线布局突出生产和生活功能并重；下游段以生活性岸线为

主，突出黄浦江文化、休闲、娱乐、旅游、生态等公共功能。"土地分层"即将沿岸土地控制分成3个层次，第一层重点控制沿江绿带，注重开放空间的创造，第二层重点控制沿江第一个街坊建筑轮廓线的塑造；第三层重点控制腹地建筑高度。《苏州河滨河地区控制线详细规划》中规划绿地约占总用地的 15.5%，比现状增加 196.8hm²，规划增加绿地面积，增加公共活动空间，美化城市形象，改善城市生态系统。开辟连续贯通的滨河绿带，依托主要道路绿化，设置由河滨通向腹地的绿道。结合滨河绿地和周边环境设计，完善滨河道路断面，设置人流集散和活动广场，提高滨河空间的景观性和趣味性。同时结合岸线改造和城市结构绿地、公园，开辟纵向绿带，与滨河绿带共同构成绿网系统。鼓励滨河地块增加退让，建设对公众开放的绿地。倡导绿地物种的多样性，促进生态复育和景观塑造，扩大滨河绿地的生态辐射力，构筑人与自然共存的城市生态系统。而《苏州河滨水景观规划》涉及的范围不在本书的研究范围。

6. 河流绿道相关建设与管理法规体系

1）上海市城市规划条例

城市规划和建设应当遵循保护和改善城市生态环境的原则，保护现有绿地、行道树、名木古树等，发展城市绿化，加强环境和市容建设。且必须妥善保护各类专用土地，包括公共绿地、生产绿地、防护绿地、住宅区绿地、各单位绿地等，未经法定程序调整规划，不得改变用途。沿城市规划道路、河道、绿化带等公共用地安排的建设项目，建设单位应当按照规划带征公共用地。

《上海市绿化条例》条例明确了各类型绿地的负责建设单位，以及各建设项目绿地面积占建设项目用地总面积的配套绿化比例的各项标准。条例规定居住区绿化应当合理布局，选用适宜的植物种类，综合考虑居住环境与采光、通风、安全等要求。另外条例鼓励发展垂直绿化、屋顶绿化等多种形式的立体绿化。要求新建机关、事业单位以及文化、体育等公共服务设施建筑适宜屋顶绿化的，应当实施屋顶绿化。

2）上海市环境保护和建设三年行动计划

在第一个三年（2003～2005年）结合河道整治，开展沿岸绿化建设。到2005年，建设市管河道两侧绿化 700hm²，郊区河道绿化 1400hm²。重点建设以闵行浦江、南汇滨海、松江佘山、嘉定—宝山、横沙岛和崇明大型片林为主的6块陆地片林以及郊区环线林带，黄浦江中上游水源涵养林，以及大陆沿海和"三岛"沿岸沿海生态防护林。第二个三年（2006～2008年）在黄浦江两岸滨江建设大型生态公园"滨江绿洲"作为园区的绿色核心，同时由"滨江绿洲"东西向延伸，形成滨江绿带。第三个三年（2009～2011年）提出进一步完善以沿海防护林、水源涵养林、防污隔离林、通道防护林等生态公益林为屏障的林业发展格局，完成5万亩林地建设，重点是全面完成一级水源保护区内水源涵养林建设。

3）上海河道绿化条例

绿化范围原则上应控制在河道蓝线内，但可根据生物多样性保护，减少径流污染和水土流失等生态环保功能的需求适度调整陆域部分的绿化带宽度，并与蓝线外已有规划绿地协调；根据河道的具体情况，统筹兼顾保土、固坡、净化、美化、休闲、生产功能；对水流急、流量大、水位变动大，具有通航或引排水功能的河道，应优先满足保土、固坡功能；一般河道应突出绿化的净化和美化功能；城市河道绿化应注重景观和休闲的使用功能，农村河道绿化应兼顾水土保持和生产功能；规划要纳入河道综合整治规划，并与河道其他建设规划统筹实施；河道绿化建设规划应经市或者区（县）河道主管部门审核后实施；河道绿化养护应根据河道分级管理要求，制定和实施养护方案，结合"万人就业"河道长效管理队伍的建设，健全河道绿化管理制度，落实绿化管理责任和费用，建立绿化养护责任制。

4）城市森林管理办法

各级人民政府应当制定植树造林规划，因地制宜地确定本地区高森林覆盖率的奋斗目标，江河两侧、湖泊水库周围，由各有关主管单位因地制宜地组织造林。

5）城市蓝线管理办法

城市规划确定的江、河、湖、库、渠和湿地等城市地表水体保护和控制的地域界线都属于蓝线范围，由直辖市、市、县人民政府在组织编制各类城市规划时划定，任何单位和个人都有服从城市蓝线管理的义务，有监督城市蓝线管理、对违反城市蓝线管理行为进行检举的权利。

6）城市绿线管理办法

任何单位和个人不得在城市绿地范围内进行拦河截溪、取土采石、设置垃圾堆场、排放污水以及其他对生态环境构成破坏的活动。违反本规定的，由城市园林绿化行政主管部门责令改正，并处1万元以上3万元以下的罚款。

7）上海市闲置土地临时绿化管理暂行办法

本市行政区域内闲置的土地具备绿化条件的，如沿城市河道的建设项目依法带征、河道规划蓝线内的土地，尚未实施河道拓建的，可以建设临时绿地。

9.3.2　河流绿道的相关实施管理和激励政策

1. 上海市河道管理条例

本市河道修建、维护和管理（以下统称河道整治）实行统一管理与分级负责相结合的原则。本市河道整治费用，按照政府投入同受益者合理承担相结合的原则筹集。

2. 城市绿化条例的有关规定

城市人民政府应当把城市绿化建设纳入国民经济和社会发展计划。各区政府规定必须安排一定比例的建设和投资，以达到园林绿化事业与国民经济和城市建设同步协调发展的要求。在绿地系统中，有相当一部分公园绿地属于公益用地，其价值不能通过直观的经济效益体现出来，投入的资金难以收回，依照政策，政府应承担一定比例的建设和养护投资，并按照"谁得益，谁负担"的原则由周边各单位分担一部分。其他公园绿地、单位附属绿地实行"谁开发建设，谁负责配套"。按照"门前绿化负责制"，各单位承担墙外、门前绿化及周边防护林带绿化。

3. 关于收缴绿化建设保证金实施细则

对由国家参与投资的河道等公益性建设项目，经市或者区（县）绿化（林业）管理部门审核同意，暂不收取绿化建设保证金。

4. 上海市森林管理规定

市和区、县财政行政管理部门应当将公益林建设和养护、林业保险、森林防火、有害生物防控等经费纳入同级财政预算。

另外，很多政策规定集中各方面可以筹措的资金（绿化保证金、绿地建设补偿费、占毁绿罚款、滞后绿化罚金、部分污染罚款等）设立园林绿化基金会，有计划地投入到园林绿化建设中去

5. 2011年上海市生态公益林建设项目实施管理办法

市级资金实行定额标准基础上的差别化补贴。定额标准为沿海防护林 1.2 万元/亩，水源涵养林 0.8 万元/亩，通道防护林 1.0 万元/亩，防污染隔离林 1.2 万元/亩。按上述定额标准，浦东新区北片、闵行区、嘉定区、普陀区市补贴 40%，松江区、宝山区、青浦区市补贴 50%，金山区、奉贤区、浦东新区南片市补贴 60%，崇明县市补贴 70%，上实、光明、城投总公司市补贴 50%，区（县、公司）足额配套建设资金。

6. 上海参与设立"全国绿化奖章"

评选主要奖励在绿化林业建设、绿地林地成果的保护管理、绿化林业科学研究和技术推广等方面作出较大贡献者，并优先从已获得"全国绿化模范城市"、"全国绿化模范单位"和获得过市级绿化先进者中产生。

9.3.3 小结

总结归纳了近年来上海市城市总体规划、绿地系统规划和水系规划等与河流绿道相联系的规划及法规条例，以及相应的实施政策要素体系。尤其是 1994 年出现的城乡结合的大环境绿化，城区出现"环、楔"的布局结构，主城外围出现"长藤结瓜"的布局结构，河流绿道体现"城市与自然共存"的生态发展原则。2002 年从市域层面突出大环境的概念，体现为"环、楔、廊、园、林"的结构；初步形成了城郊一体、结构合理、布局均衡、生态功能完善稳定的市域绿色生态系统。《上海市基本绿地网络规划》注重绿地、林地、耕地和湿地的整合发展，体现出上海绿地以及水系景观系统的整体性、系统性、层次性以及生态性。在实施的保障体系上，从技术规范到法规条例等不断完善，严格健全上海市城市各项绿地的管理机制。在激励政策上，一直拓宽投资渠道，加大绿化投资、建设力度；采用多种方式，加强绿化实施建设，特别是郊区林业建设，鼓励以林养林，以综合开发带动林业建设以及林业产业化的发展；尽快形成促进林业发展的财政、金融优惠政策。

9.4 河流绿色廊道实施的评价要素体系与评价

9.4.1 河流绿色廊道的实施评价因子体系

按照可持续性评价系统 SA 应用于区域空间战略和地方发展文件中的评价方法和思路，根据 2011 年上海河流绿道实施的效果情况及其与 2008 年实施的空间变化研究，同时结合项目的实地调研和专家访谈后，河流绿色廊道的基线信息考虑以下内容：

1. 空间结构目标

（1）不同空间格局尺度下（12m、25m、100m、500m）绿廊的实施用地构成与规划目

标的一致性如何；

（2）绿道的实施面积占规划用地达到的程度如何；

（3）绿道的实施宽度是否达到规划标准，是否得到有效实施；

（4）绿道的实施长度占总长度比例的程度如何；

（5）河流绿道的连续性如何。

2. 空间构成目标

（6）河流绿道用地构成的异质性状况如何；

（7）生态防护绿地是否与规划河流两侧防护林地分布一致；

（8）生态防护林地是否为主要的绿廊绿化用地；

（9）生态游憩绿地是否具有功能和分布上的合理性；

（10）棕地是否有发展为绿色空间的潜力；

（11）河流绿道范围内的耕地是否得到保护，有无增加或减少，增加和减少的数量是否转换为其他绿色空间用地。

3. 结构关联性目标

（12）研究涉及的区域总体实施的空间结构是否与规划结构具有一致性；

（13）河流绿地规划绿线内的绿化用地是否得到有效实施（在500m范围内）。

4. 功能关联性目标

（14）是否与研究区域内其他绿道网络具有好的衔接性；

（15）是否与研究区域内其他绿道网络功能具有协调性；

（16）河流绿道之间是否协同开发利用。

5. 与其他功能用地协调的实施发展动态过程目标

（17）近年来实施绿地增加规模如何（2008年和2011年）；

（18）绿廊内非绿带功能性用地得到调整是否可行；

（19）绿廊规划用地是否遭到其他性质用地的占用；

（20）绿廊内原有建筑用地是否得到迁移。

6. 河流绿地的实施管理目标

（21）绿廊实施是否在现行规划指导下执行，合理性如何；

（22）河流不同区段的绿廊规划是否具有联动协调性；

（23）河流绿道的实施是否得到相关政策法规保障，如法规条例、激励等；

（24）河流绿地实施的时序上是否能够与规划时序保持一致性或保持高效的实施；

（25）各阶段河流绿廊规划与实施是否具有景观文化上下传承的一致性；

（26）河流绿廊是否具有景观多样化利用特点。

9.4.2 河流绿道实施效果评价

根据上海市相关规划确定的河流廊道绿线控制要求，作为上海市河流绿色廊道的总体目标，在上述基线信息的清晰发展框架分析基础上，形成一定的基线标准，这一标准即可以确定评价要达到的具体目标因子。根据这一路径，确定河流绿色廊道的8个专题大类目标和27项具体的评价因子，结合选取的各河流绿色廊道进行实施效果的评价。

1. 苏州河绿道实施效果的评价（表9-19）

苏州河绿道实施效果评价表   表 9-19

发展目标	具体目标	具体评价因子	实施效果评价
宽度由 30m 扩至 100m 以上；市管河道两侧绿化 8km 及其林带宽各约 200m；水系林网市管一级河道每侧 24—32m	空间结构	1. 绿廊的实施面积达到规划标准的程度如何	较弱，统计 500m 内平均水平 38.09%，所属青浦区段实施较好，绿线很少被占用
		2. 绿廊的实施宽度是否达到规划标准，是否得到有效实施	达标程度不一致，青浦区段有些实施宽度超过规划尺度，而到闵行段宽度实施太窄，甚至没有。总体实施未得到规划目标
		3. 绿廊的实施长度占总长度比例的程度如何	较高，达 77.66%
		4. 不同空间格局尺度下绿廊的实施用地构成与规划目标的一致性如何	各个尺度上绿地实施占规划比的一致性不同，在 50m 范围内达 72.04% 次高。50～100m 内达 74.9% 最高，100～500m 内 28.34% 最低
		5. 绿廊的连续性如何	总体一般，上游市郊连续性较好，而在市中心连续性较差，几乎被建设用地隔断
	空间构成	6. 绿廊用地构成的异质性状况如何	异质性多样，有湿地公园、滨河公园、生态防护林、水源涵养林
		7. 生态防护绿地是否与规划河流两侧防护林地分布一致	较一致，北岸较差
		8. 生态防护林地是否为主要的绿廊绿化用地	是，在 100m 内以生态防护绿地为主，100～500m 内耕地为主
		9. 生态游憩绿地是否具有功能和分布上的合理性	分布面积比较大，但功能不够理想，特别是河岸护坡硬质结构较为突出
		10. 棕地是否有发展为绿色空间的潜力	是，500m 内棕地发展潜力平均达到 1.5%
		11. 绿廊范围内的耕地是否得到保护，有无增加或减少，增加和减少的数量是否转换为其他绿色空间用地	减少，耕地减少并转化为生态防护绿地，约为 8.6hm²，由耕地转换为建设用地约为 6.9hm²
	结构关联	12. 研究涉及的区域总体实施的空间结构是否与规划结构具有一致性	有较好的一致性，研究区规划结构横向主要以苏州河为主
		13. 河流绿廊与公园、林地的连通性如何	一般
		14. 是否与研究区域内道路绿廊具有好的衔接性	协调性总体不好，与黄浦江、苏州河衔接明显，与其他河流纵向绿化廊连接度较弱
	功能关联	15. 是否与研究区域内道路绿道网络功能协同发展	较弱
		16. 河流绿道之间是否协同开发利用	有协调开发利用
		17. 近年来实施绿地增加规模如何（2008 年和 2011 年）	增加率较低，4 年来增加绿地率为 5.9%
	实施发展过程关联	18. 绿廊内非绿带功能性用地得到调整是否可行	是，比较 2008 和 2011 年的非绿带功能性用地调整约为 51hm²
		19. 绿廊规划用地是否遭到其他性质用地的占用	是，被工业仓储、居民住宅、商服和公共建筑用地等利用
		20. 绿廊内原有建筑用地是否演变为绿地	是

续表

发展目标	具体目标	具体评价因子	实施效果评价
宽度由 30m 扩至 100m 以上；市管河道两侧绿化 8km 及其林带宽各约 200m；水系林网市管一级河道每侧 24—32m	空间协调	21. 绿廊实施是否在规划指导下执行，上下位规划是否协调	是，部门间协调不足，合理性需要改进
		22. 不同区域段的绿廊规划与实施是否具有联动协调性	否
		23. 河流绿廊实施的时序上是否与规划时序保持一致性	慢，实施时序总体上慢于规划时序，如 2002 年规划的指标即面积目前还未达到
	土地利用协调	24. 河流绿道的实施是否得到相关水利政策法规保障，如法规条例、激励等	是，有相应的保障体系和激励措施
		25. 河流绿道的实施是否得到相关土地政策法规保障，如法规条例、激励等	是且较少，有相应的保障体系
	景观多元化协调	26. 绿廊实施是否有效地保护文化与自然景观特征	有
		27. 河流绿廊是否具有景观多样化利用特点	是

2. 黄浦江绿道实施效率的评价（表 9-20）

黄浦江绿道实施效果评价表　　　　　　　　　　　　　　　　**表 9-20**

发展目标	具体目标	具体评价因子	实施效果评价
宽度由 30m 扩至 100m 以上；市管河道两侧绿化 8km 及其林带宽各约 200m；水系林网市管一级河道每侧 24～32m；黄浦江中上游及其干流水源涵养林，林带为两侧各 500m	空间结构	1. 绿廊的实施面积达到规划标准的程度如何	很好，统计 500m 内，平均水平 78.85%。所属青浦区段实施率达 92.17%，松江区段 69.35%，闵行段最少
		2. 绿廊的实施宽度是否达到规划标准，是否得到有效实施	达标程度不一致，青浦区段有些实施宽度超过规划尺度，而到闵行段宽度实施太窄，甚至没有。总体实施未得到规划目标
		3. 绿廊的实施长度占总长度比例的程度如何	中上，达 67.46%
		4. 不同空间格局尺度下绿廊的实施用地构成与规划目标的一致性如何	否，各个尺度上绿地实施占规划比越到外围所占比例越高，24m 最低，达 63%，100～200m 最高，达 83%
		5. 绿廊的连续性如何	总体连续性好，黄浦江青浦区郊区连续性最好，松江段次之，闵行段最差，几乎被建设用地隔断
	空间构成	6. 绿廊用地构成的异质性状况如何	异质性多样，有湿地公园、滨河公园，生态防护林、水源涵养林
		7. 生态防护绿地是否与规划河流两侧防护林地分布一致	是，苏州河下侧的防护绿地与规划两侧防护林分布较一致
		8. 生态防护林地是否为主要的绿廊绿化用地	是，在 500m 内都以生态防护用地为主，并不低于 40%
		9. 生态游憩绿地是否具有功能和分布上的合理性	比较合理，分布比较均匀
		10. 棕地是否有发展为绿色空间的潜力	是，500m 内棕地发展潜力平均达到 7.7%
		11. 绿廊范围内的耕地是否得到保护，有无增加或减少，增加和减少的数量是否转换为其他绿色空间用地	减少，耕地减少并转化为生态防护绿地，约为 27.05hm²

续表

发展目标	具体目标	具体评价因子	实施效果评价
宽度由 30m 扩至 100m 以上；市管河道两侧绿化 8km 及其林带宽各约 200m；水系林网市管一级河道每侧 24～32m；黄浦江中上游及其干流水源涵养林，林带为两侧各 500m	结构关联	12. 研究涉及的区域总体实施的空间结构是否与规划结构具有一致性	一致性较好，黄浦江为上海及研究区第一大景观水系
		13. 河流绿廊与公园、林地的连通性如何	连通性很好
		14. 是否与研究区域内道路绿廊具有好的衔接性	协调性总体不好，与黄浦江、苏州河衔接明显，与其他河流纵向绿化廊连接度较弱
	功能关联	15. 是否与研究区域内道路绿道网络功能协同发展	较弱
		16. 河流绿道之间是否协同开发利用	是
	实施发展过程关联	17. 近年来实施绿地增加规模如何（2008 年和 2011 年）	增加率较低，4 年来实施绿地增加率为 3.2%
		18. 绿廊内非绿带功能性用地得到调整是否可行	是，比较 2008 和 2011 年的非绿带功能性用地调整约 104.23hm²，包括棕地
		19. 绿廊规划用地是否遭到其他性质用地的占用	是，被工业仓储用地、居民住宅用地、商服用地和公共建筑用地等所利用
		20. 绿廊内原有建筑用地是否演变为绿地	是，迁移后转变为各种棕地和生态防护绿地
	空间协调	21. 绿廊实施是否在规划指导下执行，上下位规划是否协调	是，部门间协调不足，合理性需要改进
		22. 不同区域段的绿廊规划与实施是否具有联动协调性	否，青浦区和松江区联动性还算理想，其他区段较弱
		23. 河流绿廊实施的时序上是否与规划时序保持一致性	慢，实施时序总体上慢于规划时序，如 2002 年规划的指标即面积目前还未达到
	土地利用协调	24. 河流绿道的实施是否得到相关水利政策法规保障，如法规条例、激励等	是，有相应的保障体系
		25. 河流绿道的实施是否得到相关土地政策法规保障，如法规条例、激励等	是但较少，有相应的保障体系
	景观多元化协调	26. 绿廊实施是否有效地保护文化与自然景观特征	是
		27. 河流绿廊是否具有景观多样化利用特点	是，满足多元需求

3. 淀浦河绿道实施效率的评价（表 9-21）

淀浦河绿道实施效果评价表

表 9-21

发展目标	具体目标	具体评价因子	实施效果评价
宽度由 30m 扩至 100m 以上；市管河道两侧绿化 8km 及其林带宽各约 200m；水系林网市管一级河道每侧 24～32m；淀浦河绿廊规划宽度 120m，要求实施规模为 50m 和 379hm²	空间结构	1. 绿廊的实施面积达到规划标准的程度如何	中下，统计 500m 内平均实施水平 45.74%
		2. 绿廊的实施宽度是否达到规划标准，是否得到有效实施	达标程度不一致，上游靠近淀山湖宽度基本达标，其他段宽度实施太窄。总体实施未完成规划目标
		3. 绿廊的实施长度占总长度比例的程度如何	中上，达 64.34%
		4. 不同空间格局尺度下绿廊的实施用地构成与规划目标的一致性如何	各尺度不一致，绿地实施占规划比越到尺度外围所占比例越低，12m 最高达 91.49%，12～50m 最低达 35.02%
		5. 绿廊的连续性如何	总体连续性不好，由 4 块被建设用地占用
	空间构成	6. 绿廊用地构成的异质性状况如何	异质性多样，有游憩、生态防护和农地等，如湿地公园、滨河公园，生态防护林，水源涵养林
		7. 生态防护绿地是否与规划河流两侧防护林地分布一致	走向较一致

续表

发展目标	具体目标	具体评价因子	实施效果评价
宽度由30m扩至100m以上；市管河道两侧绿化8km及其林带宽各约200m；水系林网市管一级河道每侧24～32m；淀浦河绿廊规划宽度120m，要求实施规模为50m和379hm²	空间构成	8. 生态防护林地是否为主要的绿廊绿化用地	是，在120m内都以生态防护用地为主，占规划用地不低于40%
		9. 生态游憩绿地是否具有功能和分布上的合理性	中下，特别是河岸护坡自然型体现不够，以硬质结构较多
		10. 棕地是否有发展为绿色空间的潜力	是，500m内棕地发展潜力平均达到15.18%
		11. 绿廊范围内的耕地是否得到保护，有无增加或减少，增加和减少的数量是否转换为其他绿色空间用地	比较2008～2011年间，由耕地转换为建设用地约为3.1hm²
	结构关联	12. 研究涉及的区域总体实施的空间结构是否与规划结构具有一致性	较好，淀浦河作为上海及景观水系和绿地景观规划中廊状结构的一大主体
		13. 河流绿廊与公园、林地的连通性如何	很好
		14. 是否与研究区域内道路绿廊具有好的衔接性	连接度不好，与黄浦江、苏州河衔接明显，与其他河流纵向绿化廊连接度较弱
	功能关联	15. 是否与研究区域内道路绿道网络功能协同发展	较弱
		16. 河流绿道之间是否协同开发利用	是，有一定的协同开发利用
		17. 近年来实施绿地增加规模如何（2008年和2011年）	增加率较高，4年来实施绿地增加量为62.22hm²
	实施发展过程关联	18. 绿廊内非绿带功能性用地得到调整是否可行	是，比较2008和2011年的非绿带功能性用地调整72.72hm²，包括棕地
		19. 绿廊规划用地是否遭到其他性质用地的占用	是，被工业仓储用地、居民住宅用地、商服用地和公共建筑用地等所利用
		20. 绿廊内原有建筑用地是否演变为绿地	得到迁移后转变为各种棕地和各类绿地
	空间协调	21. 绿廊实施是否在规划指导下执行，上下位规划是否协调	是，地区间和部门间协调不足，合理性需要改进
		22. 不同区域段的绿廊规划与实施是否具有联动协调性	否，青浦区和松江区河流绿道实施率差别明显
		23. 河流绿廊实施的时序上是否与规划时序保持一致性	慢，实施时序总体上慢于规划时序，阶段性指标未能按时完成
	土地利用协调	24. 河流绿道的实施是否得到相关水利政策法规保障，如法规条例、激励等	不足，有一定的保障体系
		25. 河流绿道的实施是否得到相关土地政策法规保障，如法规条例、激励等	不足，有一定的保障体系
	景观多元化协调	26. 绿廊实施是否有效地保护文化与自然景观特征	是，有很好的结合
		27. 河流绿廊是否具有景观多样化利用特点	有，较好

4. 油墩港绿道实施效率的评价（表9-22）

油墩港绿道实施效果评价表 表 9-22

发展目标	具体目标	具体评价因子	实施效果评价
宽度由 30m 扩至 100m 以上；市管河道两侧绿化 8km 及其林带 宽 各 约 200m；水系林网市管一级河道每侧 24～32m	空间结构	1. 绿廊的实施面积达到规划标准的程度如何	中等，统计 200m 内平均实施水平 62.14％
		2. 绿廊的实施宽度是否达到规划标准，是否得到有效实施	达标程度不一致，上游靠近苏州河、下游靠近黄浦江的宽度较理想，其他段宽度实施太窄
		3. 绿廊的实施长度占总长度比例的程度如何	中等，达 59.73％
		4. 不同空间格局尺度下绿廊的实施用地构成与规划目标的一致性如何	不一致，各个尺度上绿地实施占规划比越到外围所占比例越高，12m 最高达 91.49％，12～50m 最低达 35.02％
		5. 绿廊的连续性如何	总体连续性不好，由 6 段被建设用地占用
	空间构成	6. 绿廊用地构成的异质性状况如何	异质性多样，有游憩、生态防护和农地等，如湿地公园、滨河公园，生态防护林等
		7. 生态防护绿地是否与规划河流两侧防护林地分布一致	走向一致，比例不足
		8. 生态防护林地是否为主要的绿廊绿化用地	是，50m 内都以生态防护用地为主，占规划用地高于 40％。200m 内低于 40％
		9. 生态游憩绿地是否具有功能和分布上的合理性	无
		10. 棕地是否有发展为绿色空间的潜力	是，500m 内棕地发展潜力平均达到 10.15％
		11. 绿廊范围内的耕地是否得到保护，有无增加或减少，增加和减少的数量是否转换为其他绿色空间用地	减少，2008 年和 2011 年比较后耕地减少并转化为生态防护绿地，5.9hm²
	结构关联	12. 研究涉及的区域总体实施的空间结构是否与规划结构具有一致性	是，结构一致性较好，淀浦河作为上海及景观水系和绿地景观规划中廊状结构的一大主体
		13. 河流绿廊与公园、林地的连通性如何	很好，作用突出
		14. 是否与研究区域内道路绿廊具有好的衔接性	总体不好，与黄浦江、苏州河衔接明显，与其他河流纵向绿化廊连接度较弱
	功能关联	15. 是否与研究区域内道路绿道网络功能协同发展	较弱，功能协调性性较弱
		16. 河流绿道之间是否协同开发利用	无，实施效果很差
		17. 近年来实施绿地增加规模如何（2008 年和 2011 年）	增加率较高，4 年来实施绿地增加量 21.4hm²，增长率为 2.6％
	实施发展过程关联	18. 绿廊内非绿带功能性用地得到调整是否可行	是，比较 2008 年和 2011 年的非绿带功能性用地调整 21.4hm²，包括棕地
		19. 绿廊规划用地是否遭到其他性质用地的占用	绿廊用地被工业仓储用地、居民住宅用地、商服用地和公共建筑用地等所利用
		20. 绿廊内原有建筑用地是否演变为绿地	是，迁移后转变为生态绿地

发展目标	具体目标	具体评价因子	实施效果评价
宽度由 30m 扩至 100m 以上；市管河道两侧绿化 8km 及其林带宽各约 200m；水系林网市管一级河道每侧 24～32m	空间协调	21. 绿廊实施是否在规划指导下执行，上下位规划是否协调	是，地区间和部门间协调不足，合理性需要改进
		22. 不同区域段的绿廊规划与实施是否具有联动协调性	一般，青浦区和松江区之间实施情况相差不大
		23. 河流绿廊实施的时序上是否与规划时序保持一致性	慢，实施时序总体上慢于规划时序，阶段性指标未能按时完成
	土地利用协调	24. 河流绿道的实施是否得到相关水利政策法规保障，如法规条例、激励等	较少，作用有限的保障体系
		25. 河流绿道的实施是否得到相关土地政策法规保障，如法规条例、激励等	较少，作用有限的保障体系
	景观多元化协调	26. 绿廊实施是否有效地保护文化与自然景观特征	是，有很好的结合
		27. 河流绿廊是否具有景观多样化利用特点	有，较好

9.4.3 小结

通过以上发展目标评价，研究区域的各方面指标有不同程度的实施效果。在总体目标实施的效果上，4 条代表河流绿廊实施的空间结构与研究区总体规划相一致。但实施面积占规划用地率都低于研究区总体的平均水平，并且未完成各项规划涉及的河流规划目标。黄浦江达到总体目标实施的效果最高，油墩港次之，淀浦河第三，苏州河最低，2011 年比 2008 年增加率为 5.9%。实施的景观特征目标上，研究区各个尺度上绿地实施用地占规划比的一致性有所不同。河流绿地的实施面积占规划用地的程度不高，黄浦江最高，达 78.85%，苏州河最低，达 38.09%。河流绿地实施长度比接近 60% 以上，宽度上，河流的上游绿地效率较高。河流绿地的总体连续性不好，只有黄浦江连续性最明显。在用地构成目标上，研究区河流绿廊用地构成的异质性多样，基本都包括湿地公园、滨河公园、生态防护林和水源涵养林。生态防护绿地与规划河流两侧防护林地分布走向都比较一致，且绿廊功能都以生态防护为主。棕地有一定的发展潜力，不过程度较小，占绿地实施总用地基本在 15% 以下。河流绿地范围内的耕地基本有所减少并转化为生态防护绿地，2008 和 2011 年各河流变化范围在 5.9～27.05hm^2。功能构成目标上，生态保护性以及与研究区域内其他绿网的衔接性和协调性总体上较弱，不过这几条绿廊由于相邻性衔接性较理想。在河流绿道与其他功能性用地的相关性上，绿廊内规划用地主要遭到工业仓储用地、居民住宅用地、商服用地和公共建筑用地等占用。不过用地类型之间阶段性地有所调整，如 2008 年和 2011 年非绿带功能性用地得到调整后主要变成河流生态防护绿地和棕地。在河流绿地的实施空间协调目标上，河流绿廊规划存在若干次市域层面绿地总体空间布局架构方面不够一致，如城市森林规划中"十六廊"并不全部包含景观水系的"五廊"，绿地布局对区、县等郊区众多水系的关注不够，造成河流绿廊绿化不足，多功能发展需求下的景观和旅游功能的使用功能显得不足。实施时序总体上慢于规划时序，阶段性指标未能按时完成。绿廊实施是在现行规划指导下执行，并受到相关政策法规的保障，但数量不足且合理性有待改进。河流绿廊结合文化的保护与自然景观格局相融合这一方面，实施不很理想。大量的河流廊道是上海市未来绿网建设的"真空区"，发展潜力巨大。随着上海市总体规划和城市转型将逐步改善两岸的绿廊空间建设。

10　区域绿色廊道的规划政策体系实施评价

　　绿廊实施相关的政策已经形成一套体系。这里的政策体系包括法规政策、规划文件以及相关土地利用等的控制引导政策。从国家到地方，为了确保道路绿色通道的实施，各种法律法规相继出台。同时，各层面城市规划与绿地系统规划编制成果也有明确的规定和控制。各相关部门的政策与调控也产生影响作用。在区域绿色廊道的发展过程中，本研究只是关注地方政策体系的直接影响作用。对上海市影响研究区的政策体系进行了归纳总结，并对各政策在绿色廊道的实施效率作用方面进行评价。首先要分析并列举出与各政策相关的评价因子，再根据各绿廊在评价因子上的实施效果进行政策实施效率的评价。评价影响作用效力划分为五种类型：↑表示实施效率高，↑↑表示实施效率很高，↔表示实施效率一般，↓表示实施效率低，—表示实施效率不明确。表 10-1、表 10-2 中，相关评价因子是指各政策文件中涉及的实施评价要素体系里的某项因子，影响作用是分析这一政策在该区片绿廊实施过程中表现出的作用效果。两者综合，能够看出各政策文件的内容与建构完善的绿廊系统的相互关联，关联作用的效用情况。

研究区道路绿廊政策体系实施效率评价　　　　　　　　　　　表 10-1

政　策	相关评价因子	影响作用	评　论
《上海市绿化条例》	(2)（3）（10）（20）(19)	↑	市、区均有绿化规划，绿线内绿化用地被侵占较少
《上海市森林管理规定》（2009）	(17)（3）（10）	↑	实施宽度得到较好保障，几乎没有新增建设用地
《上海市城市规划管理技术规定》	(17)（2）（10）（20）	↑	各道路绿线宽度符合规定要求，但环城绿带 H8 段有新增建筑物
《上海市公园管理条例》	(27)（10）（20）	↑	绿廊中公园的可进入性、设置较好
《上海市环城绿带管理办法》	(6)（17）（11）（4）(2)（1）（7）（3）(9)（18）（20）（26）(19)	↔	主要涉及外环和郊环，在外环 25m 和郊环 100m 林带实施较好，其他林带实施较差
《上海市城市总体规划（1999—2020）》	(5)（3）（18）（20）	↑↑	规划中规定的道路绿线宽度均得到有效实施
《上海市城市绿地系统规划（2002—2020）》	(14)（16）（11）（4）(27)（26）（19）	↓	外环及郊环绿带未得到有效实施，其他高速绿廊实施宽度为 50m，未达到 100m 要求
《上海市绿化系统规划》实施意见（2008—2010）	(14)（11）（26）(19)	↔	外环 500m 及郊环 500m 林带实施效率低
《上海市环城绿带系统规划》	(14)（17）（11）（4）(1)（10）（9）（20）(26)（19）	↓	绿地总量未得到保证，500m 绿廊宽度基本不符合要求，建设用地量大

续表

政　策	相关评价因子	影响作用	评　论
《青浦区区域总体规划实施方案（2006—2020》》	（11）（2）（3）（1）	↑ ↑	规划中规定的道路绿线宽度均得到有效实施
《上海市青浦新城绿地系统规划》	（11）（4）（3）（1）	↑ ↑	规划中规定的道路绿线宽度均得到有效实施
《上海市松江区绿地系统规划》	（1）（4）（3）（1）	↑	50m绿线宽度得到保证，未达到50～100m要求
《上海市闲置土地临时绿化管理暂行办法》	（17）	—	未对闲置用地进行统计
"上海市园林城区"考核管理办法	（3）（18）（21）（26）	↑	绿廊实施力度较大，设计较为合理
上海市绿化管理局投诉规定	（11）（20）	↑	绿廊得到较为合理的实施
《上海市绿化专管员管理试行办法》	（2）（7）（18）	↓	大量可绿化棕地存在
《上海市生态公益林建设项目实施管理办法》	（2）（18）	↑	绿化土地得到较为有效的实施

研究区河流绿道政策体系实施效率评价　　　　　　　　　　表 10-2

政策等级	具体政策分类	政策影响的主要评价因子构成	影响作用评价	评　论
上海相关政策法规体系对河流绿道要求	《上海市绿化条例》	（21）（24）（25）	↑	保证河流绿廊实施得到了相关政策法规的保障
	上海市"十一、二五"绿化林业发展规划	（11）（1）（6）	↑	实现了河流绿道建设的阶段性完成，最终完成绿地的实施
	"上海市环境保护和建设三年行动计划"	（1）（6）		保证了河流绿道的充分建设，尤其是比较2007年和2011年黄浦江两侧的绿地被建设用地占用的程度逐渐减少，大量建设用地转为绿地
	上海河道绿化条例	（16）（14）（15）（21）（24）（25）	↑ ↑	保证了河流绿地的建设功能得到充分完成
	《上海市河道管理条例》	（21）（24）（25）	↔	护堤护岸林木、植被由河道管理机构组织营造，并负责维护和管理，造成了河流廊道绿廊实施管理机构的多元和不协调
上海市总体规划对河流绿廊的规定	《上海市总体规划（1999—2020）》	（11）（12）（5）（6）（7）（8）（16）	↑	使得上海河流绿道得到有效实施，黄浦江和苏州河两侧的绿道得到有效实施，而淀浦河和油墩港体现不明显
	《上海市城市近期建设规划（2006—2010）》	（11）（12）（4）（2）（3）（5）（6）（7）（8）（16）（18）（21）	↑ ↑	传承1999年规划的要求，使得上海河流绿道得到进一步的有效实施，绿地实施的宽度、长度和面积改善程度更加明显
	《上海市城市绿地系统规划（2002—2020）》	（11）（12）（4）（1）（2）（3）（5）（6）（7）（8）（16）（21）	↑ ↑	传承1994年规划的要求，河流绿道实施宽度有所提高，实施长度和面积的要求也有所加强，黄浦江上游500m两侧林地完成程度较高

续表

政策等级	具体政策分类	政策影响的主要评价因子构成	影响作用评价	评　论
上海市总体规划对河流绿廊的规定	《上海市绿化系统规划实施意见（2008—2010）》	(11) (12) (4) (1) (2) (5) (6) (7) (8) (16) (21)	↑↑	保证了河流绿地规划能得到准确实施，比较 2007 年和 2011 年的河流绿地实施情况，50m 宽度范围实施宽度基本完成，面积实施率约 85%
	《上海城市森林建设规划（2003—2020）》	(11) (12) (4) (1) (2) (5) (6) (7) (8) (16) (21)	↑↑	河流绿地得到了充分实施，绿地种类中的林地大量增加，实现了生态保护的效果。24m 和 50m 的各条河流绿道实施完成情况较好，被建设用地占用的程度不够高
	《上海市基本生态网络规划》	(11) (6)	↔	比较 2007 和 2011 年，绿地的多样性有所提高，实施效率较高。环城绿带建设中心转移，规划新的围绕主城区的近郊环城绿带。这一规划运作不久，效果不明显
	《上海湿地保护和恢复规划》	(11) (5) (6) (7) (8) (16) (21)	↑↑	保护了湿地的自然性和生态性，但是对水系绿道的影响作用不明显
	《上海水环境功能区划》	—	—	防止对河流水环境的污染，保证水环境的质量，未明确提出河流两侧绿地的要求
	《上海市景观水系规划》	(11) (16) (14) (21)	↑	河流两侧绿道的复合功能得到了有效的完成，尤其是黄浦江的景观休闲性更加明显，淀浦河的自然性也有加强
上海河流绿廊的相关管理策略和激励政策	《上海市闲置土地临时绿化管理暂行办法》	(21) (24) (25)	—	沿城市河道的建设项目依法代征、河道规划蓝线内的土地，尚未实施河道拓建的，可以建设临时绿地。但闲置用地实施统计不够清楚
	《2010—2012 年上海市生态公益林建设项目实施管理办法》	(21) (24) (25)	↑	市级资金实行定额标准基础上的差别化补贴。定额标准为水源涵养林 0.8 万元/亩，通道防护林 1.0 万元/亩，提高了河流绿廊的建设进度
	《上海市森林管理规定》	(21) (24) (25)	↑	基金费用保证了绿地建设不会中断，做到经济的激励刺激
区级相关的河流绿道规划及政策法规体系	《青浦区区域总体规划（2004—2020）》	(11) (4) (1) (2) (5) (6) (7) (16) (21)	↑↑	将淀浦河沿线规划为青浦区重要的滨水景观轴，油墩港、淀浦河—黄浦江轴线都作为旅游景观线，保证了各条河流绿道在青浦区段的建设力度
	《上海市青浦区区域总体规划实施方案（2006—2020）》	(4) (1) (2) (7) (21)	↑↑	河流绿道的实施宽度总体上得到了有效的实施，绿地面积实施率较高。在 100m 宽度，4 条河流绿道的完成率超出 100m 外的效果

续表

政策等级	具体政策分类	政策影响的主要评价因子构成	影响作用评价	评　论
区级相关的河流绿道规划及政策法规体系	《上海市青浦新城绿地系统规划（2006—2020）》	(11) (4) (1) (2) (5) (6) (7) (21)	↑↑	与2004年规划要求一致，保证了各条河流绿道在青浦新城区段的建设率，实现各项功能时进一步明确休闲作用
	《上海松江区绿地系统规划》	(11) (4) (2) (5) (7) (21)	↑	结合上海市绿地系统规划的要求，保证松江区段河流绿地的实施效果，在50m宽度内河流绿道基本全面实施，但50～100m实施率降低

10.1　区域道路绿色廊道的规划政策体系实施评价

10.1.1　实施评价结果

在政策实施效率评价表中（表10-1），《上海市公园管理条例》《上海市森林管理规定》《上海市城市规划管理技术规定》《上海市松江区绿地系统规划》、《"上海市园林城区"考核管理办法》、《上海市绿化管理局投诉规定》、《上海市生态公益林建设项目实施管理办法》实施效率较高；《上海市城市总体规划（1999—2020）》、《青浦区区域总体规划实施方案（2006—2020）》、《上海市青浦新城绿地系统规划》实施效率很高；《上海市环城绿带管理办法》、《上海市绿化系统规划》实施意见（2008—2010）实施效率一般；《上海市城市绿地系统规划（2002—2020）》《上海市环城绿带系统规划》《上海市绿化专管员管理试行办法》实施效率较低；《上海市闲置土地临时绿化管理暂行办法》未发现明确的实施效率关系。从政策实施效率评价中可以看出，实施效率很高的均为规划文件；实施效率较高的多为对道路绿廊最终实施效果进行宏观规定的法律法规；实施效率一般及较低的多为与外环、郊环及环城绿带相关的规划与规定；在激励性政策中，与各区各局相关的实施效率较高，涉及具体的实施管理人员的《上海市绿化专管员管理试行办法》起到的效果不大。

形成上述情况的原因大致包括三个方面，首先土地利用机制中多元利益影响和发展政策引导不到位。政府、社会团体、企业、个人等在道路绿廊建设中扮演的角色和获得的利益不同，因此注重的方向也有所区别，引起规划范围内土地利用方式的多样性存在，同时，政策在各方利益的疏导方面力度不够，导致建设用地等非绿化功能性用地的演变困难。其次规划体系中绿地系统规划的独立性和地位尚不够完善。在市和各区中虽然均对绿地系统进行规划，但是都主要以整体的城市规划为依照，表现为其他如建设规划、交通规划后的"见缝插针式"的绿地系统规划，缺乏独立性。最后规划实施环节缺失有效的技术手段及存在监管空缺。在实施各项规划要求的时候存在实施力度不够，效果欠佳，实施不符合要求，实施后的监管不力等情况，这也对规划的实施技术和管理提出了要求。在以后的政策实施中应注重各规划特别是某具体绿廊的规划制定的合理性，与实际现状相联系，避免规划不符合实际、增加实施难度的状况出现；在制定激励政策时应落到实处，真正起到激励绿化的作用；同时还应该多调查、借鉴其他国家和地区的规划及实施技术，以提高国内道路绿廊的实施效率。

10.1.2 实施评价结论

通过建构的实施评价方法，分析上海市道路绿廊规划的实施政策体系效力，可以得出，道路绿廊政策实施存在问题与发展导向。

1. 各政策、规划实施的效率提高

1999 年上海市总体规划中对上海各道路绿线宽度作了明确的规定，评估绿廊对外高速公路绿线宽 50m，环城绿带、郊环绿带和外环绿带分别进行 100m、500m 宽绿廊建设，318 国道绿线宽度 20m，截止到 2011 年基本实施 10 年时间，根据各廊道评估结果可以看出，廊道内工矿仓储用地、居民住宅用地等建筑用地仍然大量存在，并且由于建筑拆除、耕地荒废、绿地退化等引起的棕地也广泛存在，由此可见，近十年道路绿廊建设虽有进行，但是规划要求并未得到完全落实。

2. 实施管理与政策法规针对性加强

虽然中国出台了一系列的道路廊道的相关法律法规，但主要都着眼于大尺度的、总体上的建设保护，缺乏规划、建设、管理等方面的详细规定，同时目前国内还没有一套完整的相关政策法规体系，主要表现在没有明确的管理部门，没有专门的法律法规，没有完整的实施程序，没有详细的管理办法以及评价制度等。这一政策上的缺陷在绿廊实施上的主要表现为绿化实施不到位，棕地面积大。在对道路绿廊的实施情况进行分析时，各路段均有大量棕地存在，其中部分棕地明显是预留的绿化用地且存在绿化过的痕迹，如沪宁高速的 2、3 段，沪杭高速 2 段，318 国道的 2、3、5 段等，这种棕地不是由于建筑拆除而形成，而是已确定绿化土地未得到及时绿化或绿化过程中懒散懈怠导致已绿化土地再次裸露。在进行道路绿廊的建设时不但要在实施过程中加大力度，还要重视实施后的管理问题，从而杜绝这一类型棕地的出现。

3. 强调土地利用政策和绿地规划及管理的协作性

其他相关实施政策文件，对绿化、生态、环境保护、水资源管理、道路交通没有形成一盘棋和互惠共赢的发展观。某些具体实施方法协作不能到位。规划和国土资源管理局现行的法规系统沿袭对建成区用地的关注，对特殊区域（区域绿地等划归这一类）规定含糊其辞，不够明确。水务和环保部门也是沿用政府职能单方面考量实施发展管理。环城绿带，是上海市城市规划确定的沿外环线道路两侧一定宽度的绿化用地。这一项目由市政府作为发起人和法令颁布者，发布了《上海市环城绿带管理办法》，但这一办法中规定，具体范围由市规划国土资源局会同市绿化市容局划定。上海市绿化和市容管理局（以下简称市绿化市容局）是本市绿化行政主管部门，负责环城绿带的管理；上海市环城绿带建设管理处（以下简称市绿带建管处）负责环城绿带的具体管理。有关区绿化行政管理部门以及浦东新区绿带管理部门（以下简称区绿化管理部门），负责本辖区内环城绿带的管理，业务上受市绿化市容局的指导和监督。本市计划、规划、农林、建设、土地、水务等有关部门应当按照各自职责，协同实施本办法。众多的管理职能分工协作，造成执行过程利益者之间关系的复杂性，互相推诿是必然存在的。绿地规划与土地利用息息相关，在进行规划时应考虑到土地利用现状及发展趋势，同时在进行土地利用政策的变更时也应注重绿地规划状况，实现绿地建设与土地利用之间的兼容和协调，缓和绿化土地与建设用地等之间的矛盾。

4. 建设用地与绿廊土地资源矛盾严重

从道路绿廊实施情况评价中发现每段绿廊都存在由于建筑用地导致绿化不足的状况，尽管各段绿廊已实施多年，但建设用地的转变仍然是阻碍绿廊发展的一个重要原因。在环城绿带对比分析图上则表现为规划区内的建设用地几乎未发生变化，近几年绿地增加量不大。究其原因大概可以概括为三点：①拆迁成本高。随着近几年经济的持续发展，上海土地费用越来越高，特别是靠近市中心地段更是日新月异，评估图上表现为越向东靠近，绿廊内耕地越少，生态防护绿地边界曲线越光滑，且建筑用地占用量越大。②动迁安置难。要将绿线范围内的居民点、工矿仓储用地转移则需要相应的地方进行安置，这成为又一个难题。③协调谈判周期长，部分居民不支持政府工作。主要表现为"钉子户"的存在，很大程度上延长了绿廊实施周期，影响了实施情况。

5. 缺乏融资政策，实施成本增高，建设资金不足

随着城市土地价格的不断攀升，特别是各道路途经的城镇建设区地价更是日新月异，绿廊的实施成本越来越高，基本上靠政府投资的融资政策已不能满足绿廊的建设，因此绿廊规划用地内土地向绿化用地的演变越来越慢。从环城绿带3段评估绿带中可以看出近几年向绿化用地演变的用地数量很少。要保证绿廊的实施以及提高实施速度就必须增加融资途径，改变建设资金不足的现状。

6. 土地政策片面，非绿化功能性土地演变缓慢

目前上海道路绿廊建设的征地主要通过集体所有土地使用权合作等方式进行，原土地使用性质不符合环城绿带绿化功能的，应当根据农业产业结构调整计划进行调整，但是从道路绿廊的实施情况来看，各绿廊规划用地中仍然大量存在建设用地，大部分非功能性用地没有得到合理的调整，可见现行征地政策存在明显不足。各类政策文件中，有规定森林生态效益补偿制度、经济林生产保险财务补贴制度、经济果林"双增双减"补贴等激励政策办法。但是，在资金有限的情况下，激励未必能够有效实施，并且，激励政策的内容不够明确；而强制规定和罚则倒是有具体规定，如绿化保证金、绿地建设补偿费、占绿毁绿罚款、滞后绿化罚金、部分污染罚款等。如何应用一定的技术工具来提高实施效率，这也是政策体系中需要改进的方面。

10.2 区域河流绿色廊道的规划政策体系实施评价

10.2.1 区域河流绿道实施的政策评价结果

按照以上的分析方法，可以得出不同级别和不同内容的规划与实施政策对河流绿廊的发展有不同程度的影响作用，主要有河流绿道实施的空间结构、面积和宽度达标率、连续性、异质性、生态防护绿地的重要性及其与防护林分布一致性、非绿带功能用地调整性、与其他绿廊的连接和协调性及相关政策法规的保障（表10-2）。

在内容方面，河流绿道的规划体系影响的程度较明显，对河流绿道各项的实施效果效率要求较多，而其他政策法规、激励和管理机构影响程度次之。在规划与政策的各个等级方面，市级的河流绿道规划与实施政策对上海河流绿道的发展影响程度最明显，区县级的政策体系影响效果也明显。上海市总体规划对河流绿廊的规定方面，总体影响程度较高，对研究区域的苏州河和黄浦江绿道有明显的影响。上海绿地系统规划对河流绿廊的规定上，总体影响程度很高。上海水系规划体系对河流绿道的规定上，其影响作用程度很大，具体影响河流绿道实施的空间结构、连续性、异质性、生态防护绿地的重要性、防护林分布一致性，以及非绿带功能用地调整演变等实施效果和效率。上海市相关建设管理政策法规体系对河流绿道的要求，平均影响度为中上等。上海市河流绿廊相关的实施管理规范和激励政策，影响作用中等或作用不明显。区级相关的河流绿道规划及建设管理政策法规体系，影响作用很明显。

但是，从政策体系和空间可持续发展的目标框架相关联的内容角度，内容体系的不完善性，造成了规划实施的效力的低下。关于河流绿色廊道的相关政策规定基本上都是集中在约束和保障空间结构和空间构成方面的内容。对于功能和发展过程的关联性指引，以及实施起到的协调各种利益者的角度方面来说，基本上是空白的。

10.2.2 河流绿道实施政策的结论

通过对研究区实施政策及其影响效率的分析，得出上海河流绿道实施政策中存在问题如下：

1. 各项规划对河流绿道复合功能重视不够

河流作为一种多重功能复合的主体，各项规划应加大河流绿廊的复合功能。然而水系景观规划、水环境整治规划及其绿地系统和土地利用等规划都各自发展，如上海水系规划中看重河流绿道的景观美化和休闲游憩功能，而忽视了生态防护作用。水环境整治规划则更是只保护水环境质量，河流绿地主要体现防沙护坡等，与绿地的美观性和自然性相脱离，对河流绿道部分几乎没有作用。土地利用及总体规划主要满足居民的休闲游憩需求，绿地小径较多。绿地系统规划为了达到绿化指标，亲水性考虑不周。

2. 相关的各类规划自成体系，协调性不够

通过上文对河流绿道的各项规划评价，各项规划对河流绿道的要求存在相互冲突的现象。如城市绿地系统规划等提出了市级大型河道两侧林带宽应为 50～100m，而其他河道两岸的林带约 25～250m 不定。黄浦江两侧为 1000m 宽水源涵养保护林，而城市森林建设规划中市管一级河道两侧各为 24～32m，区县级河道每侧 12～24m，黄浦江中上游林带宽度为两侧各 500m。同时市级和区县级对河流绿道的要求各不相同，如上海市青浦区绿地系统规划中市管和区管的河道两侧林带宽度各为 200m 和 25m，而松江区绿地系统规划中沿河两侧 50～100m 宽绿化带，这两者与上海绿地系统的要求不相符，这样导致河流绿道的建设部门投机取巧，从而不能合理地完成规划要求的指标。另外针对出现河流绿道用地被各类建设用地占用的现象，充分暴露了土地利用规划中绿地和建设地的不合理性。

3. 实施的法规政策内容缺少，体系不够全面

目前，无论从国家级到上海市各类法规政策都只是关于全部绿地的实施保障和河道的管理规定，没有专门对河流绿廊的实施制定法规法案。而且绿地法规中提到的如典型的

《城市森林管理办法》、《城市蓝线管理办法》和《城市蓝线管理办法》等，内容笼统地提到问题责任分工应该明确，但是未具体列举部门名称，导致部门间会相互推脱责任，法律规定的落实效率较低，甚至无法完成。同时城市绿地的政策法规是以行政性法规文件占主体，而技术规范性文件不足。

4. 河流绿道的管理政策和激励机制不足，内容也不明确

当前研究区对河流绿道的管理政策包括《关于进一步加强本市河道规划管理的若干意见》、《关于加强苏州河沿岸景观绿化和公共通道规划管理的通知》和《上海市河道管理条例》等中的内容主要是为了保护河道的水环境和景观功能，不能实施河流绿道的生态保护作用。激励机制影响明显的主要有激励政策，如《关于收缴绿化建设保证金实施细则》《上海市森林管理规定》等，其他土地调控激励政策提出的较少。另外，激励政策的内容明确度不够，尤其是绿化保证金、绿地建设补偿费、占毁绿罚款、滞后绿化罚金、部分污染罚款等金额的数量不定，而且评价等级的方法自行制定，结合实际的程度不够，都需要改进。

10.3　区域绿色廊道规划政策体系总体实施评价

从政策实施效率评价中可以看出，实施效率很高的为规划文件；实施效率较高的多为绿廊实施进行宏观规定的法律法规；实施效率较低的为外环、郊环及环城绿带相关的规划与规定及土地利用复杂，需要多部门协作区域。涉及具体的实施管理人员的《上海市绿化专管员管理试行办法》起到的效果并不大。

10.3.1　缺乏理性关联分析的绿廊编制体系

在规划编制方面，重空间结构、构成以及结构关联目标。在空间规划不同层面，规划一方面没有结合实施与运作体系，另一方面没有把握综合复杂的区域系统格局，对多学科融合参与的理性规划的忽视，造成各层面规划的不协调。在相关不同部门土地利用和功能性规划方面，缺乏总体协作研究与调控，部门壁垒依然存在。多学科融入规划编制过程的模式与方法是区域绿廊实施体系健康发展的前提和根本点。

10.3.2　不够健全的绿廊实施法规体系

当今针对绿廊或绿道控制与实施、开发与建设尚没有相对专业完善的法规政策体系。立足大景观理念与格局，理论的发展带动法规条例的健全。林业与园林绿化、规划与国土资源等行政体制的合并，二规合一、城乡一体是城市科学发展的需要。大区域的绿地格局应该制定与时俱进的法律法规体系。

10.3.3　条块分割的绿廊实施职能部门

城市人大常务委员会和人民政府颁布了各项条例与规定，规定权责明确的实施管理执

行主体，但绿廊建设涉及的执行部门很多，注重分工，缺乏协作。这是造成规划实施的效力下降的根本原因。比如，《上海市森林管理规定》中规定，铁路、公路用地范围内的防护林由铁路、公路行政管理部门负责建设；海塘、河道等用地范围内的防护林，由水务行政管理部门负责建设；其他公益林，由市或者区、县林业主管部门负责组织建设。《上海市环城绿带管理办法》中规定：环城绿带具体范围由市规划国土资源局会同市绿化市容局划定；上海市绿化和市容管理局是绿化行政主管部门，负责环城绿带的管理；环城绿带建设管理处负责环城绿带的具体管理；有关区绿化行政管理部门，负责本辖区内环城绿带的管理，业务上受市绿化市容局的指导和监督；市计划、规划、农林、建设、土地、水务等有关部门应当按照各自职责，协同实施本办法。众多的管理职能分工协作，造成执行过程利益者之间关系的复杂性，互相推诿是必然存在的。

10.3.4 需要关注的激励政策实施工具

各类政策文件中，有规定森林生态效益补偿制度、经济林生产保险财务补贴制度、经济果林"双增双减"补贴等激励政策。但是，在资金有限的情况下，激励未必能够有效实施，并且，激励政策的内容不够明确。我国政策法规中强制规定和罚则倒是规定具体，如绿化保证金、绿地建设补偿费、占毁绿罚款、滞后绿化罚金、其他罚则等。如何应用一定的技术工具来提高实施效率，这也是政策体系中需要改进的方面。

第四部分 结语——走向区域绿地空间性与政策性的协调发展

11 建立规划政策实施体系的可持续发展框架

11.1 严峻的挑战

区域绿地规划的实施效力的影响核心因素是土地利用机制中多元利益影响和发展政策引导不到位。政府、社会团体、企业、个人等在道路绿廊建设中扮演的角色和获得的利益不同，规划范围内土地利用方式的多样性存在，造成政策在各方利益的影响下实施力度不够。

众多实施过程中相关的利益者能够走向协同，需要从编制体系到规划实施每个环节发展路径的转变。规划编制体系多学科融入，多视角地解决众多相关土地利用部门的不同调控和发展需求，这是规划编制的协调路径；规划实施政策体系方面，多方利益的监控运作需要一套自上而下的完善的法规与调控体系，这一体系在国家方面具有约束和监督效力，在区域层面具有指导和约束效力，在地方层面具有监管和保障具体实施效力。因而，面对研究发现的评价分析的症结所在，促进区域绿地从规划走向有效实施，关注空间性和政策性路径的协调发展，这一目标对于区域和城乡规划领域健康可持续性的发展是严峻的挑战，更是发展的希望。

11.1.1 规划编制体系的科学理性发展

规划内容在空间结构性、空间关联性和空间协调性的整合发展，将既定的规划政策通过规划编制走向政策引导。这将需要规划内容体系的评价，即规划本体的可持续性评价。

上海的这一研究选区范围内对实施政策体系与绿地网络现状的一致性的评价结果，可以看出：两者在空间布局上的一致性评价较高，说明规划实施对于绿地空间布局的指导性很强。在另一方面反映了政策体系对空间控制的重视程度；两者在空间关联性方面一致性的评价最差。在功能关联度方面，体系现有规划重视空间等物质形态的控制性指引，但仍然缺乏对绿色空间功能定位与基于功能互动多样发展基础上的空间结构性规划，成为政策体系中几乎所有政策的通病，这也是国际上本研究领域正在关注的要素互动分析与研究的重要性之所在。

传统的绿色空间规划布局思想是孤立的、静止的，随着绿地网络思想的诞生和渐趋成熟，绿色空间之间的连接成为绿地系统规划与布局的一个重要因素，上海市当前的实施政策中虽对"连接"相互作用体系有所提及，但缺乏对相关具体问题的根本性的阐述和引导，方案形成的过程本身缺乏理性的评价分析，致使绿地系统空间的关联性得不到很好的实施。

绿色空间规划的每一项政策都会设定相关的目标，用目标去指引实施。区域格局的形成需要不同空间层面的协作和内部要素目标的协作以及不同系统功能的协作。首先，若对同一区域绿地规划的不同政策之间在目标上存在不一致或是相互矛盾，政策目标的不一致，常使绿地管理部门、规划实施部门等产生分歧，严重影响规划的实施和最终的达标。同时，这种不一致，也使得政策之间不仅不能相互整合，发挥政策体系的支持、指引作用，还会削弱政策体系的调控力量，造成了编制体系空间协调性的不足，不利于绿色空间规划的实施。

规划实施过程中，为了保证规划的实施随着时空环境的变化而及时调整，规划实施策略和规划编制体系的内容适当更替，需要规划实施过程的动态评价，这就是我们研究内容的重要所在。规划的实施评价效力，作为调整新一次的规划编制目标和规划政策发展的依据，这一路径正是绿地规划实施最具动态和科学指导性的关键。

11.1.2 绿地实施政策体系的不完整

从分工的角度看，政策体系中的法律、法规和标准承担着这个体系规划"红线"的任务；相关规划实施政策，则是绿色空间规划最直接的约束和指引，保证规划顺利实施。一个完善的规划政策体系，才能使规划蓝图得以科学、合理和按照预期实现。当前，我国相关法律、法规和标准仍有待健全，内容和责任分工要明确；规划体系间的不协调，难以实现规划政策的合力；管理政策不够健全，责任落实不到位，日常管理缺乏科学、合理的机制体制。总之，政策体系的不完善也是导致规划实施情况不佳的重要因素。

英国是以国家为主导的自上而下的规划特征，国家制定总体的政策，每一级规划部门都受其上级规划机构政策的制约，并为下一级规划部门制定战略。这就保证了不同等级规划的连续性，以及规划体系的连贯性。比较英国的国土层面的体系化的法令和规划政策性"指引"文件体系，在国土与跨辖区层面，我国的区域绿地政策现有规范法规不够健全。首先，具有规划指导作用的国土与跨辖区的规划法规和指引特别缺乏，一直以来，我国对宏观的生态区域（如绿色廊道、生态核心区等）关注还很不够：首先，具有规划指导作用的国土与跨辖区的规划法规和指引特别缺乏，一直以来，我国对宏观的生态区域（如绿色廊道、生态核心区等）关注还很不够。其次，相关的环境、林业、农业相关标准大多是孤立存在，各个部门法规政策由于分属不同部门导致各部门的绿色空间政策存在空间矛盾和冲突，难以具体落实。摒弃空间政策的"条条化"和"部门化"，构建一个从国家层面到地方各层面协调完备的绿色空间政策体系，实现空间政策的统筹协调控制作用，对区域绿色空间相关政策的有效实施和具体执行是非常重要的。因此，我国在国土和跨辖区的层面应该在参考国际相关研究、总结实践经验的基础上，建立协调的、标准化的、完善的区域绿地空间政策体系。

英国的发展规划在地方层面的结构性区域发展框架和政策策略的制定是其编制关注重点，GI 空间控制是发展规划的重要组成部分，绿色空间发展战略列入其补充发展文件的重要内容。发展规划的结构规划层面体现出其对规划实施的弹性和政策引导性。规划环节包括的在地方发展计划、战略审视发展与证据基础、空间选择和政策发展、规划 GI 内容、公众检验、上报审批、监测 GI 实施等各阶段涉及内容中，都重视研究这一空间发展策略和战略政策框架。这一特征反映出目前我国规划过程过于注重物质形态空间规划而显露出规划实施过程的弹性不足。虽然典型的几个城市的规划开始关注规划的空间政策引导部分的编制，但这部分研究的比重在总体规划层面还是需要进一步加大加深，起到真正实施意义上的发展控制。我国更多的城市规划关注的焦点往往还是停留在研究如何形成一个详细的空间利用理想方案，至于规划方案的实施则交给行政部门完成，并将规划实施看作完全由行政力强制作用即可自动完成的行政过程。由于规划方案与规划实施被看作不相关的两个阶段，许多规划师就认为编制理想的绿地网络空间方案是个技术问题，对于如何实现绿色空间的保护也没有提出有效的实施对策，缺少对于具体行动策略和实施政策的研究。当今，区域管治被认为是新时期区域层面规划的必要综合协调，但从我国目前规划来看，由于受研究深度和行政区划的影响，对其重视不够。因而，区域绿色空间规划需要转向关注规划的实施引导以及实施过程中的空间发展区域管治。

现行绿地实施政策体系在上位层面的不完整和下位层面的系统引导性的缺失是区域绿地得以实施的关键所在，一个完整的绿地实施政策体系需要区域调控的完整和全方位的管控引导。

11.1.3 规划实施管理的区域协调管理缺失

我国的区域绿地研究目前相对缺乏，绿地系统规划以研究建成区为主，缺乏区域发展研究。地方层面，各省（市）人大常务委员会和人民政府颁布了系列条例与规定，规定权责明确的实施管理执行主体，但区域绿地实施涉及的执行部门很多，分工明确，但协作不足。城市分区和政府之间的辖区界限过于泾渭分明，也缺少横向合作机制；绿地系统孤立内部发展，缺少与其他系统，包括区域绿地广域空间系统、社会系统、经济系统相互作用协作发展。实施规划保障性的政策法规中还存在一个问题，那就是惩罚条文非常细致，相比之下激励的条款则较为模糊和少见。与国际实施广域的绿地空间控制策略比较而言，我国的区域绿地空间实施策略仍停留在以行政与法规控制为主体的，行政控制工具的协作开发研究阶段。在市场经济多元投资主体的城市发展阶段，这样的实施管控手段显得相对单一。

美国绿道规划实施基本概括有3种模式，如图11-1所示。第一种模式是区域实体对实施进行主导性基础控制，是多种权限的授权角色。波特兰是典型的案例，选举出来的大都市委员会拥有实施绿道计划的权力。这种制度结构的优势是有变化多样的地理区域，地区的广阔视角是平等的。强有力的中央集权领导能够对多个机构的影响进行分类以便完成土地征用和发展，使得解决问题的方式可以从一个更广泛的地理区域内得到更多的资金，这种方式能够在没有立法、先于立法、落后于立法，或勉强立法时都可以进行。不足之处在于，绿道计划实施不是作为每一个当地立法机构优先发展计划时，往往共同合作会失效。如果采用自上而下的方法时，这种制度很少得到底层阶层和小的公共参与者的支持。第二种模式是中等控制力的区域机构。在计划的最初阶段，区域机构授权给当地立法机构，然后参与到实施的合伙人中，以促进立法机构间的平等。不像模式一，区域共同合作和当地立法都无法对资金做到基本控制。第二种模式使得地方层面上具有较高的权力，领导权在地方立法机构中得到了发展，这可以促进立法机构间的平等。同时，区域代理能够通过完整的方案区分优先次序，从而得到州或联邦层面上资助。不足之处是立法机构间的平等性可能是有选择的，实施可能由于代理间共享的责任变得更慢；最后一种模式，次级的区域机构在实施绿道系统的每一个独立子系统中作为更强权限的一个参考样点。明尼阿波利斯和圣保罗提供了一种实例。强有力的地方控制力在绿道实施中的优点是底层阶层的影响是主导力量，使绿道规划在一个相当长的时间内在容易组织的层面内完成，这为私人组织的主动提供了丰富的空间。明显的不足是没有区域的有效领导，区域连接变得更为困难。从网络的整体性来说，这种模式对资金不具有优势。

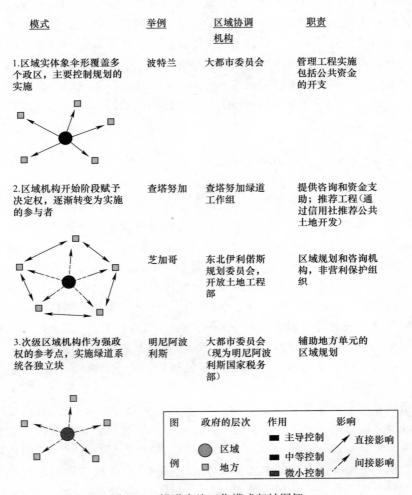

图 11-1　绿道实施工作模式归纳图解

来源：Rob H. G. Jongman, Gloria Pungetti. Ecological Networks and Greenways：Concept，Design，Implementation [M]. Cambridge：Cambridge University Press，2004：200-221

　　借鉴国外绿道建设的经验，针对不同行政区多管辖权限的绿道管理中面临的政府间协调、区域统筹、资金等问题采用多样化建设目标，广泛的合作开发、长期的公众合作、多层次的区域协调等策略，建构不同利益群体代表形成的区域协作组织，进行区域绿地网络的建设与管理。在我国，宏观层面的管理体系体现为垂直管理的特征，也就是平时常说的以条为主，条块分割的状态，因而缺乏区域协调的管理体制。虽然区域规划开始关注区域协调机制，如联席会议等的出现，但是在区域规划管理层面，还没有形成一定学术团体、行业和专业协会以及非政府组织机构和民间团体协调一致参与规划管理的局面。特别是，区域绿地实施管理的协调机构根本没有设立。区域规划管理层面的缺失，使得基于生态系统管理的区域绿地规划管理存在调控体制上的脱节。目前，国家层面的法规条例，对组成各绿地要素有部门法的详细规定，但没有整体的发展调控，这无形中就降低了调控的力度。跨区域层面，珠三角尝试了一定的区域规划框架和发展指引，其他的地区和城市基本上没有任何法规或规划指引来约束和指导这个层面的发展。地方层面，地方条例和管理规定也基本形成。

11.1.4 多元实施机制及公众参与制度实施力度不够

权力部门的不一致，集团利益的不一致，导致了政策体系不同政策协调的困难。在政策体系内，不同政策的制定、主管部门常不一致，比如绿地系统规划一般由规划行政主管部门和园林绿化部门进行编制、组织和实施等；而森林规划的主导部门一般是林业部门。权力部门的不一致，自然导致政策间协调性差。另外，在规划实施中，也面临着不同集团利益的纷争，政府、企业、个人等各有不同的利益，这些集团包括上下级的或同级的不同行政部门、政策实施主体、土地所有者或使用者、人民群众等，不同的集团对各自利益的诉求不同，也影响了政策间的协同性，影响了规划实施的力度。

在美国绿道的实施机制方面，合作关系是作为区域绿色空间和实施的关键战略。合作关系由两个重要部分组成：第一，从项目开始找到合适的合作伙伴；第二，创造尽可能广泛的合作关系，不仅是有助于实施过程，而且还增加资助的机率。非政府组织（NGO）和其他组织建立伙伴关系，如联邦和国家机构，其他非营利团体，商界领袖，土地信托，当地市民团体和政界人士。国家管理机构管理着国内许多绿道项目的资金来源，因而国家的政府机构是其工作的主要伙伴。从绿道建设的主要资金来源可以看出，区域绿色空间和实施的关键需要建构良好的合作伙伴关系进行开发建设。绿道项目的其他资金主要来源是联邦土地和水资源保护基金、森林遗产项目、州汽油税、州农业保护基金，以及来自国家公园管理局河流和路径项目。联邦运输基金也是绿道的规划和建设最重要的资金来源。1998年6月9日，当时的美国总统克林顿签署了"21世纪运输衡平法（TEA-21）"中的休闲通道计划和交通增强项目、拥堵缓解和空气质量改善（CMAQ）资金是用于发展绿道的。州的开放空间公债是一种宝贵的绿道项目的资金来源，可以用于土地征用和具有重要生态意义的土地保护。私人基金会是绿道项目的主要贡献者。同样，在实施保护开放空间的过程中，大量的激励政策出台并实施。农场权利法对农民和大农场主提供激励政策，保护土地用于农业不要受到住宅区侵害。农业区域，即农业保护区、农业激励区等名称，是法律确定的保持土地用于农业用途的地理区域，由于加入这些区域是无偿的而不同于专用农业区划区域。农民加入农业区域可以获得多种利益，如不同的税额，限制征用和兼并，受到保护免于诉讼和土地通行权计划。农业区域在地方、区域和州层面已经确定。通过开发权公共购买城市地区受到开发威胁的土地，可以运用开发权转让（TDR）和开发权购买或他人土地上的通行权保护方法保护开放空间。开发权转让允许开发权从多种土地特权中转让给他人。通过持续地保护他人土地上的通行权或确实严格禁止发展，土地权利束的分离作用使得土地从开发活动中得到保护。开发权转让项目是强制的但实际上经常是自愿的，它们提供由于法规限制造成财产减少的土地所有者一种补偿的方式。开发权买卖是联邦、州和地方政府保护开放空间通常采用的方法，并为大多数私有土地信托机构采用的方法。土地所有者自愿卖出开发权但保留土地所有权和永久的他人土地上的通行权保护权利，从而禁止将来的细分规定和开发。土地所有者也可以捐赠开发权交换税收收益。使用价值税评定（也称优惠或不同税收评定）是提供土地所有者激励保持他们土地的现有使用用途而不是卖出用于开发。在农业或林业的土地征税较低而在开发使用土地上征税较高。使用价值评定法规由州制定，由地方层面实施。

英国在区域绿色空间规划实施的策略方面是从开发者协议的整合协调组织机制、绿色空间优先发展的激励政策与补充机制、绿色空间质量控制的评价和奖励策略保障等方面，保证实施主体的多样性和资金来源的多元性。区域绿地的有效实施需要研究制定有效的行政手段、合作开发策略以及经济激励管理技术工具来共同管理控制，这种多元化的控制管理工具的实践发展对于我国的区域绿色空间实施控制的政策体系具有深刻的启示作用。

美国绿道工程建设过程中公众参与对确保该绿道被长期管理来说是必不可少的。绿道工程公众参与的其他主要原因是能带动公众支持项目。公众支持的必要性对于政府机构和非政府组织是不同的。对于政府机构，公众支持一个项目可以防止产生私人财产权利问题的冲突。对于非政府组织，公众的支持是用于获得来自地方和国家领导人、国家机关的政治支持，并有可能为他们的项目争取更多的融资机会。公众参与绿道建设主要有三种方法：①作为协作规划过程的一部分；②建设和实施绿道或路径项目；③项目发起的公众支持。公众应被视为另一方利益相关者，并应参与这个过程中，不管是否通过区域绿色空间或绿道项目的实施合作。显然，这似乎是这些机构或非政府组织已实施的一个绿道系统远景规划，不仅采纳了公众意见，而且还通过小项目的实施以适合纳入规划。其他方法包括让公众参与绿色通道的可行性研究；让市民参加进入国家绿道委员会，并由公众提出绿色通道工程。作为一个联邦机构，国家公园管理局敏锐地意识到，由于其拥有很少的地方土地，作为区域绿道工程的协调机构之一，没有当地绿道社区支持这将难以执行。州政府机构也需要市民参与启动绿道工程、长期建设和管理绿道。比如，目前新英格兰州没有预算管理和维护这些通道，所以他们可能会期待公众分担这方面的负担。公众往往是这些项目的主要倡导者。一些组织依靠公众支持绿道获得该项目的政治援助。绿道工程的政治支持可能带来更多的融资机会。

我国的区域绿色空间发展与保护更多地停留在各相关部门的管理权限的行政与法规控制，各部门采用以条为主的垂直管理模式各自为政，区域绿色空间广域范畴的城镇绿化用地、农田耕地、林地、牧草地、水域以及自然生态绿地等多功能土地空间，难以形成协调有序的控制管理。在市场经济多元投资主体发展下的经济激励手段以及形成系统的控制管理工具应该是协调各利益部门之间的有效途径。区域绿地空间各尺度控制协调作用的策略方法应该包括具体的生态、行政、经济、社会等控制工具的研究制定。随着区域实施管理机构的设立，多元机制的形成和公众广泛的参与制度将是我国区域绿地得以有效实施和走向共同管理控制的必由之路。

11.2　可持续性的规划政策实施体系框架主体

11.2.1　规划编制体系的科学理性路径

上海市目前所实行的区域绿地空间规划存在着比较严重的保障功能与空间结构不协调的问题。从这一点出发，首先要在绿地规划编制体系上进行完善工作。

在保障实施层面，则可以引入绿地规划实施评价体系。建立规划实施评价体系，可以全面地考察规划实施的结果和过程，并通过评价指标的建立，形成相关信息的反馈，从而提出规划的修改、调整建议，一方面可以保证绿地规划的可实施性，另一方面也可以尝试与奖惩制度挂钩，起到一定的监督约束作用。因此，建立合适的评价体系是保障区域绿地规划实施的有效手段。

区域绿地规划实施评价可以包括规划实施之前的评价（规划方案形成阶段的空间等级综合评价、规划方案的评价和规划文件的分析）、规划实施过程的评价（规划过程和规划实施进度评价）和规划实施结果的评价（规划实施效果的评价、规划建设指标的评价）。对于保障区域绿地规划的有效实施，其规划评价则在于规划过程的检测和实施结果的检验以及对检测结果的反馈。

因此，规划实施评价体系可以起到的作用在于：①监测规划实施情况，即在规划实施过程中，绿地主管部门广泛地收集反映规划实施效果的信息或数据，收集公众及相关部门对有关规划执行情况的申诉和建议。②评价各阶段规划实施情况，即在规划实施的各个阶段，有关单位根据事先拟定的规划实施监测与评价指标，评价规划实施的效果和识别规划实施中存在的问题。③提出规划实施监测与评价报告，即规划实施评价完成后，提交规划实施阶段监测与评价报告，其核心内容是就规划是否需要调整或修编作出判断，并提供相关建议。④公众咨询，即公布规划实施评价报告，接受公众对规划实施效果的监督，听取公众对规划调整的意见。

当引入实施评价体系之后，整个区域绿地空间规划实施保障机制框架就如图 11-2 所示而进行建构。

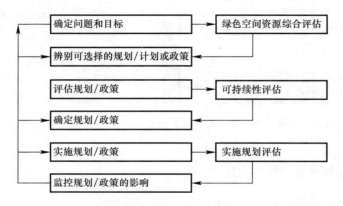

图 11-2　区域绿地网络理性规划过程包括不同阶段的实施评价融合

规划前期分析与评价，要促进多学科理论与方法融合。融合景观生态安全格局、景观功能多样性和空间演变的理论与方法，应用空间分析技术，提供区域绿地网络功能与结构关联发展格局。城市气候研究方面的成果应该成为可持续发展的城市与区域规划的有益支撑，反之，基于人类活动与气候因子的关联作用，城市气候研究形成的有关成果应该对区域绿地网络功能与结构的完整性提供有效的规划建议与规划指引。景观大型绿地空间的严格控制规划起到保证提供大量新鲜空气源的作用。绿色廊道对保留新鲜空气走廊起到重要作用，同时还具有分隔开发中的景观元素的作用。绿地斑块在合理的位置布局紧密连接形成绿色网络。这在建成区域有利于平衡热量、减少热岛，同时有利于风速的减小和降低污染物排放浓度。因而，不同层面区域绿地网络规划的结构形态，以及规划过程中的生物和气候多样性适应性的研究与协调性融合，都将进一步完善规划编制体系区域绿地网络的功能与空间结构走向科学理性。

规划编制过程与内容选择，要关注编制内容中对空间结构的重视，重视空间体系的关联作用和相关土地利用要素，如水利、交通、旅游、农田保护等功能协作的需求下，科学规划布置空间合理的区域绿地空间结构形态模式和多样化需求的复杂体系内容。为了促进区域绿地网络实施空间结构和功能的完善，规划编制过程必须结合规划的评价，以帮助决策选择合理的规划方案。以定量与定性结合目标型评价方法为规划实施体系和规划编制空间性结合政策目标发展方向提供合理的解决方案。

行动规划是一种对城市规划有效性的行动、启动、实施的操作，是一种实现城市建设方面需要的决策，是事实规划布局方面的计划。在英国等国的地方发展框架文件编制中作为必需的内容出现。在现今的城市规划中，最急需的是如何把对城市规划的期望转变为时尚规划的实际行动。在行动规划中要表述那些能改变现实的有关的行动内容，也要积极地促进原先规划中建设要素之间相互关系的发展。因此，规划编制体系走向空间政策性，需要深入研讨行动规划的内容。行动规划本身也是连续不断的进程，直至行动规划变为现实从而使得规划得以实现（图 11-3）。

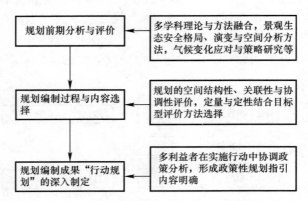

图 11-3　规划编制体系的功能与空间结构在空间性与政策性之间协调过程的框架

11.2.2　绿地法规和政策的协作框架

区域绿地和绿地网络的提出和构建，这是国际大趋势。绿地的组成和空间格局，必须是大景观和景观规划的视角，理论的发展带动法规条例的健全。这一庞大的要素体系，需要从大区域的绿地格局到城乡主体绿地网络结构相对应的与时俱进的法律法规体系。目前的国家层面的法规条例，对组成各绿地要素有部门法的详细规定，没有整体的发展调控，这无形中就降低了调控的力度。跨区域层面，珠三角尝试了一定的区域规划框架和发展指引，其他的地区和城市基本上没有任何法规或规划指引来约束和指导这个层面的发展。总体上，这个层面是绿道网络形成的关键。既有宏观调控，又有对地方各城市的监督约束。因而，整体的绿道网络以及组成绿道网络的空间要素需要明确的发展指引，帮助规划编制和实施规划体系。地方层面，目前地方条例和管理规定基本形成，但是其涉及的内容必须根据新的绿地理念作出具体的政策改进以及实施时序动态引导和多元开发与保护的机制引导。地方层面必须落到实处监管绿地各方面的实施。

国家层面的政策法规体系框架，应该突出城乡规划法的基本法的作用，在此基础上，应该针对区域绿地有专门的绿化条例。城乡规划法应该在实施城乡规划过程中建立国家规划政策框架，这是规划指引类的文件，从总体上指导确保规划各系统的协调建设与实施。如果区域和城市建成区绿化条例合二为一，那么现行的城市绿化条例也不能满足大的区域格局构建安全格局的调控需求。结合新时期区域绿地的保护与发展制定新一轮的城市绿化条例内容显得尤为重要，区域或城市绿化条例形成的基础是国家绿化规划政策框架，这是针对区域绿地的格局进行系统规划的指引类文件。在这两部大法执行的基础上，设置特殊的绿地对应的法律，国家层面的区域绿地监控体系在法律和城市绿化条例下的另一分支有对于绿地组成要素的各特殊绿地地块的实施保护、建设和管理条例。

跨区域层面的政策体系框架，这个层面区域绿地规划关注的重要内容是绿色廊道，建立跨区域的绿道网络。在实施保障政策方面，应该加强规划政策指引的约束和引导作用。从河流绿道、风景道、风景游径几类绿道类型制定发展政策指引，指导绿道的规划、建设和实施。跨区域绿地在实施功能和质量方面应该制定生物多样性保护的指引。对于跨区域层面重要的风景游憩绿地和乡村区域景观等方面进一步加强规划和实施的约束和引导作用。

地方层面从区域绿地的规划指引、建设管理规定以及实施管理规定和办法三个方面监控规划制定和实施管理。指引要确定可持续发展的目标和策略，确定地方层面绿色空间质量以及确定优先发展区域时序方面制定区域绿地空间规划指引。在建设管理规定方面，在现有地方条例、管理办法、管理制度和实施技术规程方面，进一步结合区域绿地广域的要素体系完善现行的地方层面的建设管理。在实施管理规定方面，要借鉴美国和英国在规划实施控制的多元开发机制和多元资金运作机制以及相关的实施技术工具手段，加强实施管理的可行性和有效性。同时，在监督和管护方面制定更为细化的区域绿地各类型的管理办法等。

不同层面的绿地法规和政策协作框架如图 11-4 所示。

11.2.3　规划实施管理的区域协调管理模式

区域绿地规划的实施要强调实施管理的区域协作性，尤其要协调绿地系统规划实施中涉及的不同部门和利益者的关系。从上海市研究区的区域绿地实施评价的分析中可以看

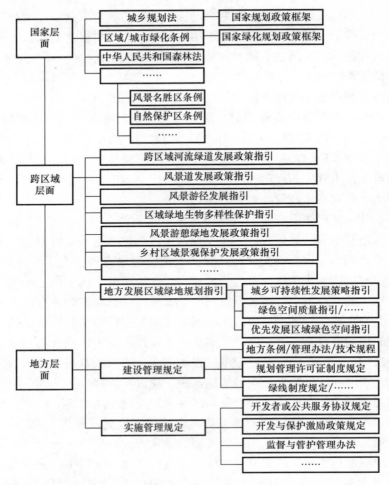

图 11-4 区域绿地规划政策体系的协作发展框架

出，绿地系统规划实施的政策文件中，指导实际协调管理方面的法规政策非常欠缺，亟须补充和加强，以形成完善的协调合作实施政策体系。同时，借助国际区域绿地规划实施经验，形成不同层面的政府间协调、区域统筹、资金管理等方面的优势，进而实行有力的调控和管制措施。要避免跨行政区的规划造成区域绿地规划实施的断层，地方层面的规划或管理部门实施监督和协调，保证区域绿地规划实施的有效性和完整性，需要政府投入一定的人力财力进行地方的监控管理。

区域绿地规划实施的区域协调管理模式，以区域绿地规划的层面结合进行空间管制和实施管理。在国家层面，这一层面区域绿地规划研究的重点是风景游憩绿地的保护、建设和管理。因而，设立国家级风景游憩绿地管理机构，负责国家级风景名胜区、国家森林公园、自然保护区及特殊意思的风景绿道（线状的国家级风景游憩绿地）等整体实施管理，并提供资金技术支持等。这一机构不能等同于现有的不同国家、省、部委分离管理，各自为政的状态，而是一个国家层面对不同类区域绿地的协调监管机构；跨区域层面，重点关注绿道网络的发展和实施。在现有区域绿道实施管理机构缺失的情况下，成立跨区域绿道管理机构，负责协调跨区域各地分机构的总体战略、资金运作、实施管理和组织相关的发展研究；在地方层面，以两种方式实施协调管理。一类是政府设立的绿化管理协调机构，通过行政调控方式对地方层面的区域绿地网络的规划、管理、监控，并协调各相关规划和管理部门之间的利益关系等实施管理；另一类是采用国外的多元机制实施管理的办法，成立规划实施管理委员会等非营利组织参与规划和管理的过程，直接负责日常性的绿地自由的调查、标记、实地保护与维护，以及日常管理的协调、维护和监督等职能。

　　避免区域绿地规划实施过程中所涉及不同部门间由于利益冲突而造成的区域绿地空间规划实施不力。鉴于涉及的部门众多，包括规划、土地、绿化、市容、水利、环保乃至财政部门之间的合作，部门间的协调工作可能需要由市人民政府来完成，利用其多层次统筹协调的能力，保证区域绿地规划能得到有效实施。地方具体的实施管理涉及的多部门之间的协调，可以成立大都市区域委员会，协调都市区域的土地利用和规划编制以及实施管理。大都市区域委员会向省政府绿化管理协调机构负责，与地方层面的省级范畴的城市之间协作发展与实施管理。

　　通过这一多维的实施管理框架的建构，从而达到全面保障规划实施的目的。具体的区域绿地实施管理组织框架和地方层面实施管理协作框架如图 11-5、图 11-6 所示。

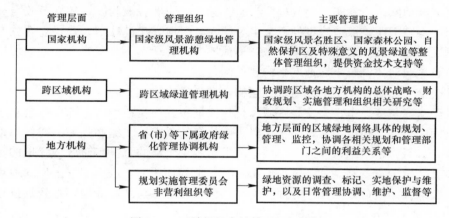

图 11-5　区域绿地实施管理组织框架

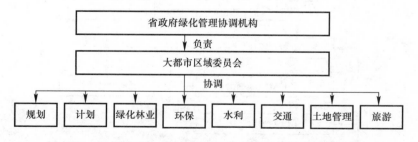

图 11-6　地方层面区域绿地网络实施管理多部门协作体系框架

11.2.4　多元实施机制及公众参与制度

　　由于现行法规政策的机制不够成熟完善，所以还需要建设多元化的实施机制。前文说到政策法规中存在一个问题，那就是惩罚条文非常细致，相比之下激励的条款则较为模糊。从这一点出发，可以从行政、土地、财政等方面来改进激励政策，并进行更详细的规定。可以根据各区县的实际情况，制定详细的区域绿地规划实施的评价标准和程序，实行考核与奖惩挂钩制度，确保规划的有效实施。同时，由于区域绿地的规划存在其复杂性和特殊性，在具体实施过程中出台相关办法，以简化其所需要的行政审批程序。此外，可以设立专款专项的资金使用制度，可以保障建设资金的充足，同时用以配合补偿和鼓励制度的建立，并可以将收纳的罚款也作为专项资金收入来源，在过程中一定要做到资金的透明和利用的高效。

各类政策文件中，有规定森林生态效益补偿制度、经济林生产保险财务补贴制度、经济果林"双增双减"补贴等激励政策办法。但是，在资金有限的情况下，激励未必能够有效实施，并且，激励政策的内容不够明确。而强制规定和罚则倒是有具体规定，如绿化保证金、绿地建设补偿费、占绿毁绿罚款、滞后绿化罚金、部分污染罚款等。如何应用一定的技术工具来提高实施效率，这也是政策体系中需要改进的方面。

从行政保障、土地使用、财政保障等方面改进激励政策。行政保障中各市区县应根据实际情况，出台相关办法，开辟绿色通道，简化行政审批手续，实行全程监察制度，制定绿道等区域绿地网络要素实施验收程序与验收标准，明确考核制度，建立考核与奖惩挂钩机制。财政保障上明确绿道建设的资金来源纳入各级地方建设计划，并建立专款专户的资金使用制度。绿道的土地使用政策应坚持不征地、不拆迁，不改变原有土地的使用权属和性质，有各地政府协调解决绿地网络的建设问题。

关注公众对绿廊使用的多元需求，建构规划与实施建设中公众参与制度。

加强公众参与度。由于公众是区域绿地建设最主要的受益群体，如果将公众纳入到区域绿地空间的规划、建设中来，一来可以了解公众的需求，在编制规划的时候可以更为细致；二来，如果将公众纳入到监督体系中，那么利用公众的力量来对区域绿地的建设进行把控和监督，出于自身利益的考虑他们将更主动地施加压力，进而实现区域绿地规划的有效实施。公众参与度可以从几个方面来实现。公众广泛参与区域绿地网络规划过程参与机制框架如图 11-7 所示。

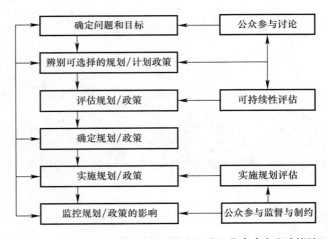

图 11-7　区域绿地网络理性规划过程融入公众参与机制框架

公众参与度的完善，应该体现在以下几个方面：

（1）公众参与权的法制化：公众对绿地规划管理部门、相关行政机构和人员在绿地规划和建设中的行为活动的监督和制约作用是不可替代的。公众参与权利的法制化首先应该强调公众参与规划立法的权利。目前绿地规划作为与公民切身利益相关密切的规划，在制定过程中的立法听证制度并未作规定，因此，必须明确公众参与绿地规划立法的合法权利，并提出明确的程序保障。

（2）利益相关主体的界定：绿地规划公众参与制度的本质是为了让公众参与规划过程，以保障其合法权益。根据与空间开发的利益相关程度，可以分为直接相关者（比如建设中需要征地或拆迁的居民）、间接相关者（比如周边地块居民）、一般相关者（比如外来地的游客）。公众参与制度的根本作用是保障主题的合法利益不受侵犯，从制度上保证各个主体的合法利益。

（3）公众参与的实体性内容：公众参与作为绿地规划不可或缺的组成部分必须在法规的实体性内容得到确认。比如说，明确公众参与代表，如规划委员会、社区代表的规划参与权。同时，也可以鼓励公众参与到绿地建设的过程中来。例如，日本的"市民绿地制度"中规定，如果市民将私有绿地建设为可供观赏的游园，并向公众开放，就可得到一定补助金。

参 考 文 献

[1] Ahem J. Planning for an extensive open space [J]. Landscape Urban Planning: linking landscape structure and function, 1991, 21: 131-145.

[2] Aherm J. Greenways as a planning strategy [J]. Landscape and Urban Planning, 1995, 33: 131-155.

[3] Akbar K F, Hale W H G, Headley A D. Assessment of scenic beauty of the roadside vegetation in northern England [J]. Landscape and Urban Planning, 2003, 63: 139-144.

[4] Benedict M, Mcmahon E T. Green Infrastructure: Smart Conservation for the 21st Century. The Conservation Fund. Washington, DC: Sprawl Watch Clearinghouse [R]. 2002. http://www.sprawlwatch. org/greeninfrastructure. pdf

[5] Bengston D N, Fletcher J O, Nelson K C. Public policies for managing urban growth and protecting open space: policy instruments and lessons learned in the United States [J]. Landscape and Urban Planning, 2004, 69: 271-286

[6] Bernard J M, Tuttle R W. Stream corridor restoration: principles, processes, and practice [C]. USDA, Natural Resources Conversation Service, 1998.

[7] Bischoff A. Greenways as vehicles for expression [J]. Landscape and Urban Planning, 1995, 33: 317-325.

[8] Charles A, Miami river greenway-Green infrastructure for a working river [J]. Landscape Architecture, 2009 (3): 20-22.

[9] Charnes A, Cooper W W, Phodes E. Measuring the Efficiency of DecisionMaking Units [J]. European Journal of Operational Re-search, 1978 (2): 429-444.

[10] Clay G R, Smidt R K. Assessing the validity and reliability of descriptor variables used in scenic highway analysis [J]. Landscape and Urban Planning, 2004, 66: 239-255.

[11] Conine A, Xiang W N, Young J, Whitley D. Planning for multi-purpose greenway in Concord, North Carolina [J]. Landscape and Urban Planning, 2004, 68: 271-287.

[12] Cook E A. Urban landscape networks: an ecological planning framework [J]. Landscape and Urban Planning, 1991, 16 (3): 7-15.

[13] Cook E. Landscape structure indices for assessing urban ecological networks [J]. Landscape and Urban Planning, 2002, 58 (2-4): 269-280.

[14] David N L, Alison H. How should we manage urban river corridors [J]. Procedia Environmental Sciences, 2011 (13): 721-729.

[15] Fabos J G. International greenway planning: an introduction [J]. Landscape and Urban Planning, 2004, 68: 143-146.

[16] Fabos J G. Introduction and overview: the greenway movement, uses and potentials of greenways [J]. Landscape and Urban Planning. 1995, 33 (1-3): 1-13.

[17] Flink C A, Olka K, Searns R M. Trails for the twenty-first century: planning, design, and management manual for multi-use trails [M]. second edition. Washington: Island Press, 2001: 52-117.

[18] Forman R T T, Godron M. Landscape Ecology [M]. New York: Wiley, 1996.

[19] Forman R T T, Gordron M. 景观生态学 [M]. 肖笃宁等译. 北京: 科学出版社, 1990.

［20］　Forman R T T. Corridor in a landscape：Their ecological structure and function ［J］. Ecology (CSSR)，1986 (2)：375-387.

［21］　Forman R T T. Land mosaics：The Ecology of Landscapes and Regions ［M］. Cambridge：Cambridge University Press，1995.

［22］　Friedrich C J. Man and His Government ［M］. New York ：McGraw-Hill Book Company，Inc.，1963.

［23］　Gobster P H，Westphal L M. The human dimensinns of urban greenways：Planning for Recreation and related experiences ［J］. Landscape and Urban Planning，2004，68：147-165.

［24］　Gobster P H. Perception and use of a metropolitan greenway system for recreation ［J］. Landscape and Urban Planning，1995，33 ：401-413.

［25］　Grey G W，Deneke F J. Urban Forestry ［M］. New York：John Wiley and Son，1978.

［26］　Harris L D，Gallagher P B. New initiatives for wildlife conservation：the need for movement corridors ［R］//Preserving Communities and Corridors ［R］. Washington：Defenders of Wildlife. 1989.

［27］　Hobden D W，Laughton G E，Morgan K E. Green space borders-a tangible benefit？ Evidence from four neighbourhoods in Surrey，British Columbia，1980-2001 ［J］. Land Use Policy，2004，21 (2)：129-138.

［28］　Hodges M F，Krementz D G. Neotropical migratory breeding bird communities in riparian forests of different widths along the Altamaha River，Georgia ［J］. Wilso Bulletin，1996，108 (3)：496-506.

［29］　Jeffrey K，Dennis W. Measuring heterogeneous preferences for preserving farmland and open space ［J］. Ecological Economics，1998，26 (2)：211-224.

［30］　Jolley H E. Blue Ridge Parkway：the First 50 Years ［M］. NC：Appalachian Consortium Press. 1985.

［31］　Jongman R H G，Külvik M，Kristiansen I. European ecological networks and greenways ［J］. Landscape and Urban Planning，2004，68 (2)：305-319.

［32］　Jongman R H G. Ecological networks are an issue for all of us ［J］. Landscape Ecology，2008 (1)：7-13.

［33］　Jongmen R H G. Gloria Pungetti. Ecological Networks and Greenways：Concept，Design，Implementation ［M］. Cambridge：Cambridge University Press，2004.

［34］　Kline J D. Forest and Farmland Conservation Effects of Oregon's(USA) Land-Use Planning Program ［J］. Environmental Management，2005，35：368-380.

［35］　Lewis P H. Quality corridors for Wisconsin ［J］. Landscape Architecture，1964 (1)：31-40.

［36］　Linehan J，Cross M，Finn J. Greenway Planning：developing a landscape ecological network approach ［J］. Landscape and Urban Planning，1995，33：179-193.

［37］　Little C E. Greenways for America ［M］. Baltimore ：Johns Hopkins University Press，1990.

［38］　Lonard R I，Judd F W. Riparian vegetation of the lower riogrande ［J］. Southwestern naturalist，2002，47 (3)：420-432.

［39］　Noss R F. Corridors in real landscape：a reply to Simberloff and Cox ［J］. Conservation Biology，1987 (1)：159-164.

［40］　Office of the Deputy Prime Minister：London. Sustainability Appraisal of Regional Spatial Strategies and Local Development Documents ［R］. http：//www. caerphilly. gov. uk/pdf/Environment_Planning.

［41］　Opdam P，Steingrover E. Designing Metropolitan Landscapes for Biodiversity：Deriving Guidelines from Metapopulation Ecology ［J］. Landscape Journal，2008，27 (1)：69-80.

[42] Plummer R. Sharing the management of a river corridor: A case study of the co-management process [J]. Society and Natural Resources, 2006, 19: 709-721.

[43] President's Commission of American Outdoor. American Outdoors: the Legacy, the Challenge [R]. Washington DC.: US Government Printing Office, 1987

[44] Rao P S, Gavane A G, Ankam S S, Ansari M F, Pandit V I, Nema P. Performance evaluation of a green belt in a petroleum refinery: a case study [J]. Ecological Engineering, 2004, 23 (2): 77-84.

[45] Rubino M J, Hess G R. Planning open spaces for wildlife, modeling and verifying focal species habitat [J]. Landscape and Urban Planning, 2003, 64: 89-104.

[46] Ryan R, Fábos J, Allan J. Understanding opportunities and challenges for collaborative greenway planning in New England [J]. Landscape and Urban Planning, 2006, 76 (1-4): 172-191.

[47] Scott R L, Shuttleworth W J, et al. The water use of two dominant vegetation communities in a semiarid riparian ecosystem [J]. Agricultural and Forest meteorology, 2000, 105 (1-3): 241-256.

[48] Shafer C S, Lee B K, Turner S. A tale of three greenway trails: some perceptions related to quality of life [J]. Landscape and Urban Planning, 2000, 49: 163-168.

[49] Smith D S, Hellmund P C. Ecology of greenways: design and function of linear conservation areas [M]. Mineapolis: University of Minnesota Press, 1993.

[50] Smith D S. An overview of greenways: their history, ecological context, and specific functions [M]//Smith D S ed. Ecology of greenways. Minneapolis: University of Minnesota Press, 1993: 1-21.

[51] Soul M E, Gilpin M E. The theory of wildlife corridor capability [M]. Australia: Chipping Norton, NSW, 1991.

[52] Spaliviero M. Historic fluvial development of the Alpine-foreland Tagliamento river, Italy, and consequences for floodplain management [J]. Geomorphology, 2003, 52 (3-4): 317-333.

[53] Steinitz C. Landscape Planning: A History of Influential Ideas [J]. Chinese Landscape Architecture, 2001 (5-6).

[54] Sustainability Assessment for the City of London Local Implementation Plan (2011) [R]. H:\Transportation\policy\LIP 2011\101220 TfL\sustainability assessment report. doc.

[55] Taylor J J, Brown D, Larsen L. Preserving natural features: A GIS-based evaluation of a local open-space ordinance [J]. Landscape and Urban Planning, 2008, 82 (1-2): 1-16.

[56] Taylor J, Paine C, Gibbon J F. From greenbelt to greenways: four Canadian case studies [J]. Landscape and Urban Planning, 1995, 33 : 47-64.

[57] Teresa A, Femando Bianchi de Aguiar, Maria José Curado. The Alto Douro Wine Region greenway [J]. Landscape and Urban Planning, 2004, 68: 289-303.

[58] Toccolini A, Fumagalli N, Senes G. Greenways planning in Italy: the Lambro River Valley Greenways System [J]. Landscape and Urban Planning, 2005, 76: 98-111.

[59] Tomczyk A M. A GIS assessment and modelling of environmental sensitivity of recreational trails: The case of Gorce National Park, Poland [J]. Applied Geography, 2011, 31: 339-351.

[60] Turner T. Greenways, blueways, skyways and other ways to a better London [J]. Landscape and Urban Planning, 1995, 33: 269-282.

[61] Vincent P. From theory into practice a cautionary tale of island biogeography [J]. Area, 1981, 13 (2): 115-118.

[62] Walmsley A. Greenways and the making of urban form [J]. Landscape Urban Planning, 1995, 33: 81-127.

[63] Weber T，Sloan A，Wolf J. Maryland's green infrastructure assessment：development of a comprehensive approach to land conservation [J]. Landscape and Urban Planning，2006，77（1-2）：94-110.

[64] Wu J G，Vankat J L. An area-based model of species richness dynamics of forest islands [J]. Ecological Modelling，1991，58（1-4）：249-271.

[65] Yu K J，Li D H，Li N Y. The evolution of Greenways in China [J]. Landscape and Urban Planning，2006，76：223-239.

[66] 蔡婵静. 城市绿色道路廊道的宽度 [J]. 江汉大学学报，2008，36（4）：87-89.

[67] 蔡婵静. 城市绿色廊道的结构域功能及景观生态规划方法研究——以武汉市为例 [D]. 武汉：华中农业大学，2005.

[68] 车生泉. 城市绿色廊道研究 [J]. 城市生态研究，2001，25（11）：44-48.

[69] 车生泉. 道路景观生态设计的理论与实践——以上海市为例 [J]. 上海交通大学学报，2008，25（3）：180-193.

[70] 陈吉泉. 河岸植被特征及其在生态系统和景观中的作用 [J]. 应用生态学报，1996，7（4）：439-448.

[71] 陈爽，张浩. 国外现代城市规划理论中的绿色思考 [J]. 规划师，2003，4（19）：73.

[72] 达良俊，陈克霞，辛雅芬. 上海城市森林生态廊道的规模 [J]. 东北林业大学学报，2004：32（4）：16-18.

[73] 邓红兵，王青春，王庆礼. 河岸植被缓冲带与河岸带管理 [J]. 应用生态学报，2001，12（6）：951-954.

[74] 丁则平. 国际生态环境保护和恢复的发展动态 [J]. 海河水利，2002（3）：64-66.

[75] 杜明义，陈玉荣，孙维先，张明，刘忠贞. 廊道结构对北京市空间热环境的影响分析 [J]. 辽宁工程技术大学学报，2008，26（2）：194-197.

[76] 广东省人民政府. 珠江三角洲城镇群协调发展规划（2004—2020）[R]. 2005.

[77] 广东省人民政府. 珠江三角洲绿道网总体规划纲要 [R]. 2010.

[78] 广东省住房和城乡建设厅，香港特别行政区政府发展局，澳门特别行政区政府运输工务司. 大珠江三角洲城镇群协调发展规划研究 [R]. 2009.

[79] 郭纪光. 生态网络规划方法及实证研究——以崇明岛为例 [D]. 上海：华东师范大学，2009.

[80] 郭美锋，彭蓉. 生态的廊道绿色的非机动车通道：城市绿色通道系统及其构建法则 [J]. 华中建筑，2004（6）：104-106.

[81] 郭永兵，朱桂才. 江汉平原公路绿化与湿地保护 [J]. 安徽农学通报，2008，13（13）：61-62.

[82] 韩西丽. 从绿化隔离带到绿色通道：以北京市绿化隔离带为例 [J]. 城市问题，2004（2）：27-31.

[83] 计爽，臧淑英. 道路"廊道"对区域土地利用和景观格局的影响——以202国道大庆杜蒙段为例 [J]. 绥化学院学报，2008，27（1）：24-26.

[84] 姜允芳，刘滨谊. 区域绿地分类研究 [J]. 城市问题，2008（3）：82.

[85] 姜允芳. 城市绿地系统规划理论与方法 [M]. 北京：中国建筑工业出版社，2006：1.

[86] 金云峰，周煦. 城市层面绿道系统规划模式探讨 [J]. 现代城市研究，2011：33-37.

[87] 孔阳. 基于适宜性分析的城市绿地生态网络规划研究 [D]. 北京：北京林业大学，2010：25-26.

[88] 李洪亮. 高速公路的绿化及环境保护 [J]. 交通标准化，2011（10）：6-7.

[89] 李敬. 生态园林城市建设中的生态廊道研究 [D]. 安徽：安徽农业大学，2006.

[90] 李侃桢. 城市规划编制与实施管理 [M]. 北京：中国建筑工业出版社，2008.

[91] 李团胜，王萍. 绿道及其生态意义 [J]. 生态学杂志，2001，20（6）：59-61.

[92] 李晓文，胡满远，肖笃宁. 景观生态学与生物多样性保护 [J]. 1999，19（3）：399-407.

[93] 李艳红. 广州城市廊道景观热环境效应研究 [D]. 广州：中山大学. 2008.

[94] 林盛兰，余青. 基于法案的美国国家游径系统 [J]. 国际城市规划，2010，25（3）：81-85.

[95] 刘滨谊，王鹏. 绿地生态网络规划的发展历程与中国研究前沿 [J]. 中国园林，2010（3）：3.

[96] 刘滨谊，余畅. 美国绿道网络规划的发展与启示 [J]. 中国园林，2001，（6）：77-81.

[97] 刘春霞，韩烈保，祈军. 高速公路绿化综合效益评价体系 [J]. 城市环境与城市生态，2008，20（3）：38-44.

[98] 刘晓涛. 城市河流治理若干问题的探讨 [J]. 规划师，2001，17（6）：66-69.

[99] 刘瑜，张阳，程继夏. 高等级公路绿化功能及评价方法研究 [J]. 西北建筑工程学院学报，2002，19（4）：60-62；65.

[100] 刘月. 鸭绿江河流廊道的景观变化与景观设计 [J]. 安徽农业科学，2008，35（36）：11824-1825.

[101] 罗伯特·H. G. 容曼，格洛里亚·蓬杰蒂. 生态网络与绿道——概念·设计与实施 [M]. 余青，陈海沐，梁莺莺译. 北京：中国建筑工业出版社，2011.

[102] 罗坤. 崇明岛绿色河流廊道景观格局 [J]. 长江流域资源与环境，2009，18（10）：908-913.

[103] 马志宇. 基于景观生态学原理的城市生态网络构建研究——以常州市为例 [D]. 苏州：苏州科技学院，2008：27.

[104] 孟亚凡. 绿色通道及其规划原则 [J]. 中国园林，2004（5）：14-18.

[105] 欧阳鹏. 公共政策视角下城市规划评估模式与方法初探 [J]. 城市规划，2008，32（12）：22-28.

[106] 平宗莉，闫整. 国外规划实施评价理论与方法及其在国内应用的研究进展 [J]. 山东国土资源，2010（2）：33.

[107] 强盼盼. 河流廊道规划理论与应用研究 [D]. 大连：大连理工大学，2011

[108] 上海市城市规划管理局. 上海市绿化系统规划（2002—2020）[R]. 2002.

[109] 上海市城市规划管理局. 上海城市规划管理实践 [M]. 北京：中国建筑工业出版社，2008：248.

[110] 上海市城市规划设计研究院. 上海绿地系统规划建设后评估 [R]. 2006.

[111] 上海市城市规划设计研究院等. 上海市基本绿地网络规划 [R]. 2011.

[112] 上海市绿化和市容管理局. 上海市绿化发展"十二五"规划 [R]. 园林，2011（7）：35.

[113] 邵强，李友俊，田庆旺. 综合评价指标体系构建方法 [J]. 大庆石油学院学报，2004（6）：74.

[114] 宋彦，陈燕萍. 城市规划评估指引 [M]. 北京：中国建筑工业出版社，2012.

[115] 孙高峰. 浅谈城市水系景观与人文资源的共融——以邵阳市资江风光带规划为例 [J]. 湖南城建高等转科学校学报，2002，11（1）：54-56.

[116] 孙施文，桑劲. 城市规划评价 [M]. 上海：同济大学出版社，2012.

[117] 孙施文，周宇. 城市规划实施评价的理论与方法 [J]. 城市规划汇刊，2003，28（6）：74-977.

[118] 孙学琴. 物流载体——高速公路绿化评价指标体系研究 [J]. 中国市场，2007（41）：90-91.

[119] 谭晓鸽. 绿道网络理论与实践——以天津中心城市绿网规划为例 [D]. 天津：天津大学，2008. 18-19.

[120] 滕明君，周志翔，王鹏程等. 基于结构设计与管理的绿色廊道功能类型及其规划设计重点 [J]. 生态学报，2011，30（6）：1604-1614.

[121] 田莉，吕传延，沈体雁. 城市总体规划实施评价的理论与实证研究——以广东省总体规划（2001-2010年）为例 [J]. 城市规划学刊，2008（5）：91.

[122] 王春艳，张芳，陈旭华. 城郊公路的绿化治理及其效益分析——以安阳市安钢大道为例 [J]. 中国环境管理，2003，22；90，92.

[123] 王昊，蔡玉梅，张文新. 北京市朝阳区第一道绿化隔离带政策实施评价 [J]. 国土资源科技管理，2011，28（2）：6-12.

[124] 王家生，孔丽娜，林木松等. 河岸带特征和功能研究综述 [J]. 长江科学院院报，2011，28 (11)：28-35.

[125] 王丽艳.《中华人民共和国河道管理条例》修订的必要性 [J]. 水利水电术，2006，37 (9)：83-86.

[126] 王鹏. 城市绿地生态网络规划研究——以上海市为例 [D]. 上海：同济大学，2008：52.

[127] 王萍，蒋文绪. 昆明市大观河岸植被三维绿量及生态效益分析 [J]. 山东林业科技，2011，40 (6)：8-12.

[128] 王薇，李传奇. 城市河流景观设计之探析 [J]. 水利学报，2003 (8)：117-121.

[129] 王薇，李传奇. 河流廊道与生态修复 [J]. 水利水电技术，2003，34 (9)：56-58.

[130] 王云才. 上海市城市景观生态网络连接度评价 [J]. 地理研究，2009，28 (2)：284-292.

[131] 魏权龄. 数据包络分析 [M]. 北京：科学出版社，2004.

[132] 文常春，钱达. 浅谈城市道路绿化之不足及改进——以南昌市为例 [J]. 科技广场，2009 (10)：66-68.

[133] 邬建国. 景观生态学——格局、过程、尺度与等级 [M]. 北京：高等教育出版社，2008.

[134] 吴海萍，张庆费，杨意，达良俊. 城市道路绿化建设与展望 [J]. 中国城市林业，2006，4 (6)：40-42.

[135] 吴李艳，柳海宁，黄淇. 基于绿道理论的城市水系与滨水区规划模式 [J]. 浙江万里学报，2009，22 (5)：73-77.

[136] 吴人韦. 国外城市绿地的发展历程 [J]. 城市规划，1998 (6)：39.

[137] 伍启元. 公共政策 [M]. 台北：台湾商务印书馆，1989.

[138] 夏继红，自传真，严忠民等. 淮河入江水道夹江段左岸带生态综合评价 [J]. 水利水电科技进展，2008，27 (4)：20-22.

[139] 肖代全，马荣国，李铁强. 公路绿化对行车安全的典型影响及其评价 [J]. 公路，2011 (2)：169-175.

[140] 肖笃宁，李秀珍，高峻等. 景观生态学 [M]. 北京：科学出版社，2003.

[141] 谢涤湘，宋健，魏清泉，朱竑. 我国环城绿带建设初探——以珠江三角洲为例 [J]. 城市绿地，2004，28 (4)：46-49.

[142] 谢媛. 政策评价方法及选择 [J]. 江西行政学院学报，2000 (4)：19-20.

[143] 熊东旭. 基于遥感技术的城市规划实效性监测评价 [J]. 小城镇建设，2010 (10)：37-40.

[144] 徐慧，徐向阳，崔广柏. 景观空间结构分析在城市水系规划中的应用 [J]. 水科学进展，2008，18 (1)：108-113.

[145] 徐文辉. 生态浙江省域绿道网规划实践 [J]. 规划师，2005，21 (5)：69-72.

[146] 雅克·博德里. 法国生态网络设计框架 [J]. 高江菡译. 风景园林，2012 (3).

[147] 余青，樊欣，刘志敏，胡晓冉，任静，杜鑫坤. 国外风景道的理论与实践 [J]. 旅游学刊，2006，21 (5)：91-95.

[148] 余青，胡晓冉，刘志敏，宋悦. 风景道的规划设计：以鄂尔多斯风景道为例 [J]. 旅游学刊，2008，22 (10)：61-66.

[149] 余青，吴必虎，刘志敏，胡晓冉，陈琳琳. 风景道研究与规划实践综述 [J]. 地理研究，2008，26 (6)：1274-1284.

[150] 余青. 宋悦，林盛兰. 美国国家风景道评估体系研究 [J]. 中国园林，2009 (7)：88-90.

[151] 俞孔坚，段铁武，李迪华等. 景观可达性作为衡量城市绿地系统功能指标的评价方法与案例 [J]. 城市规划，1999 (8)：8-11，43.

[152] 俞孔坚，李迪华，潮洛蒙. 城市生态基础设施建设的十大景观战略 [J]. 规划师，2001，17 (6)：

9-13.

[153] 俞孔坚，李迪华. 城市河道及滨水地带的"整治"与"美化" [J]. 现代城市研究，2003 (5)：29-32.

[154] 俞孔坚. 景观：文化、生态与感知 [M]. 北京：科学出版社，1998：147-180.

[155] 张兵. 城市规划实效论——城市规划实践的分析理论 [M]. 北京：中国人民大学出版社，1998：31.

[156] 张峰. 模糊数学在城市水系景观评价中的应用 [J]. 太原师范学院学报（自然科学版），2006，5 (4)：57-60.

[157] 张建春. 河岸带功能及管理 [J]. 水土保持学报，2001，15 (6)：143-146.

[158] 张浪. 基于基本生态网络构建的上海市绿地系统布局结构进化研究 [J]. 中国园林，2012 (12)：66.

[159] 张蕾. 河流廊道规划理论与案例 [D]. 北京：北京大学，2004.

[160] 张琳琳. 珠江三角洲绿道建设对居民体育参与状况的影响 [J]. 体育管理，2011 (19)：184.

[161] 张勤，当代中国的政策群：概念提出和特质分析 [J]. 北京行政学院学报，2000 (1)：13.

[162] 张庆费. 城市绿色网络及其构建框架 [J]. 城市规划汇刊，2002 (1)：75.

[163] 张毅川，李东升，乔丽芳. 城市"绿道"类型、功能与设置浅议 [J]. 防护林科技. 2004 (4)：50-51，61.

[164] 赵彦伟. 城市河流生态系统健康与修复研究 [D]. 北京：北京师范大学，2004.

[165] 赵振斌. 城市绿地生态网络建设的理论与实践——以江阴市为例 [D]，南京：南京大学，2001.

[166] 郑新奇，孙凯，李宁. 土地利用总体规划实施评价类型及方法探索 [J]. 中国土地科学，2006 (2)：22.

[167] 周国艳主编. 城市规划评价及其方法：欧洲理论家与中国学者的前沿性研究 [M]. 南京：东南大学出版社，2013.

[168] 周年兴，俞孔坚，黄震方. 绿道及其研究进展 [J]. 生态学报，2006，26 (9)：3108-3116.

[169] 朱强，俞孔坚，李迪华. 景观规划中的生态廊道宽度 [J]. 生态学报，2005 (9)：2407-2412.

[170] 宗跃光. 廊道效应与城市景观结构 [J]. 城市环境与城市生态，1996，9 (3)：21-25.

后　记

在专业素养形成和科研探索的路途中，有许许多多良师益友影响和推动我不懈的努力，并不断塑造和提升我的求知态度和学术人生。每每看到孩童们在海边追逐海浪，兴趣盎然，乐此不疲的快乐，我们就能明白两个字的重要：融入。在这有始点而未知终点的人生求知过程中，首要的、由衷的需要感谢的是培养和教育我的恩师们，是他们传道授业解惑，让我深知山高水流之意境，体验融入知识海洋弄潮之快感。特别是我的两位导师，沈阳建筑大学的石铁矛教授和同济大学的刘滨谊教授，言传身教，铭记在心。跟随石铁矛老师学习和研究的过程，使我领略了科研路途之风景，激发了我求知探索的兴趣。师从刘滨谊老师的过程中，让我打下了更为坚实的理论和实践基础，开阔了我勇于创新的独立视角。他们的包容以及对学生的真诚爱护，让我在专业知识领域茅塞顿开，沉浸其中，不觉疲倦。

在课题初期和推进的过程中，曾得到了上海市市容与绿化管理局副总工张浪教授的帮助和多次建议，是他的支持和经验介绍，使我们具备了一定的完成本书研究成果的重要基础。上海城市规划设计院的纪立虎、李燕、郎益顺工程师，上海应用技术学院我的好友和同门裘江博士在课题调研过程给予了帮助和支持。青浦区、松江区绿化管理署、青浦区、松江区林业站和青浦区、松江区农林办的各位老师在收集资料阶段给予我们很大的支持和帮助。广东省城乡规划设计研究院任赵旦工程师在我们调研珠江三角洲绿道网给予了支持和帮助。

在科研工作推进的过程中，还有我可爱的学生们。我们像一个大家庭一样，互相关照，齐心协力地在我坚守的领域不断地进行着新的问题探讨与思考。李莉和苏小勤，在我们研究工作条件最为艰难的时期，仍然完成了许多高强度的过程工作和部分成果。侯超，在我高标准要求下，和我一起形成了核心研究的内容体系。顾西西，很早就参与到我的研究课题中，帮助师姐和师兄们完成各个阶段的基础研究工作。谢沄颖，在科研基础分析研究过程中，认真负责，让我倍感放心。孙敏、高习伟以很高的热情加入课题的基础研究工作。谢懿雯、孙如驭、唐昌炜等学生也在本书的研究工作中发挥他们不可缺少的作用。

也许上天眷顾，在每一个成长历程阶段，我周边的环境都给予许多正面的能量。华东师范大学开放的工作环境，有动力，也有压力，提供了科研成长的平台。区域与城市科学学院和中国现代研究中心，给我一个有归属感和互动交流的平台。在这个环境中，有给我很多学习机会和新思考的前辈学者，他们启发着我在科研领域想得越来越深，看得越来越远；有一批致力于科研探索的同事们，他们使得我感到在科研的路途中，并不孤单。

最后，感谢我的家人给予我工作和生活的最为重要的支撑与支持。我的父母给予子女善学、善思的智慧，虽然他们已经不能分享我收获的喜悦，但一直以来支撑我人生成长的最大的精神财富是受之于他们的养育和教诲的。我的兄长和姐姐们，在我每个人生的转折点上，支持、关心我的信念和情感，见证着我成长的路途。我的丈夫姚桂成，在我工作忙碌的各个环节，给予了很大的理解、包容和支持。我的孩子姚博渊每天健康快乐地成长，给予我无限的动力、慰藉与希望……

姜允芳

2014 年 9 月于丽娃河畔